Staatliche
Kunstsammlungen
Dresden

MATHEMATISCH-PHYSIKALISCHER SALON

DKV

MATHEMATISCH-PHYSIKALISCHER SALON

STAATLICHE
KUNSTSAMMLUNGEN
DRESDEN

Zwinger
Meisterwerke

DEUTSCHER KUNSTVERLAG

Inhalt

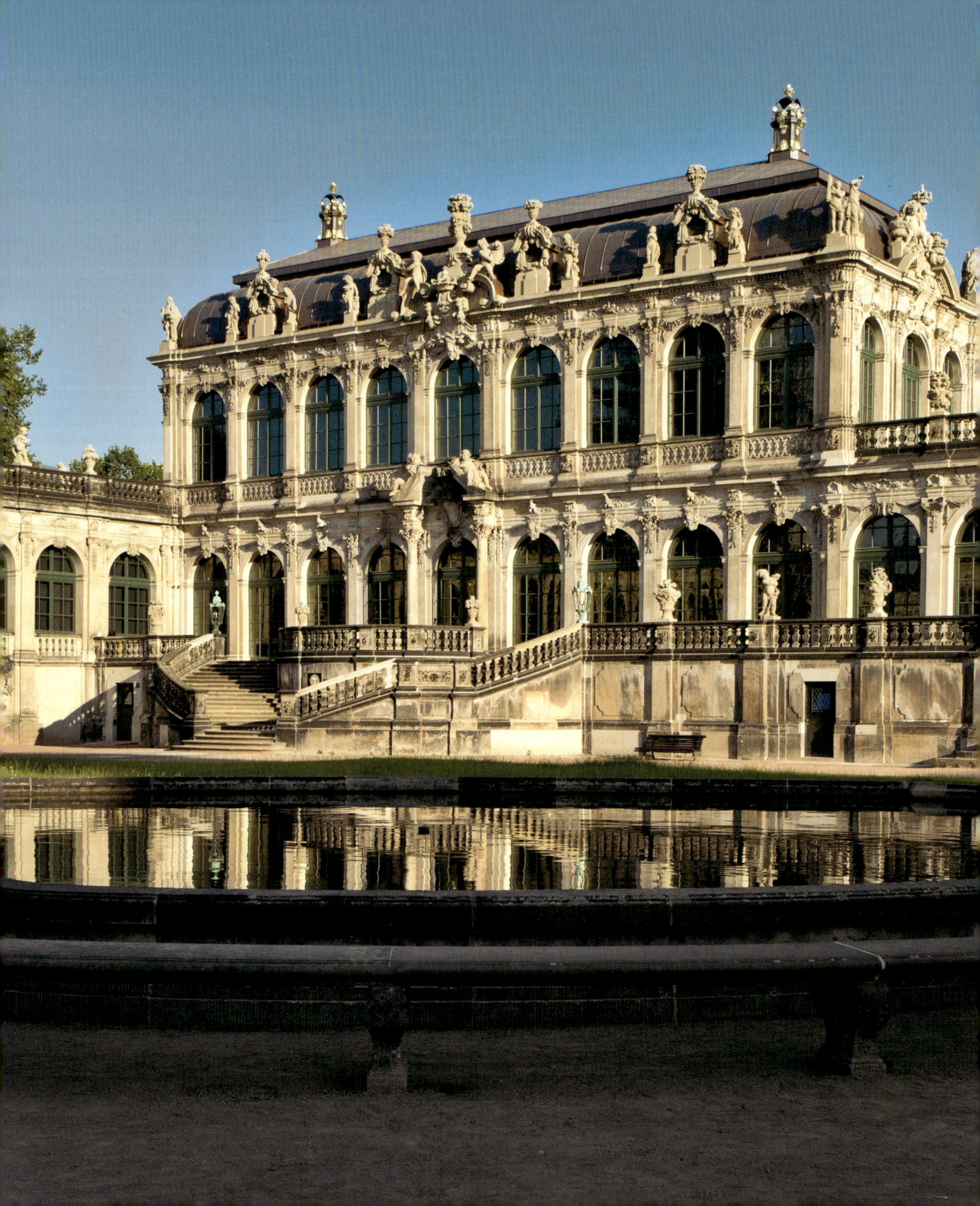

PETER PLASSMEYER

DIE GESCHICHTE DES MATHEMATISCH-PHYSIKALISCHEN SALONS

Der Mathematisch-Physikalische Salon in Dresden gehört zu den ältesten Museen der Welt. 1728 wurde er in dem später als Glockenspielpavillon bezeichneten Bau im Zwinger untergebracht und um 1746 an seinen heutigen Standort im nordwestlichen Eckpavillon (Pavillon F) verlegt (Abb. 1.1). Bis heute ist der Salon eines der weltweit führenden Museen historischer wissenschaftlicher Instrumente und Uhren. Das Spektrum der Sammlung reicht von Zeitmessern und Automaten über Mikroskope und Teleskope bis hin zu Vermessungsinstrumenten und Globen, Brennspiegeln und Elektrisiermaschinen des 13. bis 19. Jahrhunderts (Abb. 1.2). Viele dieser Objekte wurden schon vor der Gründung des Salons im Zwinger eigens für den sächsischen Hof in Dresden hergestellt und von diesem erworben.

Der heutige Bestand geht somit ursprünglich auf eine fürstliche Sammlung zurück. Sie wurde seit der Mitte des 16. Jahrhunderts von den sächsischen Kurfürsten in Dresden zusammengetragen und zunächst in der Kunstkammer im Dachgeschoss des Residenzschlosses aufbewahrt. Als Gründungsdatum der Kunstkammer setzt die Forschung heute das Jahr 1560 an. Die erste gesicherte Quelle zur Kunstkammer ist das 1587 erstellte Kunstkammerinventar, das hauptsächlich den Nachlass des im Jahr zuvor verstorbenen Gründers der Kunstkammer, Kurfürst August (1526–1586), auflistet. Rund 10.000 Exponate sind in diesem Inventar verzeichnet, darunter über 7.000 Werkzeuge und circa 450 wissenschaftliche Instrumente. Schon von der Quantität her wurde demnach das Gesicht der Dresdener Kunstkammer von den wissenschaftlichen Instrumenten und den Werkzeugen geprägt. Dazu kommen 288 Schriften, die auch den *scientifica* zuzurechnen sind, sodass fast 80 Prozent des Bestandes der Dresdener Kunstkammer eine handwerklich-wissenschaftliche Ausrichtung aufweist. In der Dauerausstellung konzentrieren sich diese Exponate in dem mit »Der Kosmos des Fürsten« überschriebenen Bereich, der in der Langgalerie zu finden ist (vgl. S. 19–51).

Kurfürst August unterstrich mit der Einrichtung einer Kunstkammer in der Residenz auch seine Stellung unter den Fürsten des Heiligen Römischen Reiches. 1547 wurde Augusts Bruder Moritz (1521–1553) nach dem Sieg bei Mühlberg von Karl V. (1500–1558) mit der Kurwürde ausgezeichnet. Er war es, der Dresden zur Hauptstadt der albertinischen Linie der Wettiner und zum Zentrum des Hofes machte. Nach Moritz' frühem Tod führte August die Konsolidierung des albertinischen Sachsen fort. Die Gründung der Kunstkammer war dabei ein kleines Rädchen in der Festigung des Machtgefüges.

Die Sammlung enthält auch Instrumente zum Vermessen des Territoriums – was wiederum die Herstellung von Territorialkarten ermöglichte – ebenso wie Geräte zur Vermessung unter Tage. Die Bergwerke des Erzgebirges und die darin abgebauten Bodenschätze – nicht zuletzt Silber – stärkten die Macht und mehrten den Reichtum des protestantischen Kurfürstentums. Immer wieder wurden Männer beauftragt, aufgespürte Bodenschätze zu heben oder neue zu finden. Unter August war es Giovanni Maria Nosseni (1544–1620), unter Johann Georg II. (1613–1680) der Architekt Wolf Caspar von Klengel (1630–1691) und unter Friedrich August I. (August der Starke; 1670–1733) Ehrenfried Walther von Tschirnhaus (1651–1708).

Während die frühe Kunstkammer unter Kurfürst August eine primär wissenschaftliche Ausrichtung erhalten hatte,

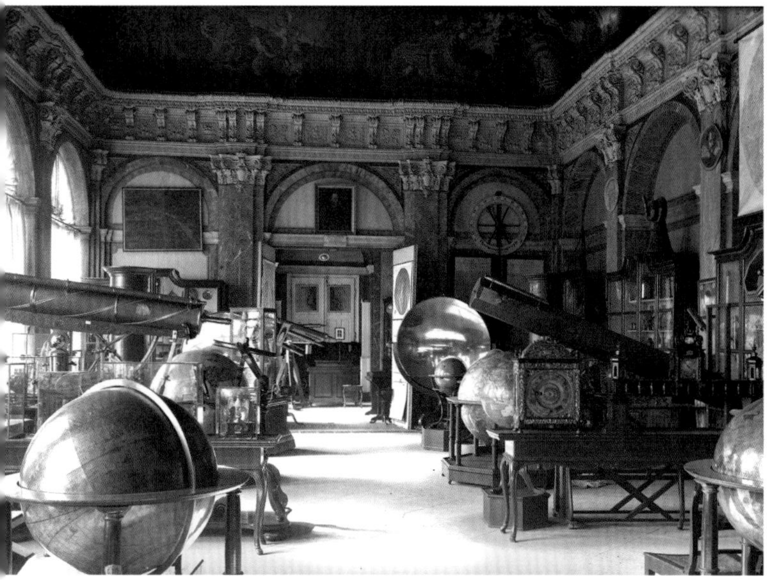

1.1 Sammlungssaal des Mathematisch-Physikalischen Salons im Dresdner Zwinger (Aufnahme vor 1928)

wurde sie unter seinen Nachfolgern vielmehr nach kanonischen Kriterien erweitert, wie wir sie aus aus den Kunstkammern in Ambras, München und Prag kennen. Die ursprüngliche Prototypensammlung für die Erschließung und Verteidigung des Landes war damit Geschichte.

Nur einmal leuchtete der Geist des Gründers der kursächsischen Kunstkammer noch auf, als am Ende des 17. Jahrhunderts die monumentalen Brennapparate Ehrenfried Walther von Tschirnhaus' in die Kunstkammer gelangten. Unter August dem Starken wurde Tschirnhaus Oberaufseher der fürstlichen Laboratorien, in denen zu Beginn des 18. Jahrhunderts die Rezeptur für das europäische Porzellan entwickelt wurde. Tschirnhaus' Brennspiegel und Brennlinsen waren in Laboratorien und höfischen Sammlungen in ganz Europa geschätzt.

Noch Ende des 17. Jahrhunderts besuchte der russische Zar Peter I. (1672–1725) die Dresdener Kunstkammer gerade wegen des in ihr aufbewahrten »Werkzeugs« und nahm sie zum Vorbild für seine »Kunstkamera« in St. Petersburg. Anfang des 18. Jahrhunderts ließ August der Starke die Sammlungen neu ordnen, damit begann die sich bis 1832 hinziehende Auflösung der Dresdener Kunstkammer. Teile der Sammlung wurden zunächst ins Holländische Palais, andere ins Regimentshaus verbracht. Eine dauerhafte Lösung zeichnete sich erst ab, als der zunächst als Kombination von Orangerien und Festsälen vollendete Zwinger 1728 in ein »Palais des Sciences« umgewandelt wurde. Hier fanden die Bibliothek, das Kupferstich-Kabinett, das Münzkabinett, die naturkundlichen Sammlungen und selbstverständlich die mathematischen und physikalischen Instrumente ihre Heimat – allerdings ist einzig der Mathematisch-Physikalische Salon bis heute in einem der Zwingerbauten geblieben. Zunächst war der Salon nur im Obergeschoss des nordwestlichen Pavillons über dem Grottensaal untergebracht. Der Festsaal wurde im Zweiten Weltkrieg zerstört und 1952 vereinfacht wieder aufgebaut. Karl Wilhelm Daßdorf schrieb im Jahr 1782: »Dieser Saal ist einer der schönsten im Zwingergebäude, mit Marmor und einem schönen Deckenstück von dem berühmten Herrn von Sylvestre ausgeziert. Die Sammlung aller Arten mathematischer und physikalischer Instrumente ist schön und vollkommen, und ist nur noch vor wenigen Jahren, durch Ankauf

1.2 Sammlungssaal des Mathematisch-Physikalischen Salons, 2. Hälfte des 19. Jahrhunderts, Zeichnung von U. Reinhardt für die Illustrierte Zeitung von Weber, Jg. 62, 1874

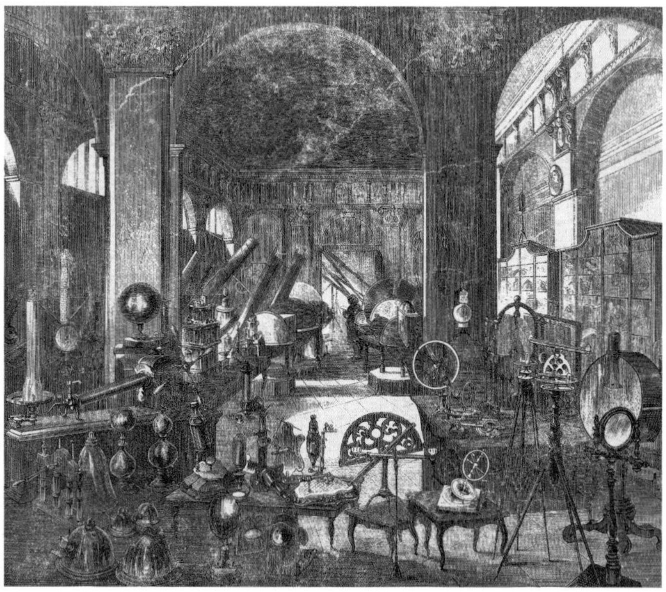

der berühmten und schönen Gräflich Löserschen Sammlung, sehr ansehnlich vermehret worden.« (Dasdorf 1782, S. 524)

Seit dem der Salon der mathematischen und physikalischen Instrumente 1746 seinen bis heute beibehaltenen Standort im Zwinger bezog, beflügeln sich Gebäude und Sammlung gegenseitig. Zwischen 1730 und 1732 entstand unter dem Inspektor Johann Gottlieb Michaelis (1704–1740) das erste Inventar des Salons. War die Unterbringung im Zwinger zunächst als eine Art »Verwahrung« anzusehen, so entwickelte sich allmählich der Anspruch, die Sammlung habe dem sich landauf, landab etablierenden »physikalischen Kabinett« zu entsprechen. Das bedeutete, dass nicht nur ein inzwischen historischer Sammlungsbestand verwaltet, sondern auch das aktuelle wissenschaftliche Instrumentarium gezeigt werden sollte. Beispielhaft hierfür waren die in mehreren Sprachen erschienenen Publikationen des Abbé Jean-Antoine Nollet (1700–1770). Seine Schriften zur Physik und insbesondere zur Elektrizität waren populärpädagogische Lehrbücher, die zur naturkundlichen Praxis anleiteten. Nollet stellte alle nützlichen Instrumente und die Art und Weise ihres Einsatzes in Wort und Bild so plastisch dar, dass nach der Lektüre der Leser selbst mit den Experimenten starten konnte. Insofern ist es nur zu verständlich, dass man auch beim Salon eine Ausstattung »nach Nollet« verlangte. Die Rufe danach wurden spätestens nach dem Siebenjährigen Krieg laut, die leeren Staatskassen ließen die dafür notwendigen Einkaufstouren nach London und Paris jedoch in weite Ferne rücken.

Es gab aber auch in Sachsen eine feinmechanische Werkstatt, die Instrumente in einer ähnlichen Qualität herstellen konnte wie die Werkstätten in London und Paris. Sie befand sich auf Schloss Reinharz, dem Gut des Reichsgrafen Hans von Löser (1704–1763). Er betrieb diese Werkstatt mit mehreren Handwerkern vor allem, um sein privates Kabinett mit mechanischen und optischen Instrumenten auszustatten (vgl. S. 63). Nach seinem Tod konnte ein Teil des Nachlasses für den Salon erworben und damit das oft beklagte Defizit beseitigt werden. Bereits 1768 wurden außerdem aus der Bibliothek und der Instrumentensammlung des Grafen Heinrich von Brühl (1700–1763) unter anderem ein Brennspiegel, mehrere Teleskope, ein Quadrant und weitere geometrische und artilleristische Instrumente angekauft.

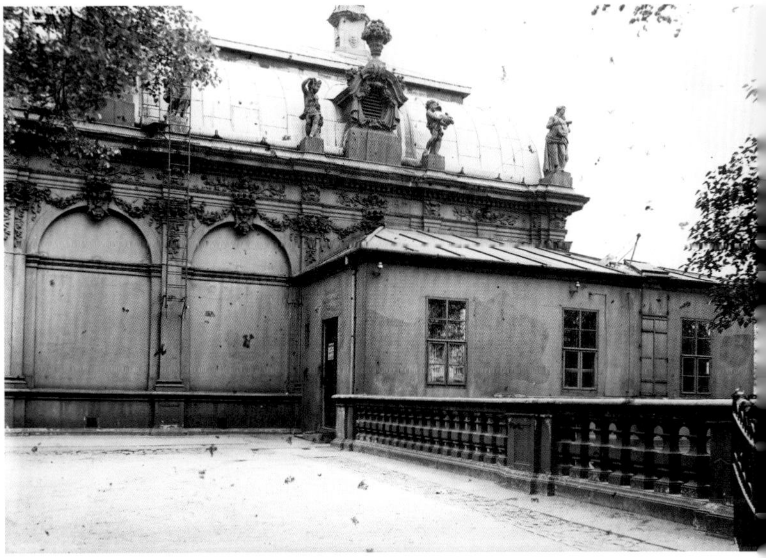

1.3 Anbau für die Himmelsbeobachtung und den Zeitdienst. 1829 unter W. G. Lohrmann errichtet. Auffallend sind die zugemauerten Fenster des Pavillons – sie wurden erst 1928 geöffnet, als der Anbau abgerissen wurde.

In den Fokus überregionaler Aufmerksamkeit rückte die Institution im Zwinger 1777 mit den Berufungen Johann Gottfried Köhlers (1745–1800) und seines Nachfolgers Johann Heinrich Seyffert (1751–1818) zu den Inspektoren des Salons. Köhler bemühte sich um eine Vernetzung mit anderen astronomischen Einrichtungen und richtete 1781 im Sammlungssaal im Zwinger ein provisorisches Observatorium ein, von dem aus er seine Himmelserkundungen vornehmen konnte. Er beobachtete Kometen, Sonnen- und Mondfinsternisse sowie die Mondoberfläche, von der er Zeichnungen anfertigte. Da für seine astronomischen Beobachtungen eine genaue Messung der Zeit unerlässlich war, etablierte er ab 1783 einen Zeitdienst im Zwinger, dessen Instrumente und Uhren im Festsaal (S. 71) und in der Bogengalerie (S. 106) zu sehen sind.

Köhler und seine Nachfolger waren allerdings nicht in erster Linie als »Wissenschaftler« tätig, sie hatten viele andere Aufgaben am Hofe wahrzunehmen, die sie von der Arbeit an und mit den Instrumenten der Sammlung abhielten. Immerhin blieb ihnen noch Zeit genug, um die für ihre Arbeit nötigen Instrumente und Uhren selbst zu bauen oder zumindest – oft nach eigenen Ideen und Entwürfen und auf eigene Kosten – bauen zu lassen. Darüber hinaus schafften sie es immer wieder, hochwertige Objekte zu »akquirieren«, die der Sammlung bis heute ihr Gesicht geben.

Aus diesen Aktivitäten resultierten wegweisende Entwicklungen. Der Salon wurde zu einer Behörde, zur offiziellen Institution, die über alle Zeitfragen in Sachsen zu entscheiden hatte. Hier wurde die Ortszeit ermittelt, und auf dieser Grundlage wurden die Uhren in Dresden bis in das frühe 20. Jahrhundert gestellt. Köhler begann damit, seine Uhren und die Verbesserungen, die er an ihnen vornahm, wie auch seine astronomischen Beobachtungen und Messergebnisse in den wichtigsten astronomischen Zeitschriften zu publizieren; auch seine umfangreiche Korrespondenz mit anderen Astronomen trug zur Verbreitung seiner Ergebnisse bei. Diese beruhten nicht immer auf neuen Forschungen, aber die ermittelten Werte waren als Referenzdaten allemal hilfreich, um andernorts ermittelte Daten zu bestätigen oder zu verwerfen, genauso wie seine umfangreichen meteorologischen Beobachtungen. Mit ihren Arbeiten konnten er und Seyffert die Position des Salons im etablierten Zirkel europäischer Observatorien festigen. 1798 wurden beide zu einer vom französischen Astronomen Jérôme Lalande (1732–1807) organisierten astronomischen Tagung in Gotha eingeladen, an der etliche der berühmtesten Astronomen der Zeit teilnahmen.

Seyffert, der als Uhrenbauer Autodidakt war, avancierte zum innovativsten »sächsischen« Uhrmacher seiner Zeit. Er fertigte wichtige Uhren für das Observatorium im Zwinger an, und seine Taschenchronometer waren weit über Sachsen hinaus begehrt. 1799 reiste Alexander von Humboldt (1769–1859) eigens nach Dresden, um im Rahmen der Vorbereitung seiner großen Südamerika-Expedition von Köhler die Benutzung des Sextanten zur Ortsbestimmung und des Barometers zur Höhenbestimmung zu lernen. Von Seyffert erwarb er ein Taschenchronometer, das er neben einem weiteren von Louis Berthoud (1754–1813) bei seinen Forschungen in der Neuen Welt einsetzte.

Während unter Köhler die Beobachtungsinstrumente zunächst vor allem aus dem Bestand des Mathematisch-Physikalischen Salons gewählt wurden, gelang es Seyffert mit Hilfe des sächsischen Gesandten in London, Graf Hans Moritz von Brühl (1736–1809), zeitgemäße Instrumente in England zu ordern. So fanden ein neues Passageinstrument von William Cary (1759–1825; S. 72, Abb. 3.29) und ein Seechronometer von Thomas Mudge jun. (1760–1835; S. 73, Abb. 3.32), dem Sohn des gleichnamigen Vaters, aber auch ein Spiegelteleskop von Friedrich Wilhelm Herschel (1738–1822; S. 62, Abb. 3.14) ihren Weg in den Bestand des Salons.

1827 wurde Wilhelm Gotthelf Lohrmann (1796–1840) Inspektor des Salons. Als König Anton von Sachsen ihn im Jahr darauf, 1828, auch zum ersten Vorsteher der neu gegründeten Königlich-Technischen Bildungsanstalt Sachsen berief, leitete Lohrmann eine enge Kooperation zwischen den beiden Institutionen ein. Er integrierte den Instrumentenbestand des Salons in die Ausbildung seiner Schüler an der Technischen Bildungsanstalt – so wurde der mit dem Ausbau der Sammlung in der zweiten Hälfte des 18. Jahrhunderts implizit verbundene Auftrag, sie auch für die Bildung einzusetzen, endlich erfüllt. Bis in die 1850er Jahre wurden Werkzeuge und Instrumente für Anschauungs- und Demonstrationszwecke an die Lehrer der Bildungsanstalt, aus der später das Polytechnikum und die Technische Universität Dresden hervorgehen sollten, ausgeliehen.

Unter Lohrmann wurde an der südwestlichen Ecke des Sammlungssaals ein aus drei Räumen bestehender massiver Anbau für die Himmelsbeobachtungen und den Zeitdienst errichtet (Abb. 1.3) (vgl. S. 71, Abb. 3.28), der ein 1819 entstandenes hölzernes Beobachtungshäuschen ersetzte. Lohrmann war es auch, der 1835 den ersten gedruckten Katalog des Salons herausgab (Abb. 1.4).

Seit der zweiten Hälfte des 18. Jahrhunderts war der Mathematisch-Physikalischen Salon immer auch ein Ort wissenschaftlicher Tätigkeit und vielfältiger, nicht zuletzt pädagogischer Praxis. Diese Epoche fand Ende der 1860er Jahre ihren Abschluss, als die Instrumente dem Polytechnikum übertragen werden sollten. Die bereits bestehenden personellen und organisatorischen Verbindungen legten einen solchen Versuch, Verantwortlichkeiten abzugeben, nahe. Allerdings entsprach das Instrumentarium des Salons nicht mehr den

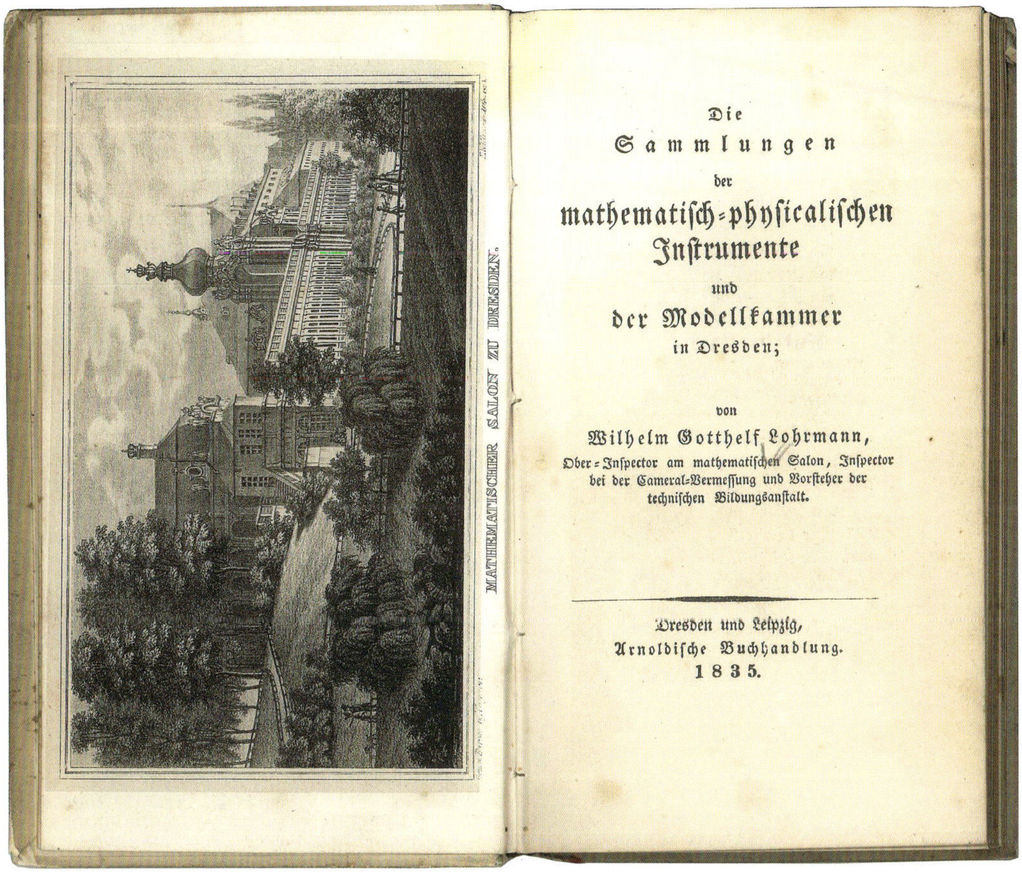

1.4 Titelblatt des von W. G. Lohrmann verfassten ersten gedruckten Katalogs des Mathematisch-Physikalischen Salons aus dem Jahre 1835

Bedürfnissen der Lehranstalt – es war inzwischen technisch überholt und museal geworden.

Der Ausbau zu einem repräsentativen Museum begann 1832, als die ebenfalls im Zwinger untergebrachten Restbestände der ehemaligen Kunstkammer aufgelöst und auf die verschiedenen Museen verteilt, manche Stücke auch verkauft wurden. In dieser Zeit gelangten erstmals Renaissance-Automaten (vgl. S. 19) und vor allem in größerer Zahl Uhren (vgl. S. 79) in den Salon. Die wenigen bereits vorhandenen Uhren waren speziell für den Zeitdienst erworben worden. Ein Teil der aus der Kunstkammer übernommenen Uhren wurde 1870 dem Historischen Museum Dresden (der heutigen Rüstkammer) übergeben, sie kamen aber 1907 wieder zurück, im Tausch gegen eine größere Anzahl von Werkzeugen aus der Kunstkammer. 1909 erfolgte mit dem Ankauf von 95 Taschenuhren aus der Sammlung des Dresdener Uhrmachers Robert Pleißner (1849–1916) die entscheidende Erweiterung der Uhrensammlung, die in den Jahrzehnten danach zu einer der bedeutendsten der Welt werden sollte. Einen ähnlich zielstrebigen enzyklopädischen, das heißt intendiert lückenlosen, Ausbau erfuhr nach dem Zweiten Weltkrieg die Globensammlung, die heute ebenfalls zu den führenden Sammlungen ihrer Art zählt. Damit veränderte der Mathematisch-Physikalische Salon grundlegend seinen Charakter: Aus einer ursprünglich primär höfischen Sammlung wurde ein universelles Museum, in dem nach ganz anderen Prinzipien gesammelt wird. So treten plötzlich historische Gegenstände in das Interesse, während in den ersten Jahrhunderten fast ausschließlich zeitgenössische Objekte im Fokus standen. Bereits im 1730–32 von Michaelis erstellten ersten Inventar des MPS wurde die in den Inventaren der Kunstkammer erkennbare kontextualisierte Ordnung zugunsten einer Sortierung nach Gattungen aufgegeben.

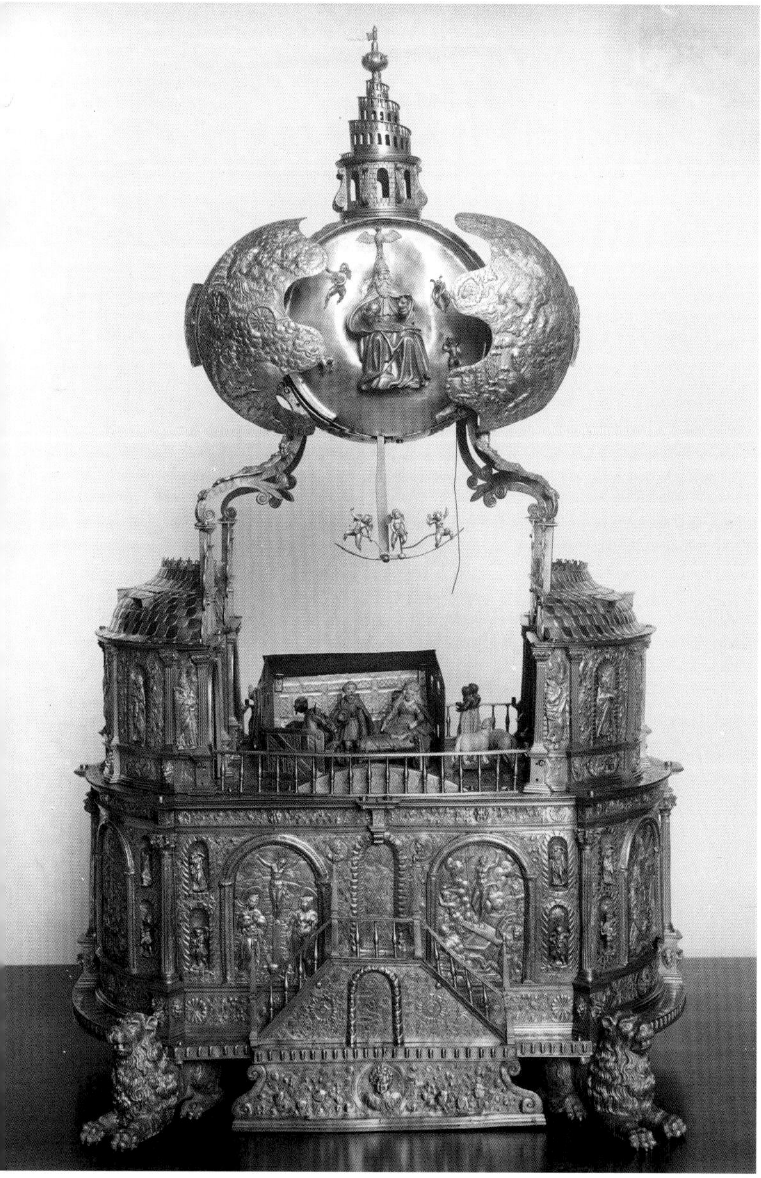

1.5 Krippenautomat, Hans Schlottheim, Augsburg 1585 (1945 zerstört, nur noch Fragmente erhalten), Kupfer, Messing, versilbert, graviert, vergoldet, Stahl, Bronze. Inv.-Nr. D V 12

Das 20. Jahrhundert verzeichnete auch eine Reihe baulicher und räumlicher Veränderungen. Im Zuge der dritten Restaurierung des Zwingers in den Jahren 1927 und 1928 wurden die im 18. Jahrhundert vermauerten wallseitigen Fenster des Festsaals wieder geöffnet, der Anbau für den Zeitdienst abgerissen und ein Verwaltungsgebäude angebaut, auf dessen Terrasse ein neues Beobachtungshäuschen errichtet wurde.

Schmerzliche Verluste erlitt die Sammlung im Zweiten Weltkrieg. Nachdem das Museum bereits 1939 geschlossen worden war, verlagerte man 1942 die meisten Bestände in die Kellerräume des Verwaltungsanbaus. Die großen Instrumente wurden in die Silberkammer des Schlosses gebracht. 1943 begann die Auslagerung der Sammlung in verschiedene Schlösser und Rittergüter in der Umgebung Dresdens. Als im Februar 1945 der Befehl erteilt worden war, die östlich der Elbe deponierten Bestände in Auslagerungsorte westlich des Flusses zu überführen, kam es zu einem verheerenden Zwischenfall. Eines der Transportfahrzeuge war beim Bombenangriff des 13. Februars 1945 im Stadtzentrum in der Nähe des Wiener Platzes abgestellt und wurde von einer Brandbombe getroffen. Dabei wurde ein beträchtlicher Teil der Uhren, Automaten und Instrumente aus dem 16. und 17. Jahrhundert sowie wertvolle Handschriften dieser Zeit zerstört oder stark geschädigt. Zu diesen unwiederbringlichen Verlusten gehört auch der Krippenautomat des Augsburgers Hans Schlottheim (1545–1625), der einer der bedeutendsten Figuren- und Musikautomaten seiner Zeit war (Abb. 1.5). Aber nicht nur die Exponate, auch der Zwinger selbst wurde durch die Bomben erheblich beschädigt (Abb. 1.6)

1.6 Mathematisch-Physikalischer Salon nach der Zerstörung im Februar 1945

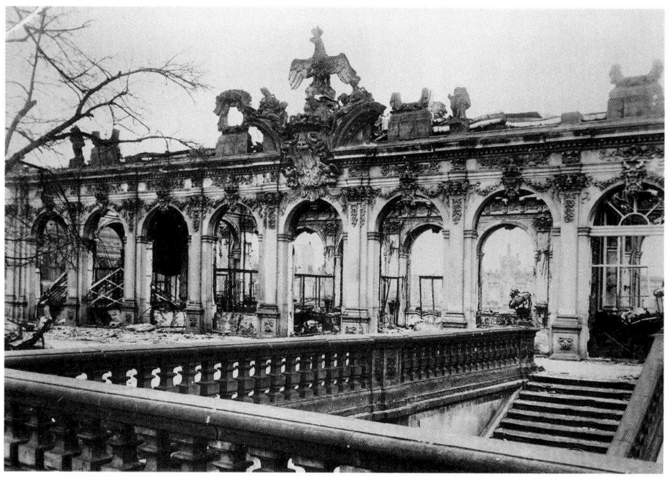

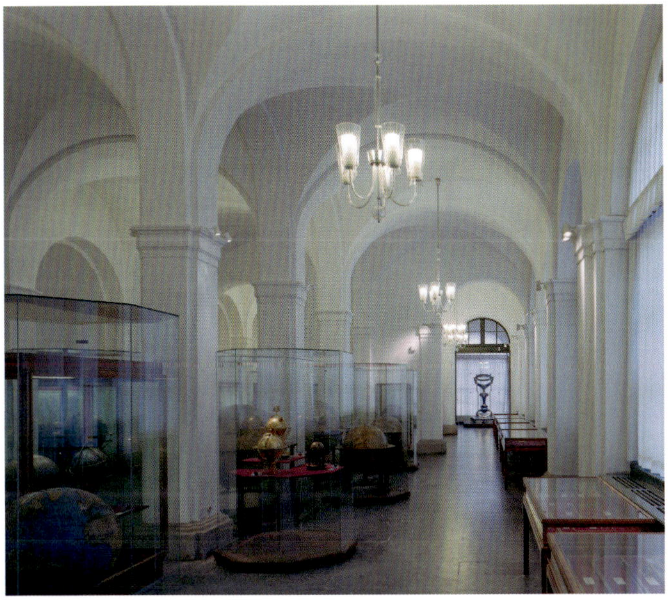

1.7 Blick in den Grottensaal mit der Globensammlung und dem Doppelbrennlinsenapparat von Tschirnhaus im Hintergrund. (Aufnahme vor 2007)

Nach dessen bereits im Herbst 1945 beginnenden Wiederaufbau konnte 1952 der Mathematisch-Physikalische Salon als erstes Museum im Zwinger aufs Neue eröffnet werden. Zunächst war er im alten Sammlungssaal im Obergeschoss des Pavillons (Festsaal) untergebracht, die Ausstellungsfläche konnte aber bereits 1954 um den ehemaligen Grottensaal im Erdgeschoss des Pavillons (Abb. 1.7) und 1956 um die zum Wallpavillon hin sich anschließende Bogengalerie (Abb. 1.8) erweitert werden.

Die Ausstellungsfläche des Salons hatte sich damit mehr als verdoppelt, und die jetzt vorgenommene Anordnung der Exponate trug der sich seit dem frühen 20. Jahrhundert abzeichnenden Neukonzeption, die den Ausbau von Spezialsammlungen vorsah, Rechnung. Der ursprüngliche Salonraum, in dem sich über fast zwei Jahrhunderte sämtliche Sammlungsobjekte befunden hatten, war nun alleine der Uhrensammlung vorbehalten (Abb. 1.9).

Von 2007 bis 2013 fand die erste umfassende Sanierung der Gebäude seit dem Wiederaufbau Ende der 1940er Jahre statt. Dabei wurde vor allem die Ausstellungsfläche noch einmal erweitert. Dieses wurde möglich, weil dem Salon die Langgalerie zwischen Kronentor und Pavillon zur Nutzung überlassen wurde; die bislang als Büros und Bibliothek genutzten abschließenden Achsen der Bogengalerie wurden ebenfalls dem Salon zugeschlagen. Erhebliche Veränderungen gab es beim Grottensaal, hier wurde die Kubatur des 18. Jahrhunderts wiederhergestellt. Dieser Saal dient nun als Foyer und Kassenraum. Als Ausgleich für die verloren gegangene Ausstellungsfläche wurde auf der Rückseite des Grottensaals ein neuer, fensterloser Raum in den Zwingerwall gebaut, in dem heute die Globensammlung ausgestellt ist.

Im April 2013 wiedereröffnet, präsentiert der Mathematisch-Physikalische Salon heute in vier Ausstellungsräumen seine außergewöhnliche Sammlung. Bei Ihrem Gang durch die Ausstellung treffen Sie auf Meilensteine unserer Zivilisations- und Wissenschaftsgeschichte, Sie dürfen sich auf eine spannende Entdeckungsreise in eine Vergangenheit freuen, deren Wissbegier und Innovationskraft noch unsere Gegenwart prägen. Dieses kleine Buch will Sie dabei als kundiger Führer begleiten. In den folgenden vier Kapiteln, die den vier Ausstellungsräumen gewidmet sind, informieren wir Sie über

1.8 Blick in die Bogengalerie mit Brennspiegeln und Teleskopen (Aufnahme vor 2007)

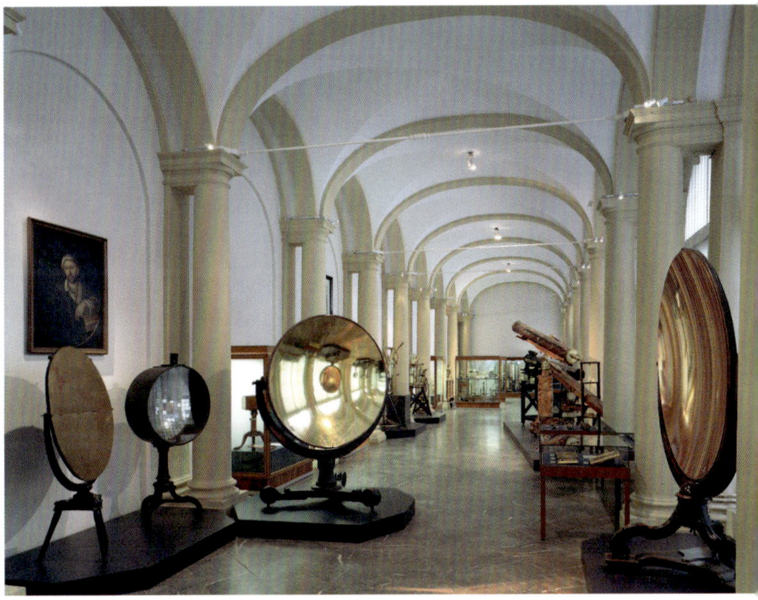

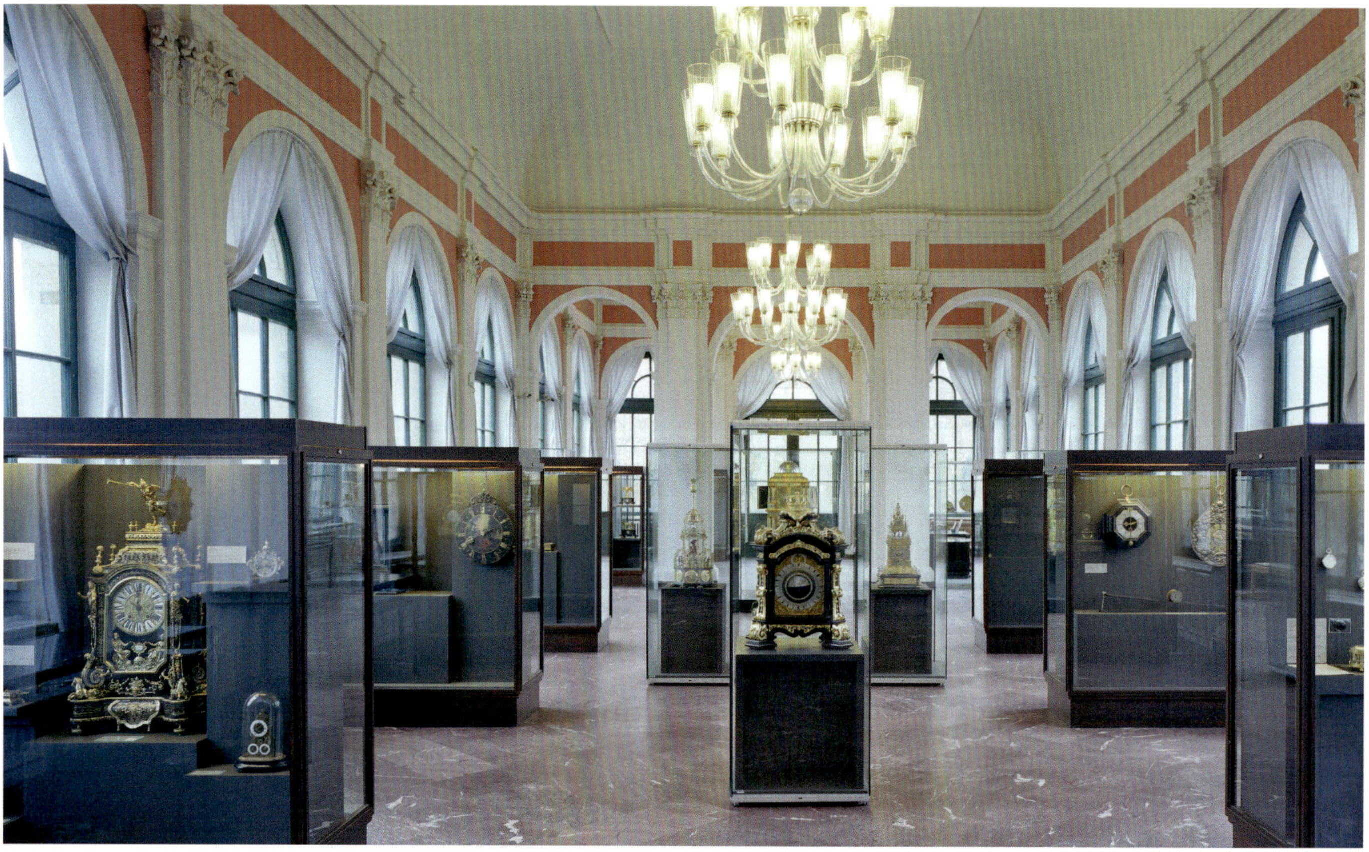

1.9 Festsaal mit Uhrensammlung (Aufnahme vor 2007)

Exponate und die übergreifenden Themen der permanenten Ausstellung.

Eingestimmt werden Sie im Foyer von fünf Leitobjekten (Abb. 1.10–1.14), die Sie auf die fünf großen Themen (Beobachten, Demonstrieren, Experimentieren, Vergleichen, Vermessen) vorbereiten, denen Sie bei Ihrem Rundgang immer wieder begegnen werden (Abb. 1.15).

Das Foyer in diesem 1716 fertiggestellten Pavillon war zunächst eine Grotte mit Fontänen und Wasserspielen. Ein prächtiges, die Hochzeit des Meeresgottes Poseidon mit Amphitrite zeigendes Deckenfresko zierte die Holzdecke, während die Flächen der Pfeiler und die Bögen von farbig gefassten Stuckaturen bedeckt waren. In den Wandnischen wechselten sich Brunnen und Balthasar Permosers (1651–1732) Skulpturen von Apoll und Minerva ab. Die Geschichte der Grotte endet 1813, als die von der Feuchtigkeit morsch gewordene Holzdecke mit dem Fresko durch ein auf vielen Stützen ruhendes Kreuzgratgewölbe ersetzt wurde. (Abb. 1.7) Als dieser Raum in seine ursprüngliche Kubatur zurückgeführt wurde, fanden sich Reste der alten Oberflächengestaltung – die einzigen, die sich im Zwinger original erhalten haben.

Heute stehen in den Wandnischen fünf Leitobjekte, die den Besucher auf eine Institution – den Mathematisch-Physikalischen Salon – vorbereiten, die seit fast 300 Jahren hier beheimatet ist, die Zwingergeschichte geschrieben hat und bis heute darüber erzählen möchte, wie unsere Welt funktioniert.

Um zu wissen, wie sie funktioniert ist das genaue *Beobachten* unerlässlich, wozu wir zum Beispiel Lupen, Mikroskope, Fernrohre und Teleskope benutzen können. Das Spiegelteleskop von Johann Gottlob Rudolph (tätig Mitte des 18. Jahrhunderts) ist mit Porzellan ummantelt (Abb. 1.10). Es entstand auf dem Gut der Familie von Heynitz bei Meißen und zählt zu den künstlerisch wie ausführungstechnisch herausragenden wissenschaftlichen Geräten des 18. Jahrhunderts. In seinen Vignetten wird der Einsatz der Optik in Landvermessung und Astronomie gezeigt.

Um Gesetzmäßigkeiten und Abläufe am Himmel zu erklären, sind astronomische Modelle wie Globen, Armillarsphären und Astrolabien sehr hilfreich. Die Armillarsphäre von Johannes Möller aus Gotha (Abb. 1.11) ist ein Instrument, mit dem man anschaulich Ereignisse am Himmel *demonstrieren* kann. Sie ist eine Leihgabe der Herzogin Anna Amalia Bibliothek in Weimar und folgt noch dem geozentrischen Weltbild. Die Erde befindet sich deshalb im Zentrum der Ringkugel, und auf der Ekliptik sind beweglich die Sonne als vergoldeter Stern und der Mond als Sichel angebracht.

Eine Vakuumpumpe (Abb. 1.12) des Augsburger Instrumentenbauers Georg Friedrich Brander (1713–1783) steht hier stellvertretend für jene Instrumente, mit denen man eindrucksvoll *Experimentieren* konnte. Gemeinsam mit den

1.10 Spiegelteleskop nach Gregory, Johann Gottlob Rudolph, Miltitz, um 1750 Messing, vergoldet, Porzellan, Stahl, Höhe (maximal): 50 cm, Länge (Tubus): 36 cm, Inv.-Nr. C I f 8

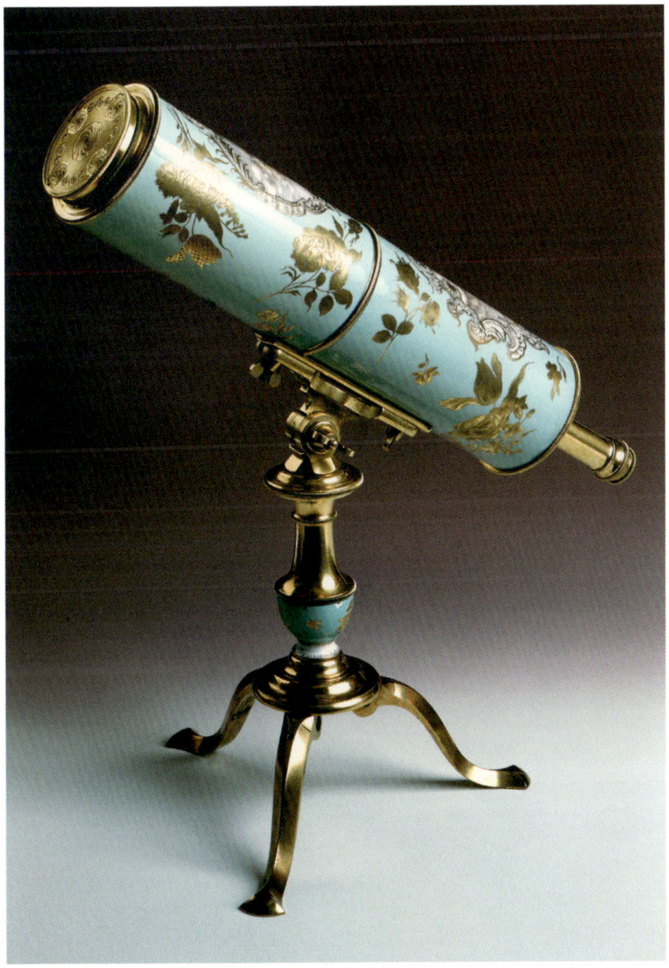

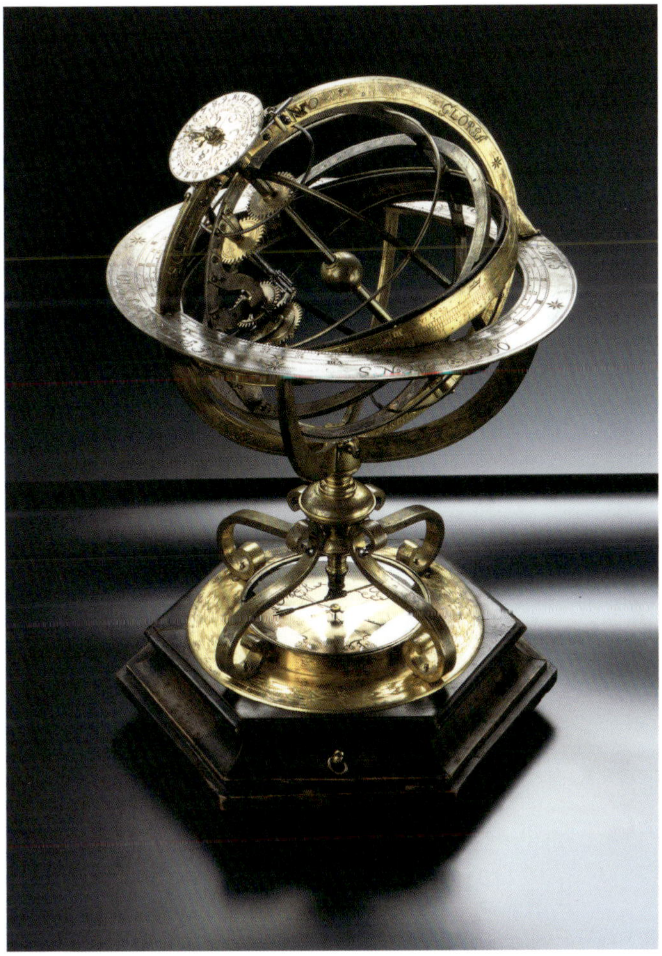

1.11 Armillarsphäre, Johannes Möller, Gotha, 1687, Messing, vergoldet, versilbert und graviert, Durchmesser: 16,2 cm, Höhe: 34 cm, Leihgabe der Herzogin Anna Amalia Bibliothek, Klassik Stiftung Weimar, Inv.-Nr. KT 800-1

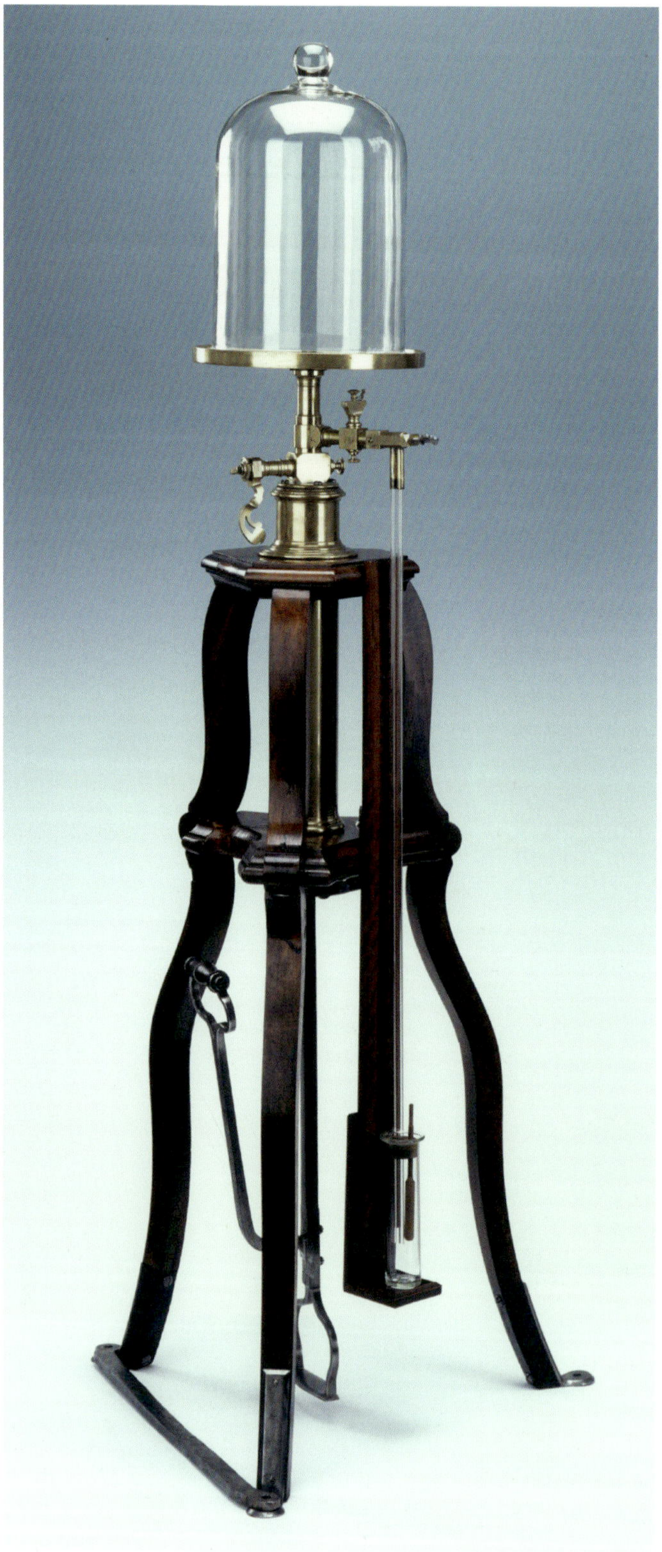

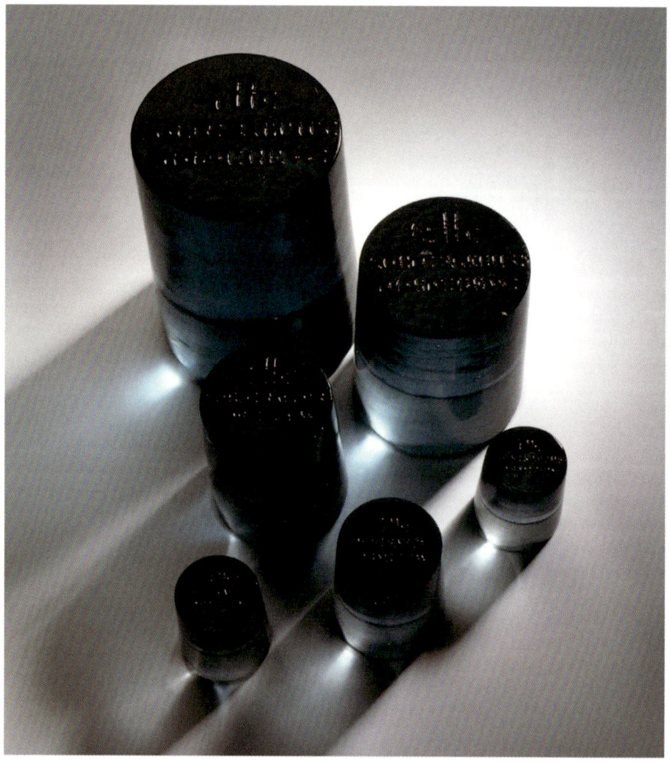

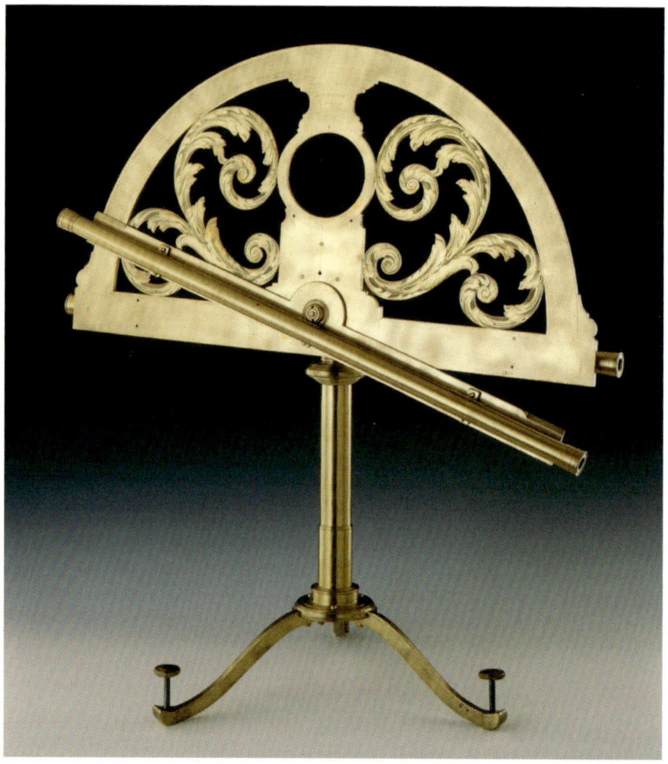

1.12 Vakuumpumpe, Georg Friedrich Brander, Augsburg, um 1760, Holz, Eisen, Messing, Glas, Höhe (ohne Glasglocke): 119,6 cm, Breite: 61,2 cm, Tiefe: 52 cm, Inv.-Nr. B II c 3

1.13 Normalgewichte, Friedrichstaler Glashütte, 1815, Glas, Durchmesser (unten): 4,55–9 cm, Höhe: 3,95–7,95 cm, Inv.-Nr. B I 31

1.14 Halbkreiswinkelmessinstrument, Louis Chapotot, Paris, um 1680, Messing, vergoldet, Durchmesser: 65,5 cm, Höhe (gesamt): 80,5 cm, Inv.-Nr. C III f 10

elektrostatischen Apparaten und den Brennspiegeln bilden sie das Rückgrat eines Physikalischen Kabinetts.

Die blauen Glasgewichte (Abb. 1.13) aus der Friedrichstaler Glashütte gehören zu einer Gruppe von Instrumenten, die zum *Vergleichen* benutzt wurden. Zu ihnen zählen neben Waagen und Gewichten auch die Längen-, Flächen- und Hohlmaße. Sie alle normierten den Handel und sollten vor Betrug schützen. In der Kunstkammer des 16. Jahrhunderts wurden die Referenzmaßstäbe aufbewahrt, an denen die im Handel und auf den Märkten verwendeten Maßstäbe und Gewichte geeicht wurden.

Die Gruppe der Leitinstrumente wird durch ein Halbkreiswinkelmessinstrument von Louis Chapotot (tätig 1670–1700) vervollständigt (Abb. 1.14), das dem *Vermessen* eines Territoriums diente. Wie bei vielen Instrumenten dieses Museums, bildet die Winkelmessung die Basis für weitere Erkenntnisse und Aufgaben. Die Vermessung und Darstellung des sächsischen Territoriums ist ein zentrales Thema des folgenden Kapitels.

1.15 Neues Foyer im ehemaligen Grottensaal (Aufnahme 2013)

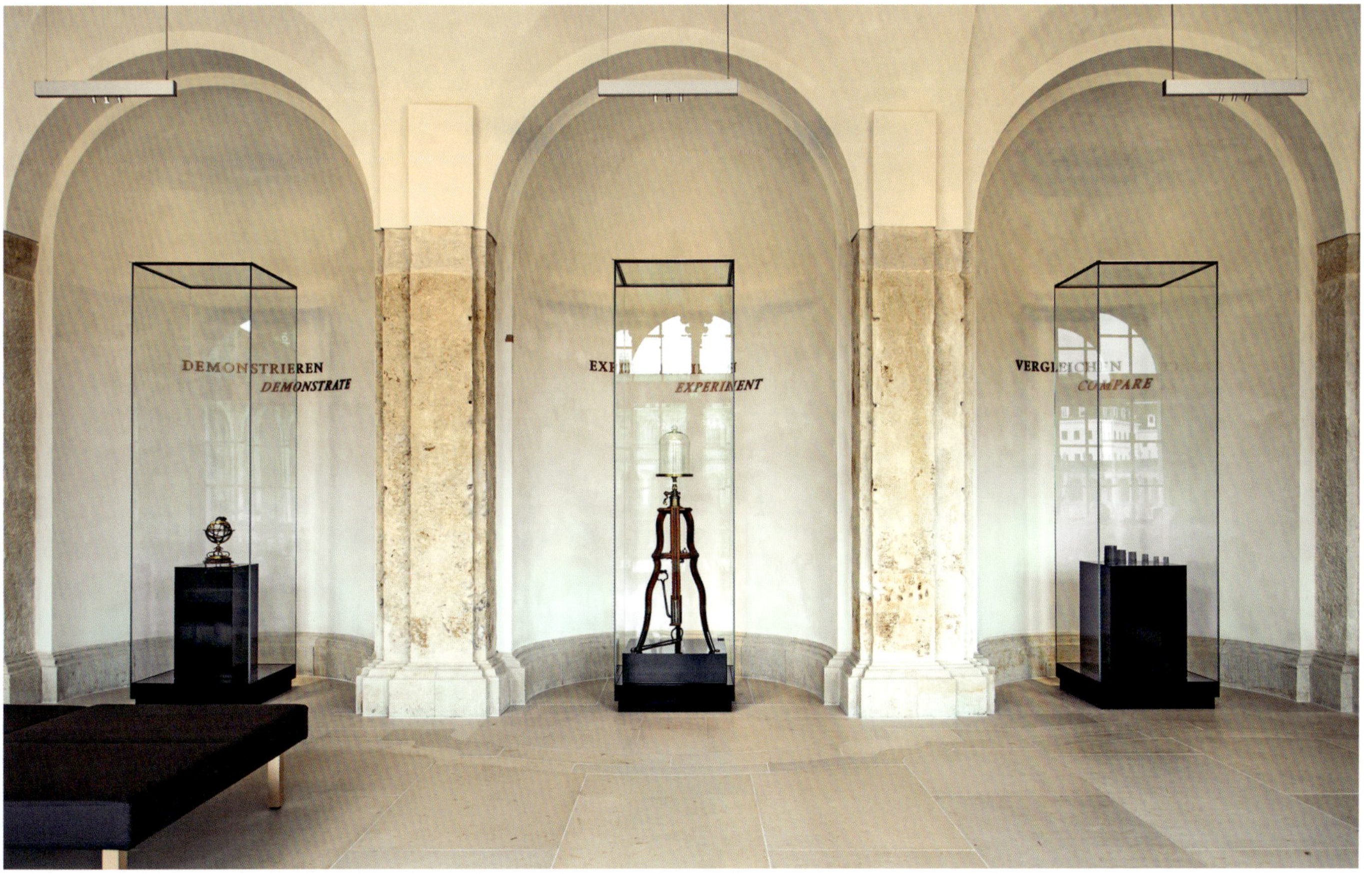

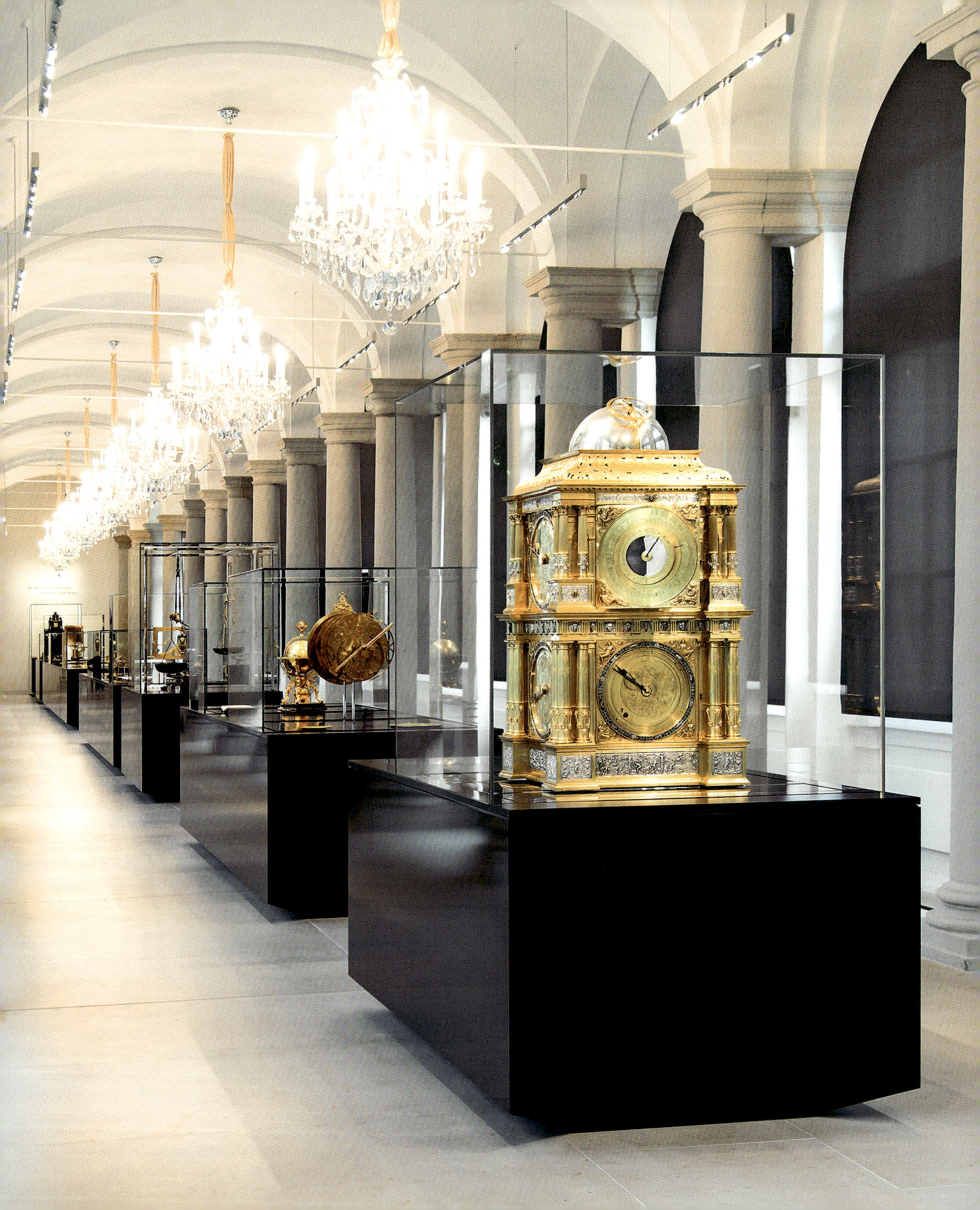

WOLFRAM DOLZ, MICHAEL KOREY, PETER PLASSMEYER

LANGGALERIE
Der Kosmos des Fürsten – Mechanik und Mathematik unter Kurfürst August

Die Langgalerie bietet reiche Einblicke in die Anfänge des Sammelns von wissenschaftlichen Instrumenten am Dresdner Hof. Um 1560 richtete Kurfürst August von Sachsen (1526–1586) im Dresdner Residenzschloss eine Kunstkammer ein, deren Bestände sich hauptsächlich aus erlesenen mathematischen Instrumenten, mechanischen Automaten und raffinierten Werkzeugen zusammensetzten. August sammelte diese Objekte aus unterschiedlichen Motiven. Zum einen spiegelten die zahlreichen Vermessungsinstrumente den Wunsch des Herrschers nach Erfassung, Darstellung und Kontrolle seines Landes wider. Mit Wagenwegmessern vermaß er auf seinen Reisen sein Territorium. Zum anderen waren komplexe Maschinen wie etwa die Planetenuhr repräsentative Herrschaftssymbole. Sie sollten vor Augen führen, dass der Kurfürst mit Hilfe eines solchen Automaten sogar die hoch komplizierten Bewegungen der Gestirne erfassen und damit erklären konnte. Nachfolgende sächsische Kurfürsten sammelten zwar weiterhin Instrumente, aber nicht so intensiv wie noch Kurfürst August; ihnen waren beispielsweise aufwendige Uhren und Figurenautomaten lieber. Die aus der Kunstkammer stammenden Instrumente bildeten 1728 den Grundstock der Sammlung des Mathematisch-Physikalischen Salons im Zwinger.

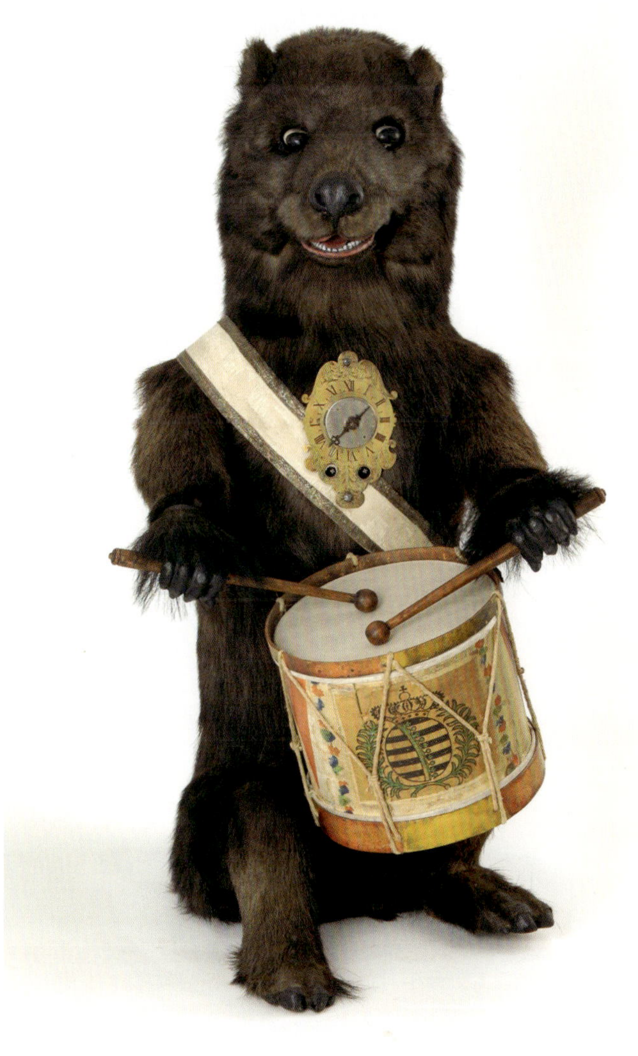

2.1 Automat »Trommelnder Bär«, deutsch, um 1625, Holz, Fell, Eisen, Messing, Höhe: 98 cm, Breite: 40 cm, Inv.-Nr. D V 11

Automaten aus der Dresdener Kunstkammer

Gegen Ende des 16. Jahrhunderts gehörten Figurenautomaten, die außerordentlich komplexe Bewegungen ausführen konnten, zu den großen Attraktionen. Sie zeigen auf höchst

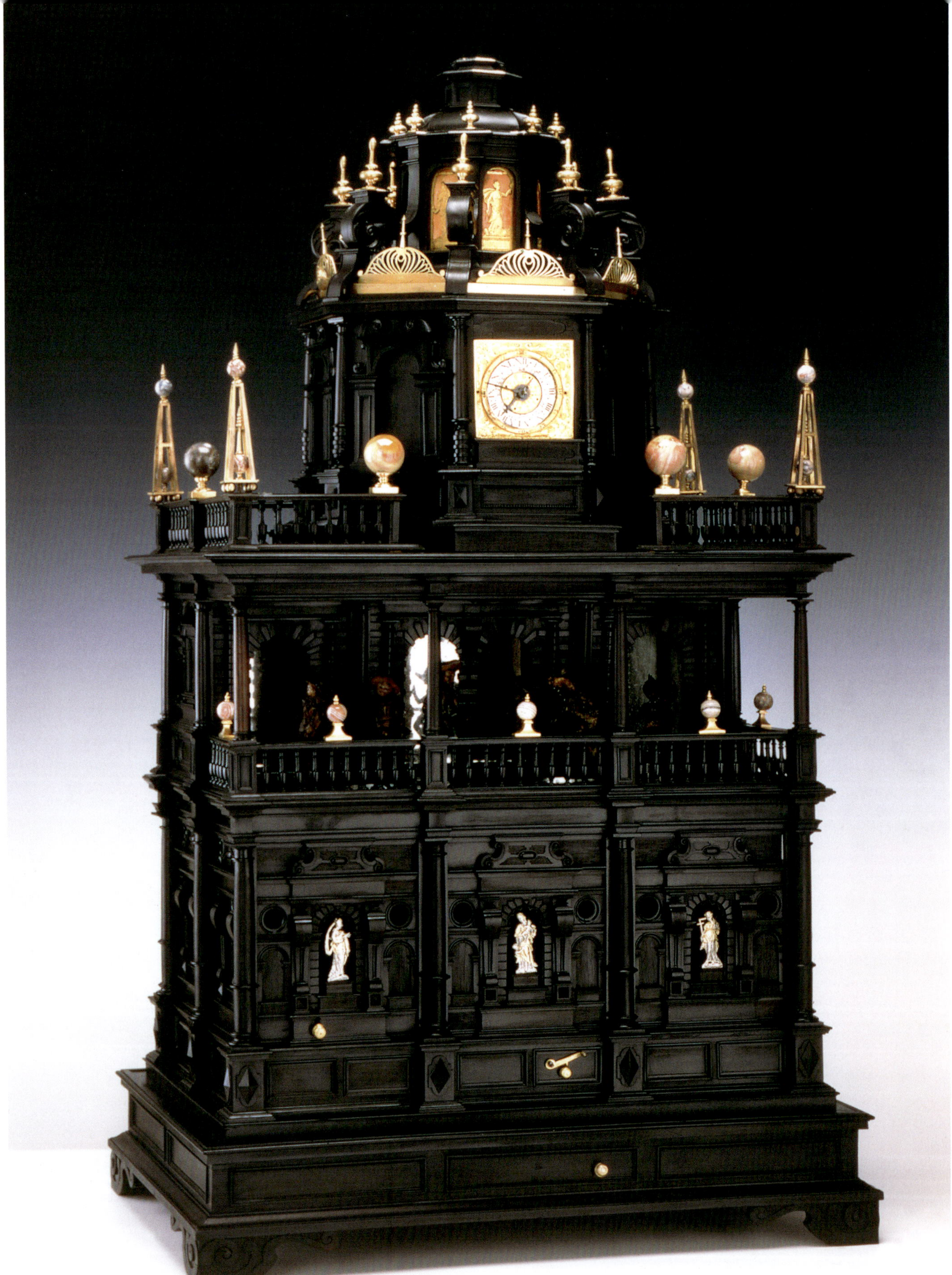

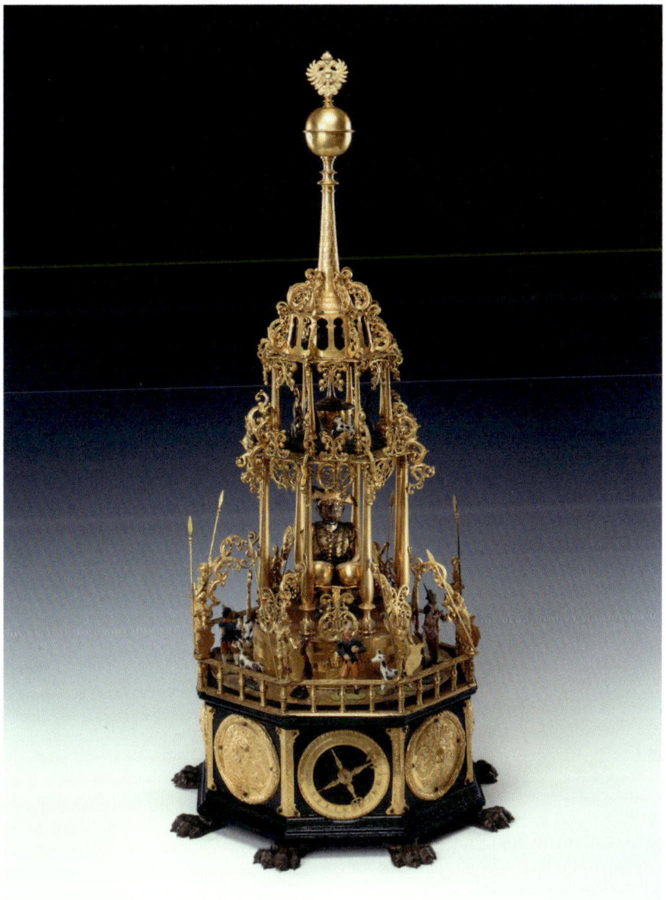

2.3 Figurenautomat »Verkehrte Welt«, vermutlich Hans Schlottheim, Augsburg, um 1590, Messing, feuervergoldet, Eisen, Ebenholz, Durchmesser (Sockel): 35 cm, Höhe: 93 cm, Inv.-Nr. D V 10

unterhaltsame Art und Weise, zu welchen Leistungen die Mechanik imstande ist.

Der trommelnde Bär mit seinem echten Fell kommt dem Ideal, nämlich ein möglichst getreues Abbild der Natur zu schaffen, sehr nahe. Die Erfindung der Aufzugsfeder ermöglichte nicht nur die Konstruktion einer kompakten Kraftquelle für Uhren, sondern auch für Automaten. Der Bär birgt in seinem Innern ein Gehwerk und ein Schlagwerk. Solange das Gehwerk tickt, rollt er mit seinen Augen. Diese sind über ein Hebelwerk mit der Unrast verbunden. Darüber hinaus dient dieser Bär auch als Wecker, der mit der silbernen Scheibe im Zentrum des Zifferblattes vor der Brust gestellt wird. Zur vorgesehenen Weckzeit beginnt der Bär zu trommeln und sein Maul zu bewegen. Der Automat war ein Geschenk von Herzog Julius Heinrich zu Sachsen-Lauenburg (1586–1665) an Kurfürst Johann Georg I. (1585–1656). Er ist weltweit einer der letzten erhaltenen Automaten der Zeit um 1600 mit einem echten Fell (Abb. 2.1).

2.2 Figurenautomat mit Musikspielwerk, Matthäus Rungel, Augsburg, um 1625, Ebenholzfurnier, Eichenholz (Korpus), Achat, Silber, Messing, Eisen, Leder (Blasebalg), Höhe: 107 cm, Breite: 69 cm, Tiefe: 41,5 cm, Inv.-Nr. D V 9

Der Musikautomat in Form eines Kabinettschranks enthält im unteren Teil zwei Musikinstrumente, eine Orgel und ein Oktavspinett, die über eine gestiftete Walze angetrieben werden. Während der Musikdarbietung vollführen die beiden Figurenkreise eine Art Tanz eine Gruppe wird von europäischen Patriziern, die andere von wahrscheinlich afrikanischen Indigenen gebildet. Die Figuren bewegen sich auf einer Kreisbahn von der Terrasse in den verspiegelten Tanzsaal hinein und wieder heraus. Dabei hüpfen sie und drehen sich abwechselnd nach links und nach rechts (Abb. 2.2).

Im Zentrum dieses einer Weihnachtspyramide ähnelnden Automaten sitzt vor zwei Pauken ein prächtig gekleideter Affe. Beim Stundenschlag begleitet er mit einem Trommeln den Umzug der beiden Jagdgruppen. Das Thema dieses Automaten, die Darstellung der »verkehrten Welt«, bei dem die Tiere zu Jägern und die Jäger zu Gejagten werden, ist ein am Dresdener Hof wiederholt zu findendes Thema (Abb. 2.3).

PP

Kurfürst August als Vermesser und Kartograph

Kurfürst August von Sachsen beteiligte sich aktiv an der Vermessung seines Landes. Das unterscheidet ihn von den meisten zeitgenössischen Potentaten. Von ihm sind zahlreiche eigenhändige Risse und Karten sowohl von seinem Territorium als auch von Reisen, die er unternahm, überliefert. Zugleich war er Auftraggeber für innovative mechanische Wegmesser. Als Ergebnisse seiner Bemühungen standen schließlich raf-

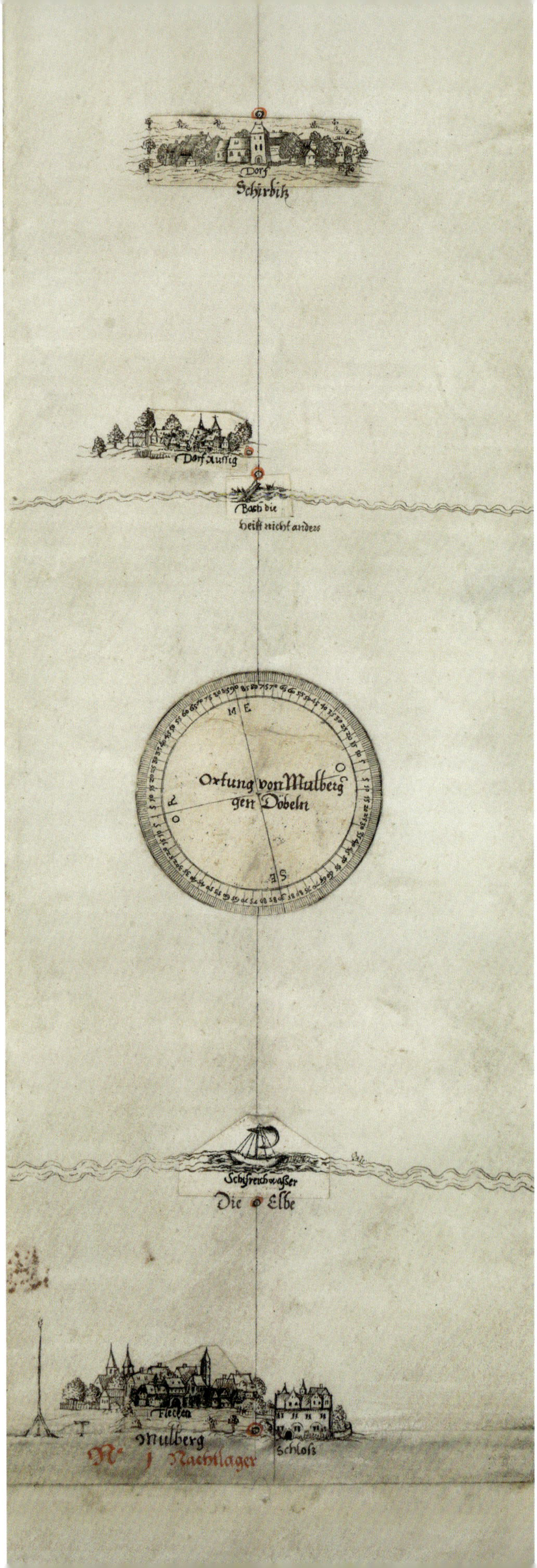

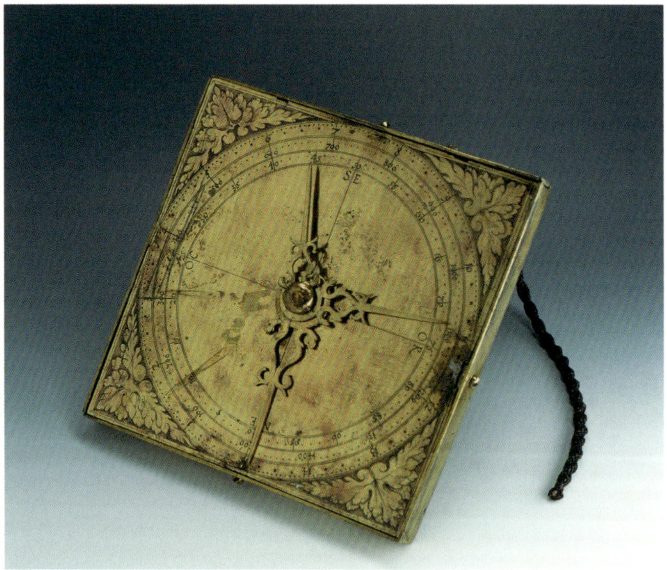

2.5 Wegmesser, vermutlich Christoph Schissler, Augsburg, um 1575, Messing, Stahl, Länge: 14 cm, Breite: 14 cm, Höhe: 13 cm, Inv.-Nr. C III a 1

finierte Instrumente zur Verfügung, die sowohl Strecken als auch Winkel automatisch auf einem Papierstreifen registrierten. Seine Vermessungsmethode wird im Inventar der Dresdener Kunstkammer von 1587 als »Wagen Meßkunst« bezeichnet.

Nach längeren Reisen fertigte August in Zusammenarbeit mit seinem Hofmaler Friedrich Bercht (gestorben 1585) sogenannte Routenrollen an. So reiste er 1575 von seinem an der Elbe gelegenen Jagdschloss Mühlberg bis nach Regensburg zum Kurfürstentag. Er benötigte für die circa 54 Meilen (etwa 365 km) lange Strecke dreizehn Tage. Daraus ergibt sich eine Reisegeschwindigkeit mit der Kutsche von durchschnittlich 30 Kilometern pro Tag. Die 13,4 Meter lange Routenrolle ist in Reisetage gegliedert, die sich jeweils von Nachtlager zu Nachtlager erstrecken. Der Weg wird als gerade Linie dargestellt. Davon abweichende Richtungen werden mit Kompass-

2.4 Reiseroutenrolle (Ausschnitt), Kurfürst August von Sachsen, Friedrich Bercht, vermutlich Dresden, 1575, Tuschezeichnung und aufgeleimte Kupferstiche auf Pergament, Länge: 1336 cm, Breite: 10,5 cm, Sächsische Landesbibliothek – Staats- und Universitätsbibliothek Dresden, Msc.Dresd.L.451

rosen angegeben. Entlang des Weges kartierte der Kurfürst Dörfer und Städte, Wälder, Flüsse und Fischteiche, Mühlen und Richtstätten. Für sich wiederholende Objekte wie zum Beispiel Städte und Dörfer oder Kompassrosen wurden entsprechende Kartensymbole als Kupferstiche gedruckt, ausgeschnitten und an der passenden Stelle aufgeklebt. Insgesamt sind sechs Routenrollen von Kurfürst August erhalten geblieben, sie sind heute Eigentum der Sächsischen Landesbibliothek – Staats- und Universitätsbibliothek Dresden (Abb. 2.4).

August verwendete auf der Reise von Mühlberg nach Regensburg mit hoher Wahrscheinlichkeit den vom Augsburger Instrumentenmacher Christoph Schissler (um 1531–1608) hergestellten Wegmesser, der einen maximalen Messbereich von 15 Meilen (circa 100 km) aufweist (Abb. 2.5).

Für die Verwendung dieses Wegmessers sprechen die erhalten gebliebenen Aufzeichnungen des Kurfürsten zur Reise, denn sowohl hier, in seinen Vermerken zu den zurückgelegten Strecken, als auch am Instrument entspricht 1 Meile genau 1.500 Ruten. Im Gegensatz zur Rute (4,295 Meter) war die Meile damals noch nicht standardisiert: Während bei diesem Instrument für eine Meile 1.500 Ruten angesetzt werden, sind es beim später hergestellten Wegmesser von Christoph Trechsler d. Ä. (um 1546–1624) 2.000 Ruten. Der Schaltmechanismus dieses Wegmessers ist rechtwinklig zum Zifferblatt und Getriebe angebracht und erlaubte das bequeme Ablesen

2.6 Kutsche mit Wegmesser (in: Paul Pfinzing, Methodus Geometrica, Nürnberg 1598)

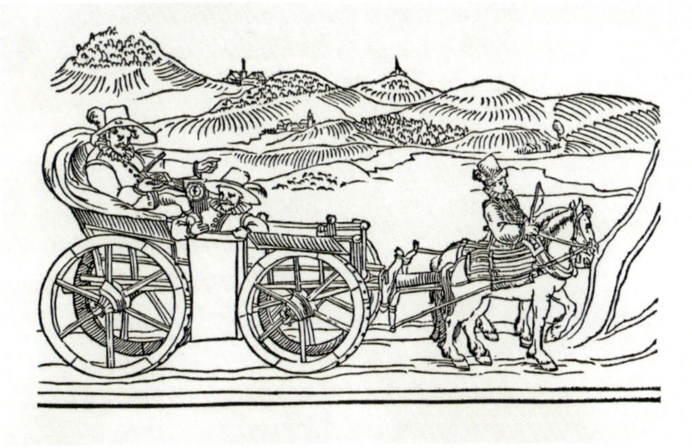

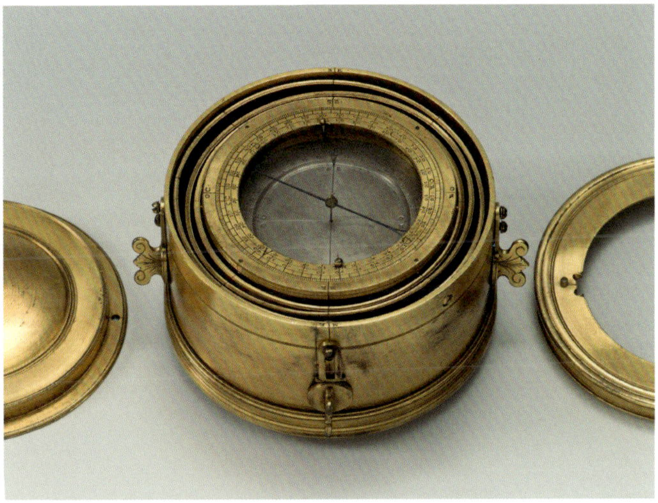

2.7 Schiffskompass, vermutlich Dänemark, um 1560, Messing, vergoldet und versilbert, Durchmesser: 12 cm, Höhe: 9,8 cm, Inv.-Nr. C VI 2

der Entfernungen auf dem horizontal liegenden Zifferblatt im Reisewagen (Abb. 2.6).

Die Übereinstimmung der Kompassrosen auf den Routenrollen Kurfürst Augusts mit der in vier Quadranten (A, B, C und D) zu je 90 Grad eingeteilten Windrose des hier ausgestellten Schiffskompasses legt die Verwendung auch dieses Instruments für die Messungen während der bereits beschriebenen Routenaufnahme von 1575 nahe. Der Kompass besitzt bereits eine kardanische Aufhängung. Diese ist durch drei zueinander bewegliche Ringe gekennzeichnet, die die an ihnen aufgehängte Kompassschüssel stets in eine waagerechte Lage bringen und das Messen auf einer schief stehenden Kutsche ermöglichen. Zum schnellen Einpendeln dient ein Bleigewicht am Kompassboden. Das Instrument gehört zu den ältesten erhaltenen Kompassen mit einer solchen Konstruktion (Abb. 2.7).

Der letzte und zugleich prächtigste von einst zwölf Wegmessern der Sammlung des Kurfürsten wurde 1584 von Christoph Trechsler in Dresden hergestellt. Hier wurde ein Traum Augusts Wirklichkeit: Er hatte sich ein komplexes Instrument gewünscht, das sowohl Richtungen als auch Strecken selbsttätig registrieren konnte. Leider wird das für die automatische Aufzeichnung erforderliche Zubehör seit dem Zweiten Weltkrieg vermisst.

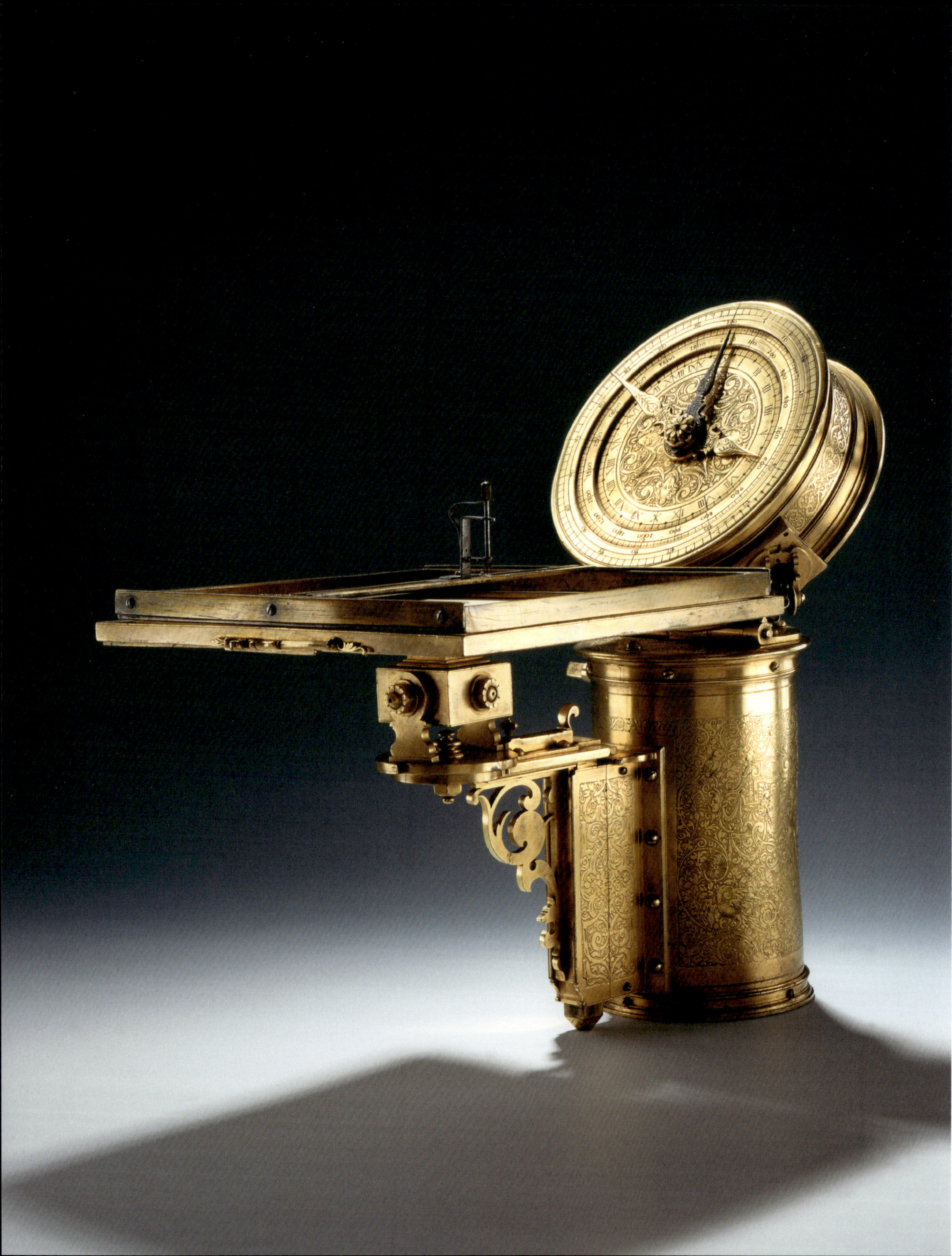

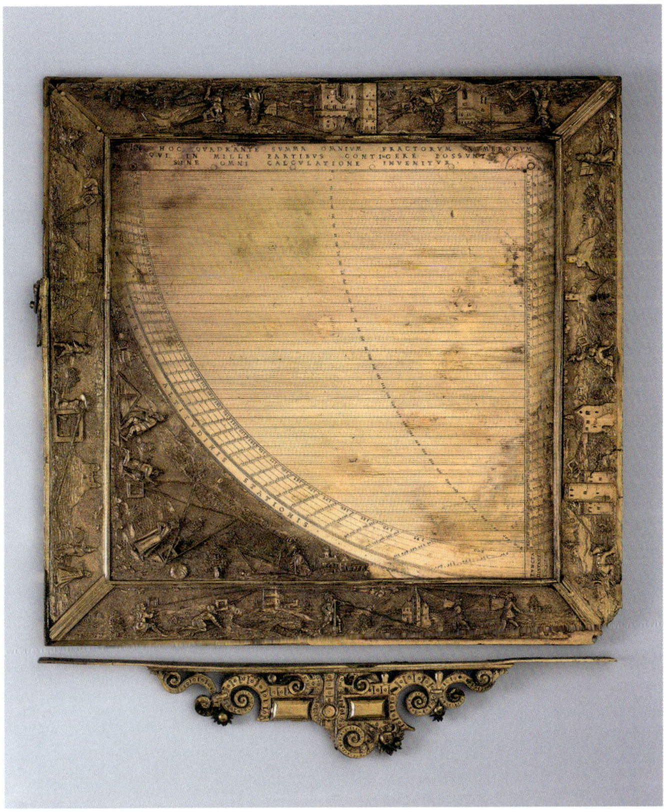

2.9a Messquadrat (Quadratum Geometricum), Vorderseite, Christoph Schissler, Augsburg, 1569 (1945 stark beschädigt), Messing, ursprünglich vergoldet, Länge: 37,5 cm, Breite: 37,5 cm, Inv.-Nr. C I 1

Die Funktionsweise besteht bei beiden ausgestellten Wegmessern in der Zählung der Radumdrehungen mit Hilfe eines Schaltmechanismus. Radumdrehungen mal Radumfang ergeben die zurückgelegte Strecke. Das direkte Ablesen der gefahrenen Ruten und Meilen ermöglicht ein Getriebe. Der maximale Messbereich des Wegmessers von Trechsler beträgt 20 Meilen (circa 180 km). Zu diesem Wegmesser gehören auch ein Zirkel und ein Reduktionsmaßstab, mit dessen Hilfe die abgelesene Strecke im jeweiligen Kartenmaßstab auf das Papier aufgetragen werden konnte (Abb. 2.8).

2.8 Wegmesser, Christoph Trechsler d. Ä., Dresden, 1584, Messing, vergoldet, graviert, punziert, Eisen, Höhe: 42 cm, Durchmesser (Zifferblatt) 17 cm, Inv.-Nr. C III a 4

Der Augsburger Instrumentenmacher Christoph Schissler fertigte 1569 für Kurfürst August ein außergewöhnliches Messquadrat an, das er als Quadratum Geometricum bezeichnete. Die Reliefs am Rand des Quadrats illustrieren seine Verwendung. Es nutzt die Vergleichbarkeit ähnlicher Dreiecke. Damit lassen sich die Höhe eines Turmes oder die Breite eines Flusses ohne direktes Ausmessen der Objekte bestimmen. Die Tafeln auf den zentralen Feldern beider Seiten dieses raffinierten Instrumentes erlaubten dem fürstlichen Nutzer, das Ergebnis direkt abzulesen, ohne selbst rechnen zu müssen. Das Instrument wurde im Zweiten Weltkrieg stark beschädigt, aufgrund dessen fehlt heute das zur Messung notwendige Ziellineal (Alhidade). Auch das Stativ mit der oben aufgesetzten Türkenfigur wurde zerstört (Abb. 2.9a, b, c und 2.10).

2.9b Messquadrat (Quadratum Geometricum), Rückseite, Inv.-Nr. C I 1

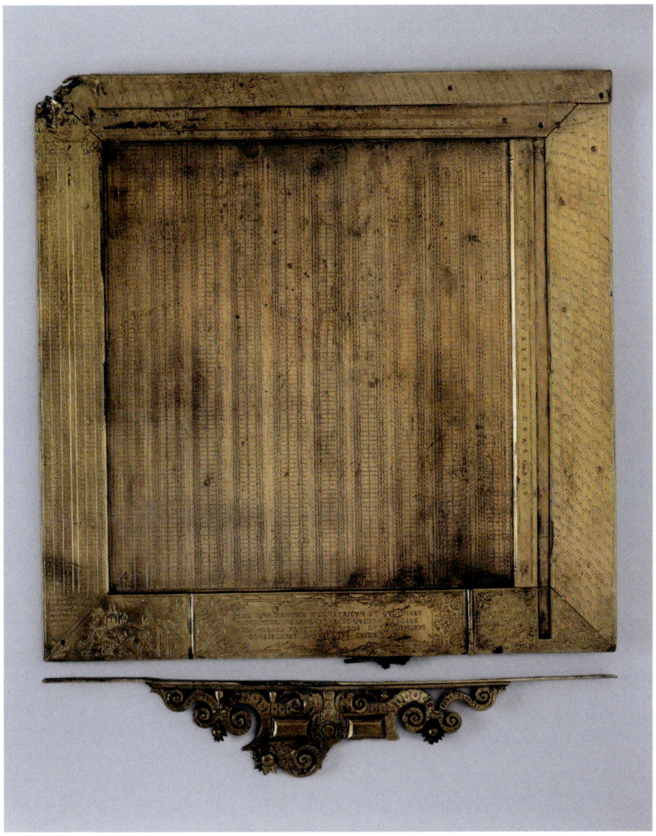

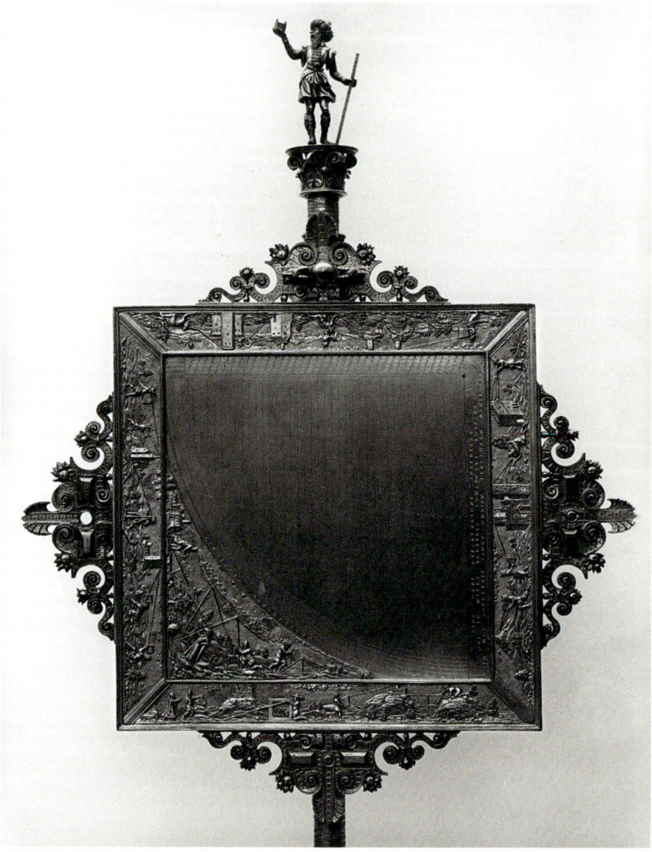

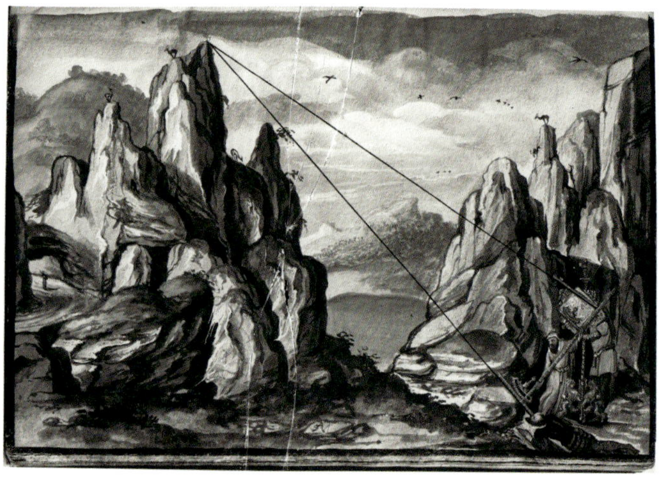

2.9c Messquadrat (Quadratum Geometricum), Christoph Schissler, Augsburg, 1569 (1945 stark beschädigt), Inv.-Nr. C I 1 (Foto vor 1945)

2.10 Zeichnung aus der Anleitung zum Quadratum Geometricum von Christoph Schissler (1945 zerstört).

2.11 Zeicheninstrumente, Deutschland, um 1575, Messing, vergoldet, Stahl, Inv.-Nrn. A I 4, A I 22, A I 20, A I 27, A I 29, A I 36, A I 67 (von links nach rechts)

2.12 Auftragsbussole, vermutlich Dresden, um 1580, Messing, vergoldet, Durchmesser: 15 cm, Länge (Lineal): 16,5 cm, Inv.-Nr. C III c 17

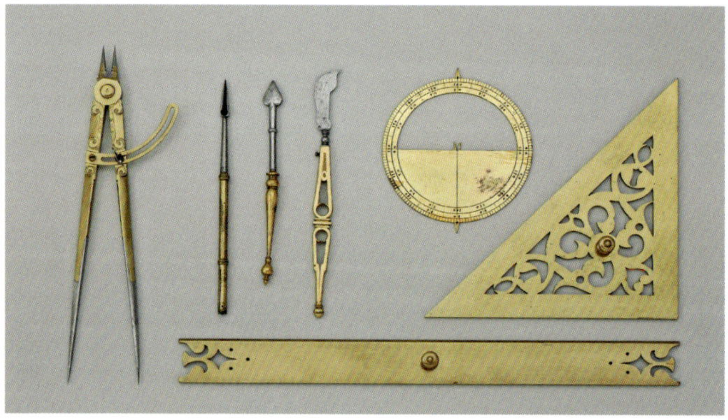

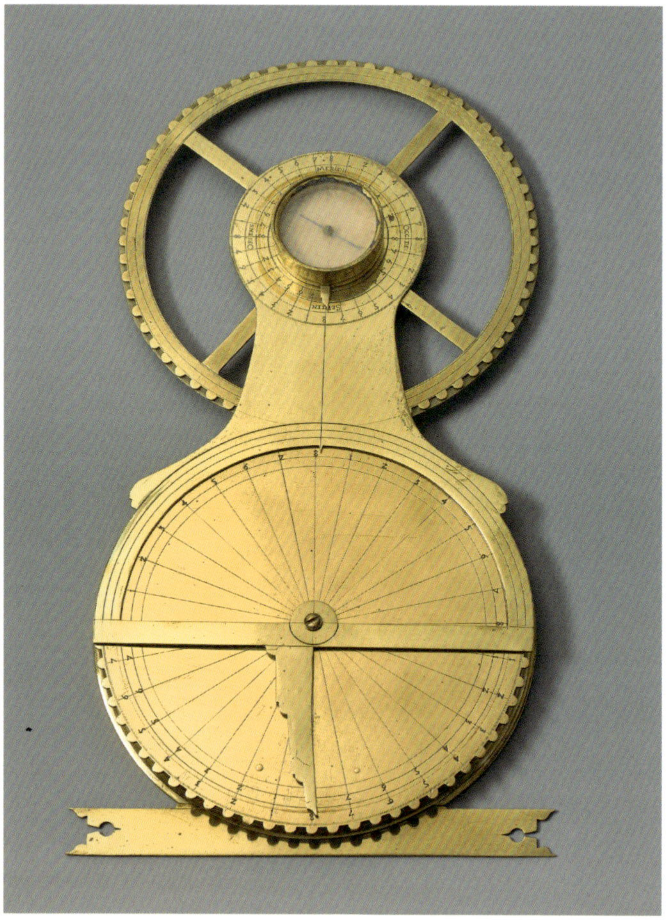

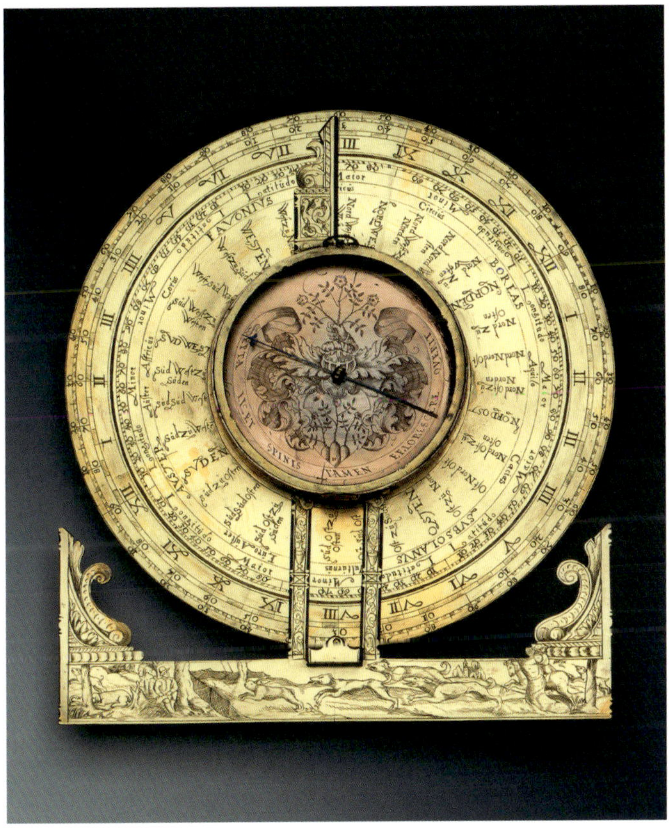

2.13 Auftragsbussole, Erasmus Habermel, Prag, um 1600, Messing, vergoldet, Durchmesser: 21 cm, Inv.-Nr. C III d 1 (Ankauf 1911)

Nach erfolgter Messung der zurückgelegten Strecken und der Winkel im Gelände benötigte man verschiedene Hilfsmittel, um ausgehend von den Messwerten eine Karte zu zeichnen. Hierfür benutzte der Kurfürst eine Reihe präzise hergestellter Zeicheninstrumente. Schon seit dem Altertum gehören Lineal und Zirkel zu den wichtigsten Zeichengeräten. Unter den mehr als 400 im ersten Dresdener Kunstkammerinventar von 1587 eingetragenen Zeicheninstrumenten finden sich 218 Zirkel, 37 Lineale, 19 Kreuzlineale, 50 Maßstäbe, 18 Dreiecke, 37 Winkelhaken, 11 Winkelmesser und 17 Schmiegmaße. Sie wurden ursprünglich im eigens dafür eingerichteten »Reißgemach« der Kunstkammer im Dresdener Residenzschloss aufbewahrt und vom Kurfürsten selbst benutzt. Etwa drei Dutzend davon haben sich erhalten (Abb. 2.11).

Zum Abtragen der Winkel in ein Kartenblatt wurde ein spezielles Instrument entwickelt – die sogenannte Auftragsbussole. »Bussola« ist die italienische Bezeichnung für Kompass und heißt wörtlich übersetzt »Buchse«. Mit »Auftragen« ist hier »auf Papier Aufzeichnen« gemeint. Eine Auftragsbussole ist somit ein Kompass, der sowohl Winkelwerte anzeigt als auch zum Aufzeichnen der schon gemessenen Winkel dient. Die hier ausgestellte Auftragsbussole besteht aus einem Kompass und einem drehbaren Lineal. Am oberen Skalenring stellt man den im Gelände gemessenen Winkelwert ein. Beim Drehen des Zeigers über der Skale dreht sich gleichzeitig das obere Zahnrad. Letzteres treibt wiederum das untere Zahnrad an und bewegt das damit verbundene Lineal. An diesem wird schließlich die Linie gezeichnet, die die Richtung angibt (Abb. 2.12).

Die wahrscheinlich von Erasmus Habermehl (um 1538–1606) um 1600 angefertigte Auftragsbussole wurde erst 1911 vom Mathematisch-Physikalischen Salon erworben und gehörte damit nicht zum Bestand der fürstlichen Kunstkammer. Sie zählt aber zweifellos zu den Meisterwerken der Instrumentenbaukunst der Frühen Neuzeit. Die Kompassplatte trägt das Wappen des italienischen Mediziners Franciscus de Paduanis (um 1600 kaiserlicher Leibarzt in Prag) Im Rosenhügel des Wappens sind die Initialen des Herstellers –»EH« – zu finden. Die Kompassrose ist in 32 Himmelsrichtungen eingeteilt. Auf dem Lineal ist eine Netztreibjagd auf einen Hasen dargestellt (Abb. 2.13).

WD

Vermessungsmethoden in der Frühen Neuzeit

Bei der Vermessung eines Territoriums werden Strecken und Winkel gemessen. Die Distanzen wurden im einfachsten Fall abgeschritten. Genauere Ergebnisse erzielte man mit der Messkette oder dem Wegmesser. Die Richtungsänderungen, die bei Wegbiegungen oder Grenzverläufen unausweichlich waren, wurden mit dem Kompass (Bussole) gemessen. Als Orientierung diente die feststehende Richtung »magnetisch Nord«, von wo aus der Winkel zu den Zielpunkten bestimmt wurde. Dieses Prinzip nennt man Bussolenzug (Abb. 2.14).

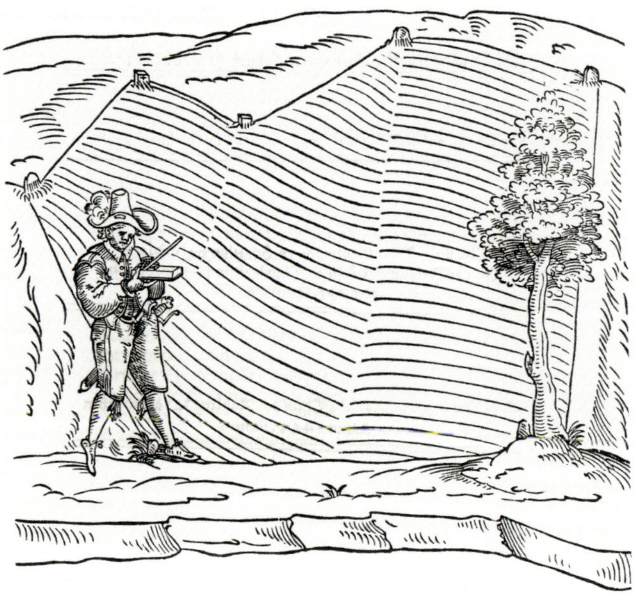

2.14 Landvermesser (in: Paul Pfinzing, Methodus Geometrica, Nürnberg 1598)

Die Diopterbussole, 1631 von Mattheus Heintz aus Zwickau hergestellt, erlaubt besonders präzise Winkelmessungen. Hierfür konstruierte Heintz eine mechanische Feineinstellung, die aus einer Mikrometerschraube mit Mikrometertrommel besteht und in 60 Abschnitte unterteilt ist. Mithilfe dieser Konstruktion lassen sich Winkelwerte bis auf 1/60 Grad, also bis auf eine Winkelminute genau ablesen. Bestechend exakt sind auch die Gravuren der 360°-Aufteilung mit einem Teilstrichabstand von nur einem Grad, die auf der Grundplatte sowie auf der Kompassrose aus Elfenbein eingeritzt wurden (Abb. 2.15).

Der im flämischen Löwen tätige Gemma Frisius lieferte 1533 die erste wissenschaftliche Beschreibung einer neuen Messmethode: der Triangulation. Bei diesem Verfahren zur Vermessung ausgedehnter Gebiete wird die ganze Fläche in ein Netz von Dreiecken aufgeteilt. Misst man alle Dreieckswinkel, kann man durch die direkte Ausmessung von nur einer Strecke zwischen zwei Dreieckspunkten die Länge aller Strecken im Netz berechnen. Zur Winkelmessung war der später entwickelte Theodolit am besten geeignet. Er ist ein universelles Winkelmessinstrument, das von einem Standort aus sowohl die Ermittlung von Horizontal- bzw. Lagewinkeln als auch die Ermittlung von Vertikal- bzw. Höhenwinkeln erlaubt. Hierfür wurde auf den Horizontalkreis ein Vertikalkreis aufgesetzt.

Der 1633 von Victor Starck in Dresden gebaute Theodolit war jedoch nicht für den Einsatz im Gelände vorgesehen, sondern diente repräsentativen Zwecken. Dafür sprechen zusätzliche Funktionen des Geräts, die bei der Winkelmessung nicht benötigt werden. So sind als Beiwerk eine Horizontal- und eine Vertikalsonnenuhr mit zahlreichen Kalenderangaben vorhanden. Starck versah den Horizontal- und den Höhenkreis des Instruments mit einer exakten Winkelteilung mit Transversalteilung, die eine Ablesegenauigkeit von 1/10 Grad erlauben. Als konstruktive Besonderheit hat Starck zum Justieren anstatt eines normalen Pendels ein sogenanntes Nadelniveau angebracht (Abb. 2.16).

WD

2.15 Diopterbussole (Kompass), Mattheus Heintz, Zwickau, 1631, Messing, vergoldet, Elfenbein, Länge: 13,4 cm, Breite: 10,7 cm, Höhe: 6,8 cm, Durchmesser (Kompass): 10,7 cm, Inv.-Nr. C III d 8

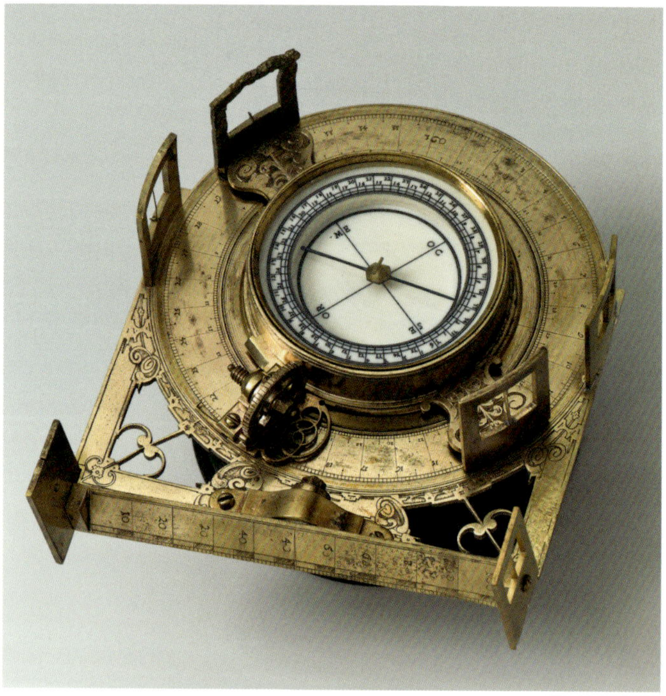

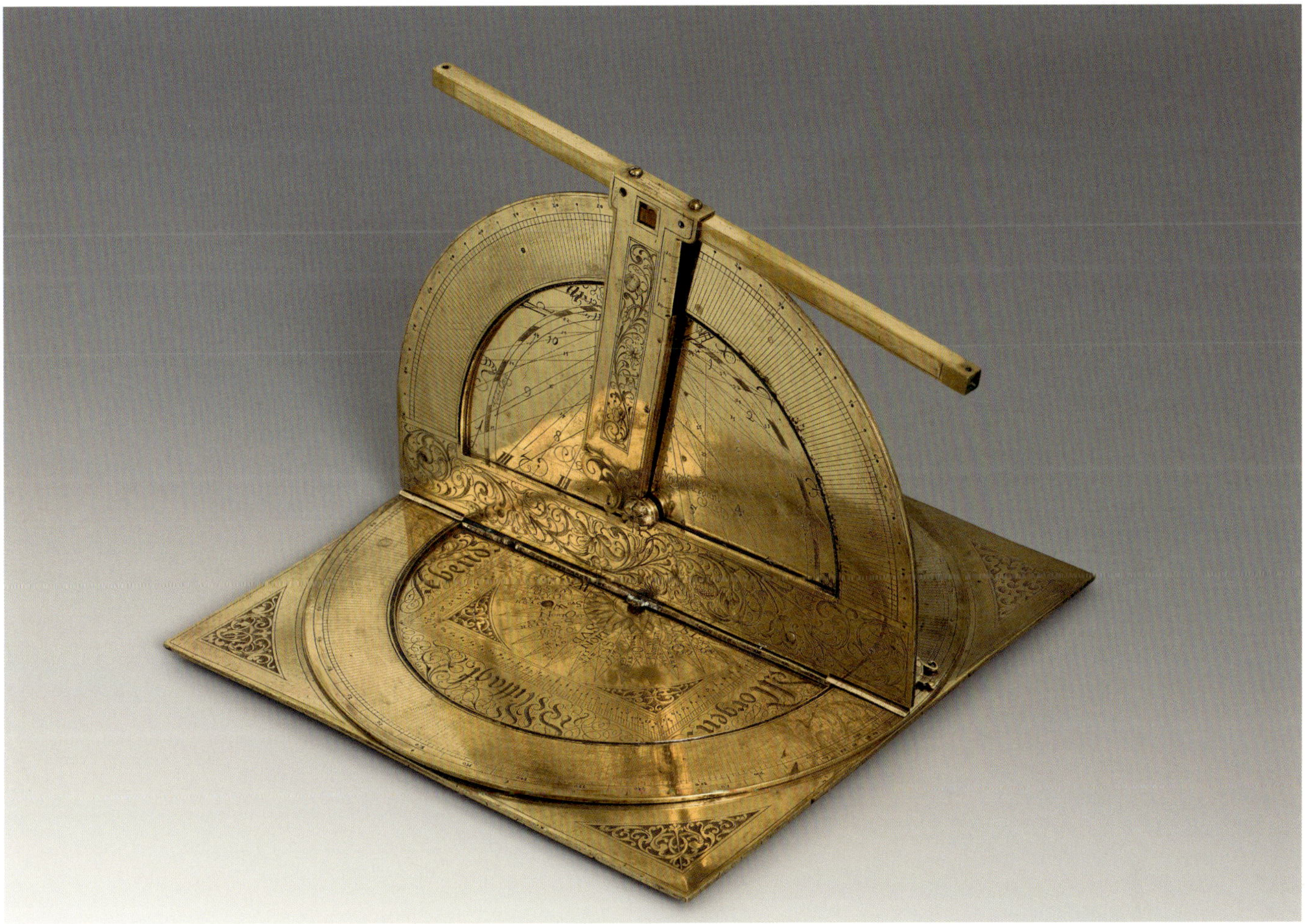

2.16 Theodolit, Victor Starck, Dresden, 1633, Messing, vergoldet, graviert, Länge: 21,7 cm, Breite: 21,7 cm, Höhe: 15,7 cm, Inv.-Nr. C III f 7

Vermessungsinstrumente für den Bergbau

Das Auffinden großer Silbervorkommen im Erzgebirge 1168 und 1470 schuf die Basis für den Reichtum und die Macht des Herzogtums Sachsen. Um den Schatz zu heben, bedurfte es einer hoch entwickelten Bergbau- und Vermessungstechnik. Die Vermesser unter Tage wurden seit dem 16. Jahrhundert als Markscheider oder Schiner bezeichnet. Das Wort Markscheide kommt vom deutschen Wort »Mark« für »Grenze« und »scheiden« bzw. »schinen« für »trennen«. Der Markscheider war ursprünglich für die Vermessung der scheidenden Grenzen aneinanderstoßender Grubenfelder zuständig. Typische Markscheideinstrumente für die Winkelmessung sind der Kompass und das Schinzeug. Letzteres war speziell für die schlechten Sichtbedingungen unter Tage entwickelt worden, denn hierbei ersetzt eine Schnur den Sehstrahl. Bei dieser Messmethode, der sogenannten Ziehmarkscheidekunst, wurden Schnüre zwischen den Ausgangs- und Zielpunkten in der Grube gespannt.

Das Schinzeug diente zur Bestimmung des Verlaufs der Stollen. Am Vertikalkreis des Geräts ist ein beweglicher Zei-

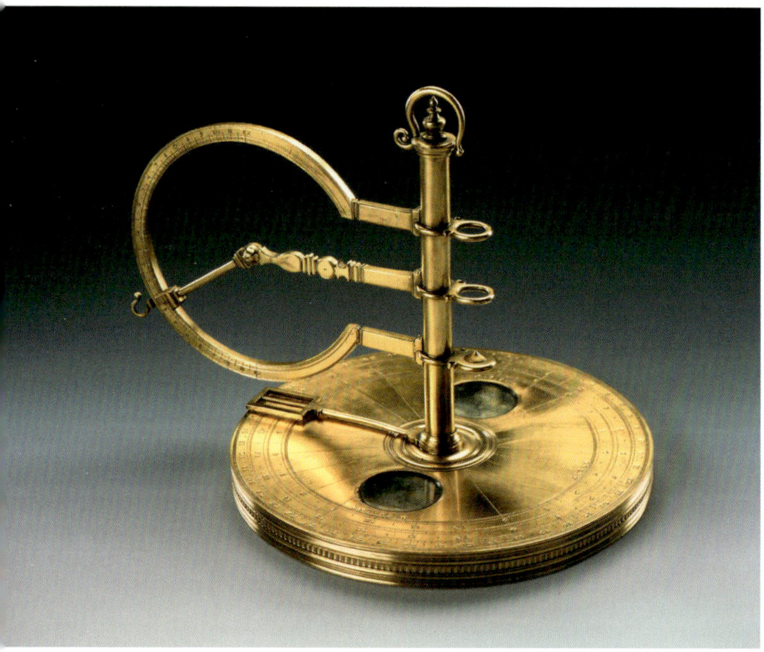

2.17 Schinzeug, vermutlich Augsburg, um 1585, Messing, vergoldet, Durchmesser: 15 cm, Höhe: 15 cm, Inv.-Nr. C III c 6 a

2.18 Setzkompass, deutsch, 1561, Messing, vergoldet, versilbert, Durchmesser: 17,6 cm, Höhe: 3,5 cm, Inv.-Nr. C IV 2

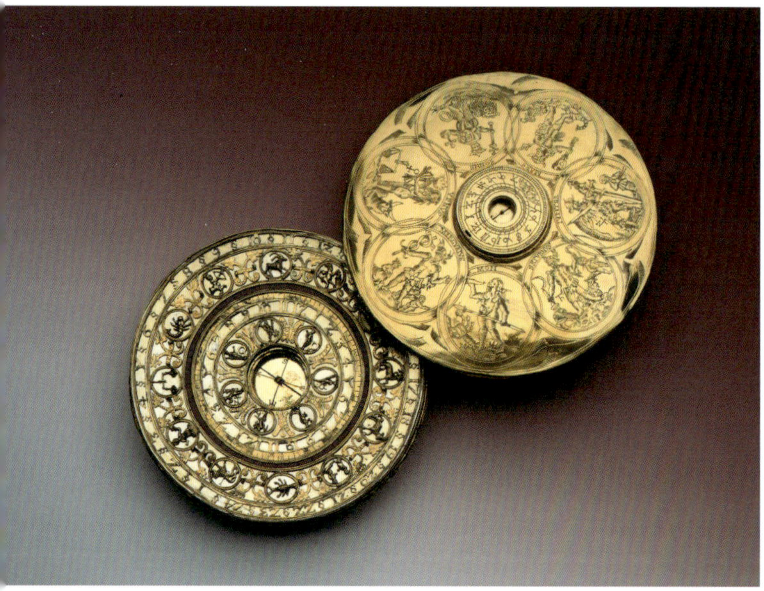

ger mit Haken angebracht. In den Haken wurde die Schnur eingehängt und zu einem zweiten Gerät mit Haken gespannt. Je nach Verlauf der Schnur konnte der Winkel an den Zeigern des Vertikal- oder des Horizontalkreises abgelesen werden. Die Kreise sind nicht wie heute üblich in 360 Winkelgrade, sondern in 24 Stunden eingeteilt worden. Das im Salon ausgestellte Schinzeug vom Ende des 16. Jahrhunderts hat zwei Kompasse auf der Grundplatte (Abb. 2.17).

Der versilberte und vergoldete Setzkompass mit dem kursächsischen Wappen auf der Innenseite des Deckels gehört zu den repräsentativen Bergbauinstrumenten in der Sammlung von Kurfürst August. Er weist die für Sachsen typische Winkeleinteilung des Kreises in 24 Stunden auf. In der Darstellung der Planeten sowie der Tierkreiszeichen spiegelt sich die Lehre der Alchemie wider, nach der die Metalle aus den vier Elementen durch Einwirkung der Planetenstrahlen entstanden. Jedem Planeten sind ein Metall und das astrologische Haus mit dem entsprechenden Symbol zugeordnet, zum Beispiel Sonne = Gold (GOLT) = Löwe (♌) (Abb. 2.18).

WD

Sonnenuhren

Zu den ältesten wissenschaftlichen Instrumenten gehören Sonnenuhren. Sie sind bereits seit der Antike bekannt. Schon ein einfacher, in die Erde gesteckter Stab wirft an sonnigen Tagen einen Schatten, dessen Richtung sich synchron mit der scheinbaren Bewegung der Sonne um die Erde verändert. Dabei wandert er auf der Nordhalbkugel von Westen nach Osten. Auch die Länge des Schattens variiert, und zwar entsprechend den Jahreszeiten, also in Abhängigkeit davon, ob die Sonne hoch oder niedrig steht. Deshalb kann der Schatten einer Sonnenuhr Auskunft geben über die aktuelle Position im Kalender und vor allem über die Tageszeit. Die Anzeige der Zeit wurde zur Hauptaufgabe von Sonnenuhren, die zunächst an Hausfassaden und in Gärten installiert wurden und vor allem im 16. Jahrhundert auch als virtuose Kabinettstückchen Eingang in die Kunstkammern fanden.

Die Liniensysteme auf den Sonnenuhren der Zeit um 1600 zeigen etwas Erstaunliches: Die Zeit wurde nicht immer um

Mitternacht beginnend (1 × 24 oder 2 × 12 Stunden) gezählt, es gab regionale Unterschiede: So kommen auch Varianten vor, bei denen die Zählung von 24 Stunden mit Sonnenaufgang (»babylonische Stunden«) oder mit Sonnenuntergang (»italienische« oder »böhmische Stunden«) beginnt – um nur die gängigsten Formen zu erwähnen.

Zu den ältesten in die Dresdener Kunstkammer aufgenommenen Exponaten zählt ein Anfang des 16. Jahrhunderts in Nürnberg hergestelltes astronomisches Kompendium (oder auch Universalbesteck). Das quadratische Instrument kombiniert einen Quadranten mit verschiedenen anderen Funktionen. Auf dem Deckel befindet sich außen eine Sternuhr, mit der die Zeit bei Nacht ermittelt werden kann, und innen eine Vertikalsonnenuhr. Auf der Oberseite des geöffneten Kästchens befinden sich ein Kompass, mit dem die Sonnenuhr nach Norden ausgerichtet wird, und eine Horizontalsonnenuhr. Die Unterseite zeigt einen Sonnenquadranten (Abb. 2.19).

Bereits seit dem Altertum sind Uhren in Gebrauch, die den Lauf der Sonne in einer der vermeintlichen Himmelskugel nachempfundenen Hohlkugel abbilden. Solche Sonnenuhren werden auch Skaphen genannt. Dieses besonders eindrucksvolle vergoldete Exemplar (Abb. 2.20) zeigt im Inneren der Halbkugel fünf Liniensysteme. An ihnen lassen sich die Position der Sonne im Tierkreis (horizontale Linien), die bürgerlichen Stunden (vertikale Linien und Bezeichnungen 4–12 und 1–8), die babylonischen Stunden (diagonal aufsteigende und mit 1–16 nummerierte Linie) und die mit Sonnenuntergang startenden italienischen Stunden (diagonal absteigende und mit 8–14 bezifferte Linie) ablesen. Das fünfte System von Linienscharen ist unregelmäßig und nicht mit Ziffern versehen. Diese Linien stehen für die Temporalstunden, also die zwölf gleichen Abschnitte, in die jeweils Tag und Nacht unterteilt werden. Die Länge dieser Tag- und Nachtstunden variiert im Laufe des Jahres, im Sommerhalbjahr sind die zwölf Tagstunden länger als die zwölf Nachtstunden, im Winterhalbjahr ist es umgekehrt. Nur während der Tag-und-Nacht-Gleiche zu Beginn von Frühling und Herbst sind sie gleich lang.

Die Skaphe wurde mit einem heute nicht mehr vorhandenen Kompass nach Norden ausgerichtet, und der Schatten

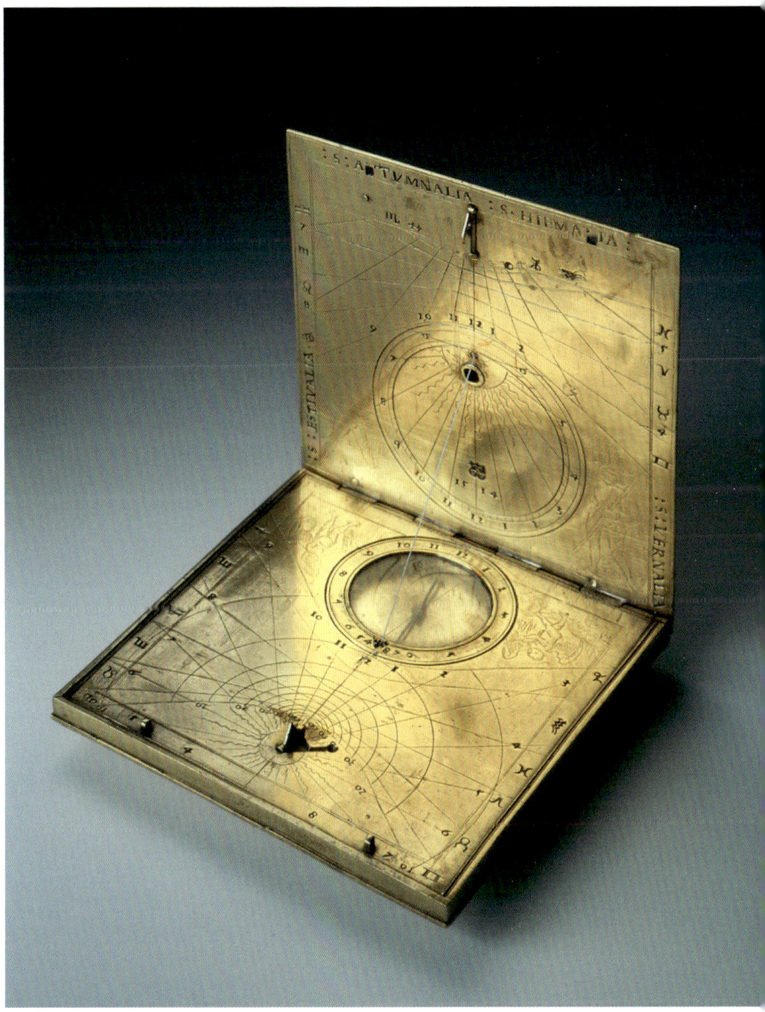

2.19 Astronomisches Taschenbesteck, Nürnberg, 1514, Messing, Glas, Stahl, Höhe (geöffnet): 10,3 cm, Höhe (geschlossen): 0,8 cm, Breite: 9,3 cm, Tiefe: 9,3 cm, Inv.-Nr. D I 65

einer in der Mitte der Hohlfläche fixierten Kugel gibt die Zeit an. Das Liniensystem ist auf eine geographische Breite von 51° (Nord) hin berechnet und entspricht damit der Position Dresdens.

Der wohl berühmteste Instrumentenbauer seiner Zeit war der Augsburger Christoph Schissler, von dem auch Kurfürst August wiederholt Geräte erwarb. Seine handtellergroßen astronomischen Taschenbestecke durften in keiner höfischen Sammlung fehlen. Dabei glich keines seiner Instrumente in

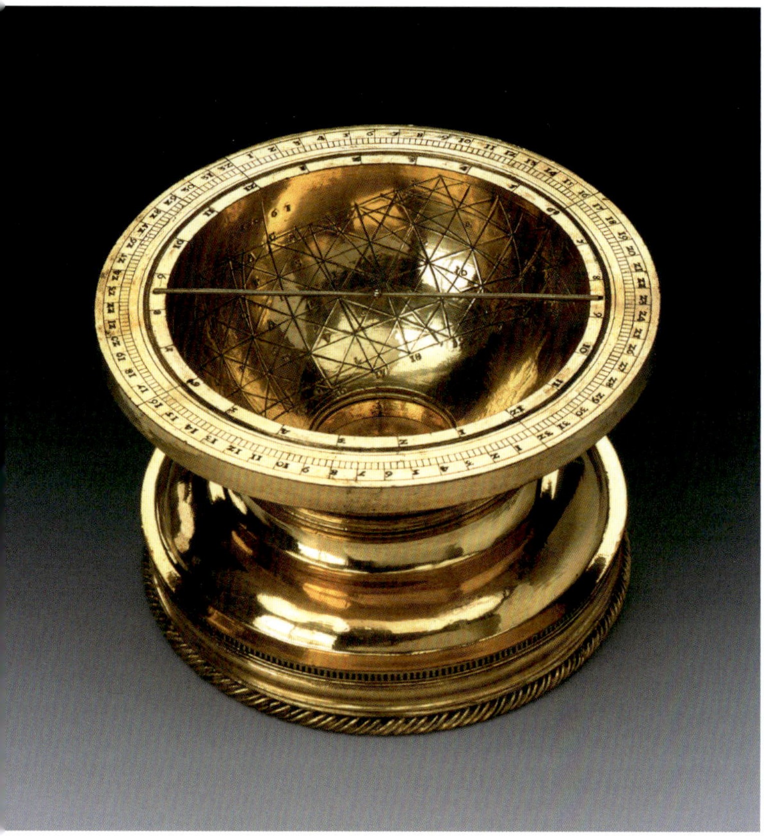

2.20 Skaphe – Hohlflächensonnenuhr, deutsch, 1561, Messing, vergoldet, Durchmesser: 14,6 cm, Höhe: 9,7 cm, Inv.-Nr. D I 12

allen Details einem anderen. Auf dem Rand der ausgestellten Dose sind Schisslers Signatur und die Jahreszahl 1558, die Datierung, deutlich zu lesen. Deckel und Bodenplatte lassen sich aufklappen. Jede der dabei sichtbar werdenden Flächen liefert andere Informationen. Auf der Oberseite des Deckels ist, mit dem Nordpol in der Mitte, eine Erdkarte dargestellt, auf der Deckelunterseite eine Deutschlandkarte. Auf der Dosenoberseite ist eine horizontale Sonnenuhr für die Polhöhen 42°, 45°, 48°, 51° und 54° angebracht sowie ein konzentrischer Kompass eingelassen, die Unterseite zeigt die geographische Breite für 49 Städte an. Auf der Innenseite des Bodens befinden sich eine Monduhr mit einem Schema seiner Aspekte sowie Indikationen von Sonnenauf- und Sonnenuntergang und Tag- und Nachtlänge. Die Unterseite des Bodens ist eine Sternuhr.

Besonders auffällig ist heute der hohe Kupferanteil der Oberfläche der Dose. Er ist den hohen Temperaturen geschuldet, denen auch dieses Instrument beim Bombardement Dresdens im Februar 1945 ausgesetzt war (Abb. 2.21).

Der Stechzirkel von Schissler ist ebenfalls ein vielfältig einsetzbares Instrument. Mit wenigen Handgriffen kann es zu einer Sonnenuhr, zu einem Maßstab für verschiedene Längenmaße (Augsburger Werkschuh, gallischer und römischer Fuß) oder, an den Haken an den Enden der Schenkel aufgehängt, zu einem Nivelliergerät umgebaut werden, mit dem Höhenunterschiede gemessen werden können (Abb. 2.22).

Schissler stellte von seinen Instrumenten immer neue, veränderte Versionen her. Insbesondere seine sechs- oder achteckigen astronomischen Kompendien finden wir heute in vielen Sammlungen. Die horizontale Sonnenuhr mit der markanten Türkenfigur ist ebenfalls ein herausragendes Beispiel seines Ideenreichtums. Die Figur hält den Polfaden, dessen Schatten in den diversen Liniensystemen verschiedenste Informationen liefert. Die sich im Fußpunkt des Polfadens

2.21 Astronomisches Taschenbesteck, Christoph Schissler, Augsburg, 1558, Messing, vergoldet, Durchmesser: 8,5 cm, Höhe: 1,5 cm, Inv.-Nr. D I 13

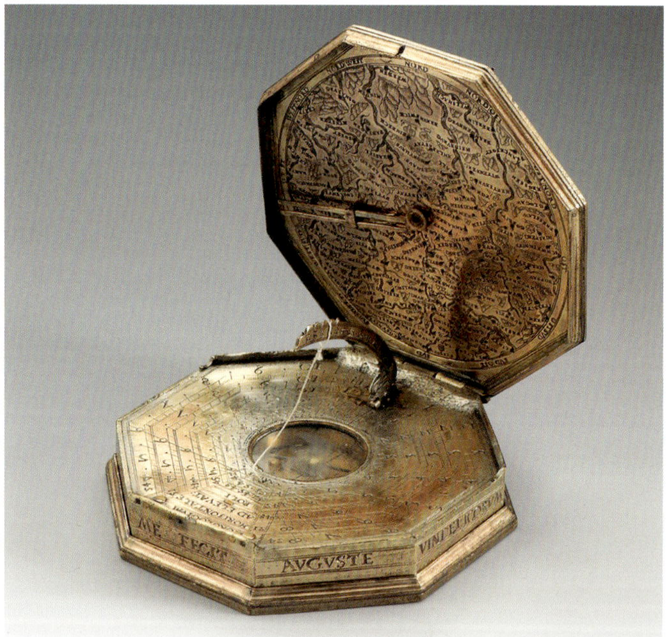

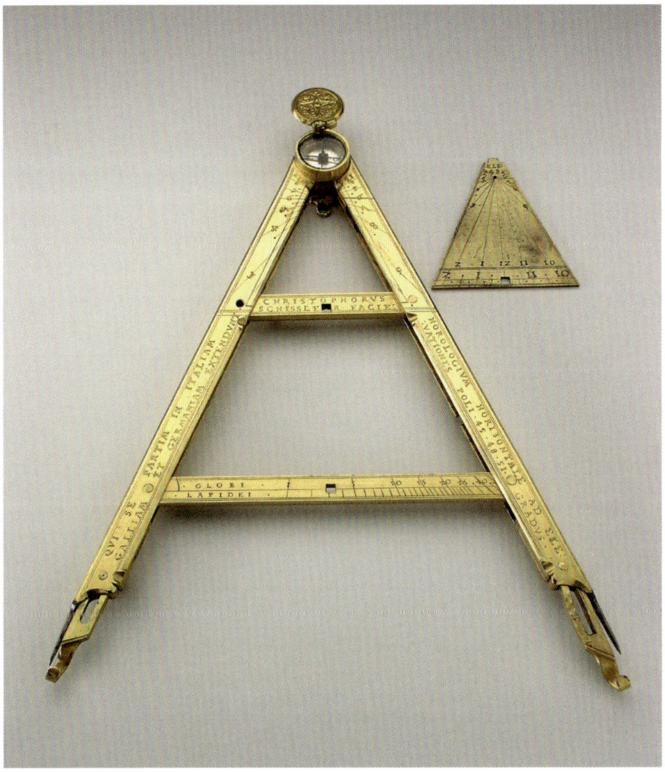

2.22 Zirkelinstrument, Christoph Schissler, Augsburg, 1566, Messing, vergoldet und graviert, Länge (Schenkel): 15,4 cm, Inv.-Nr. D I 58

Der berühmteste Dresdener Instrumentenbauer des ausgehenden 16. Jahrhunderts war Christoph Trechsler d. Ä. Kurfürst August ließ den Büchsenmacher wissenschaftliche Instrumente bauen und legte so die Basis für eine Tradition, die Sachsen schließlich unabhängig von den Werkstätten in Augsburg und Nürnberg werden ließ. Trechsler versuchte sich auch an Sonnenuhren. Das Besondere an seiner Horizontalsonnenuhr ist, dass sich unter der Zifferblattplatte ein schweres Bleilot befindet, das sich über eine Art kardanischem Gehänge im Sockel lotrecht ausrichtet. Dadurch ist gewährleistet, dass das Zifferblatt immer waagerecht liegt. Auf dem Zifferblatt sind die Stunden in römischen Zahlen (IIII bis XII und I bis VIII) angegeben, die Nachtstunden sind dabei ausgespart; an ihrer Stelle befindet sich ein kleiner, aufgesetzter Kompass. Der versilberte Schattenwerfer kann auf die jeweilige geographische Breite eingestellt werden. Dass es sich bei dieser Sonnenuhr eher um ein Kunstkammerobjekt als um ein Werkzeug handelt, zeigt schon der Umstand, dass Trechslers Sonnenuhr kaum für den Transport gedacht war. Um sie in der

2.23 Horizontale Tischsonnenuhr, Christoph Schissler, Augsburg, 1562, Messing, Breite: 21,5 cm, Tiefe: 19 cm, Höhe (Figur): 11,5 cm, Inv.-Nr. D I 37

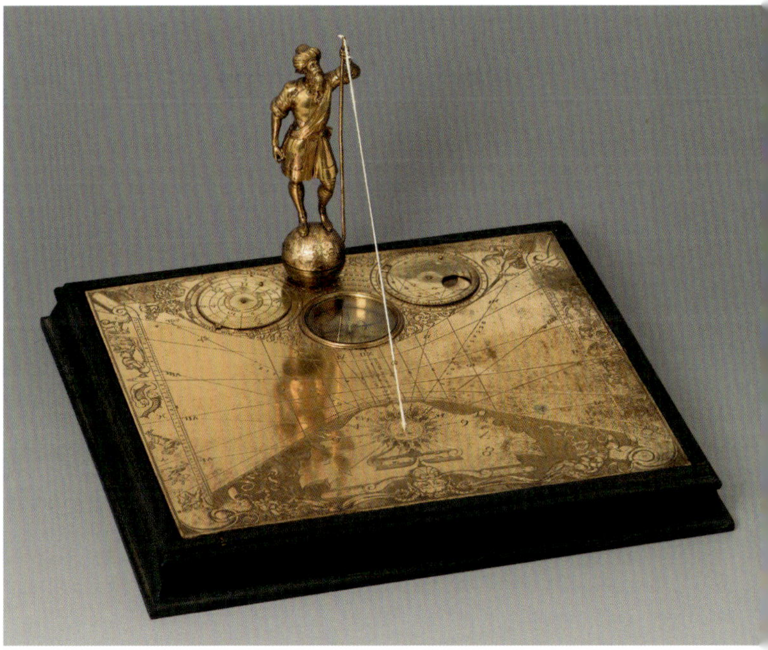

schneidenden Linien geben die bürgerlichen Stunden wieder. Die parallel verlaufenden Linien stellen die unterschiedlich langen Temporalstunden dar, die auch als Planetenstunden bezeichnet werden. Mit diesen Stunden werden Tag und Nacht, getrennt voneinander, in zwölf gleiche Abschnitte geteilt. Auf der Nordhalbkugel ist daher im Sommer eine Tagstunde länger als die Nachtstunde, im Winter ist es genau umgekehrt. Weitere Linien auf der horizontalen Ebene geben Auskunft über Tag- und Nachtlänge, Sonnenauf- und -untergang, über den Stand der Sonne im Tierkreis und das Datum. Zu beiden Seiten der Figur befindet sich je eine runde Scheibe, von denen eine anzeigt, welcher Planet zu welcher Stunde eines Tages regiert, und die andere sich auf die Mondphase einstellen lässt. Dadurch kann die Uhr bei Vollmond durch den Schatten des Polfadens, den das Mondlicht wirft, als Nachtuhr benutzt werden (Abb. 2.23).

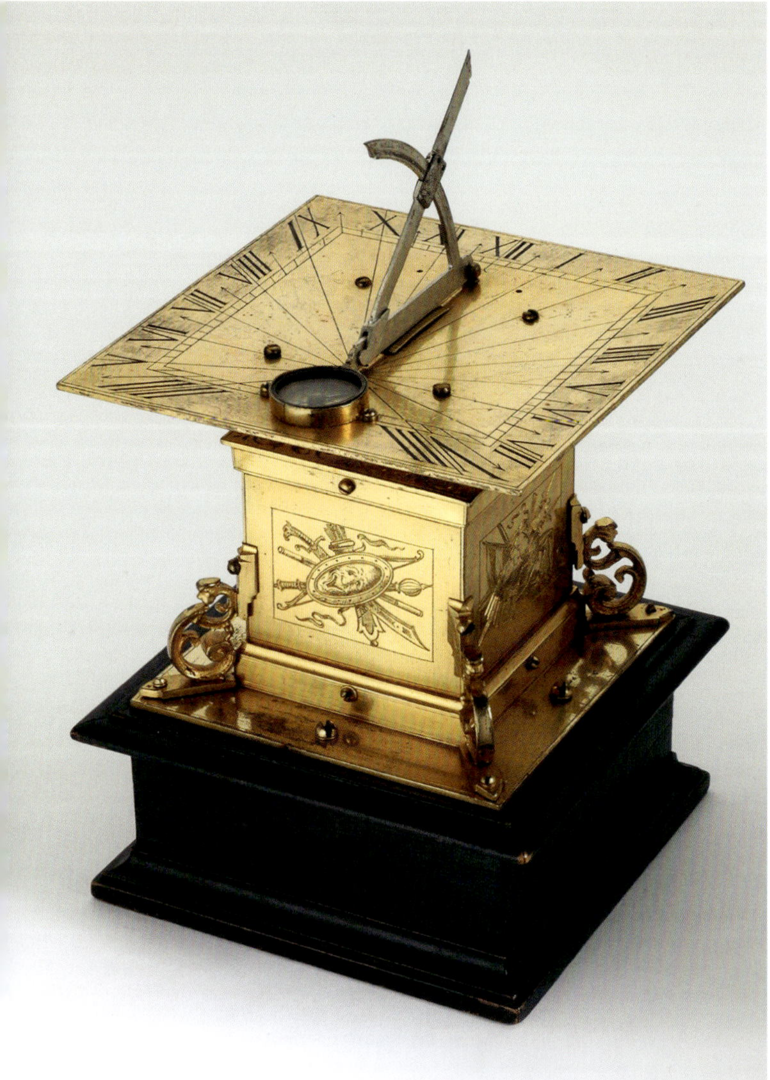

2.24 Horizontalsonnenuhr, Christoph Trechsler d. Ä., Dresden, 1611, Messing, Holz, Länge: 11,3 cm, Breite: 11,3 cm, Höhe: 18,5 cm, Inv.-Nr. D I 52

Kunstkammer als Uhr zu nutzen, fehlte allerdings die Sonne – es sei denn, sie konnte an einem Fenster aufgestellt werden (Abb. 2.24).

Astronomen erkannten schon früh, dass sich auch mithilfe des nächtlichen Sternenhimmels die Zeit ermitteln ließ. Eines der bekanntesten Sternbilder, der Große Bär, auch Großer Wagen genannt, dreht sich in knapp 24 Stunden einmal um den Polarstern. Um diese gleichmäßige Bewegung für die Feststellung der Uhrzeit zu nutzen, entwickelte man spezielle Sternuhren. Wie diese funktionieren, zeigt eine Illustration von Peter Apian (1495–1552; Abb. 2.25). Eine mit einem Griff versehene Scheibe mit einem Ziffernblatt hat in ihrem Zentrum ein Loch, durch das der Polarstern angepeilt wird. Eine Art Zeiger wird jetzt so lange gedreht, bis er die hinteren beiden Sterne des Großen Wagens berührt. Beide Sterne bilden dabei eine Linie, die weiter bis zum Polarstern verläuft. An der Schnittstelle mit dem Ziffernblatt kann nun an speziellen Taststiften die Uhrzeit erfühlt werden – bei ausreichendem

2.25 Illustration einer Sternuhr (in: Peter Apian, Cosmographia, Landshut 1524)

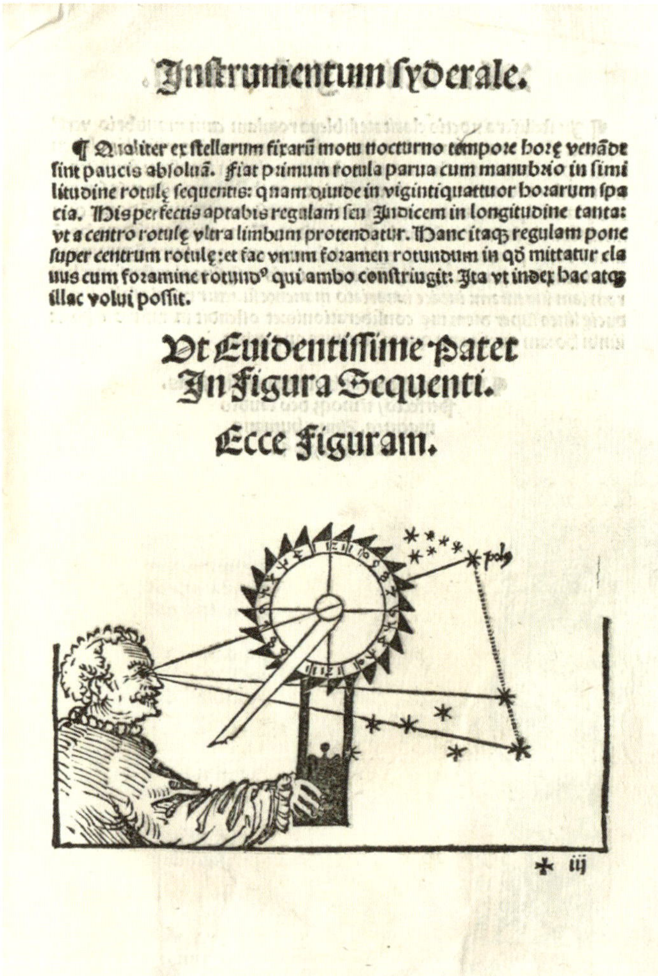

Instrumentum syderale.

¶ Qualiter ex stellarum fixarũ motu nocturno tempore horę venãde sint paucis absoluã. Fiat primum rotula parua cum manubrio in similitudine rotulę sequentis: quam diuide in vigintiquattuor horarum spacia. His perfectis aptabis regulam seu Judicem in longitudine tanta: vt a centro rotulę vltra limbum protendatur. Hanc itaq; regulam pone super centrum rotulę: et fac vnum foramen rotundum in qd mittatur clauus cum foramine rotund⁹ qui ambo constringit: Ita vt index hac atq; illac volui possit.

Vt Euidentissime Patet
In Figura Sequenti.
Ecce Figuram.

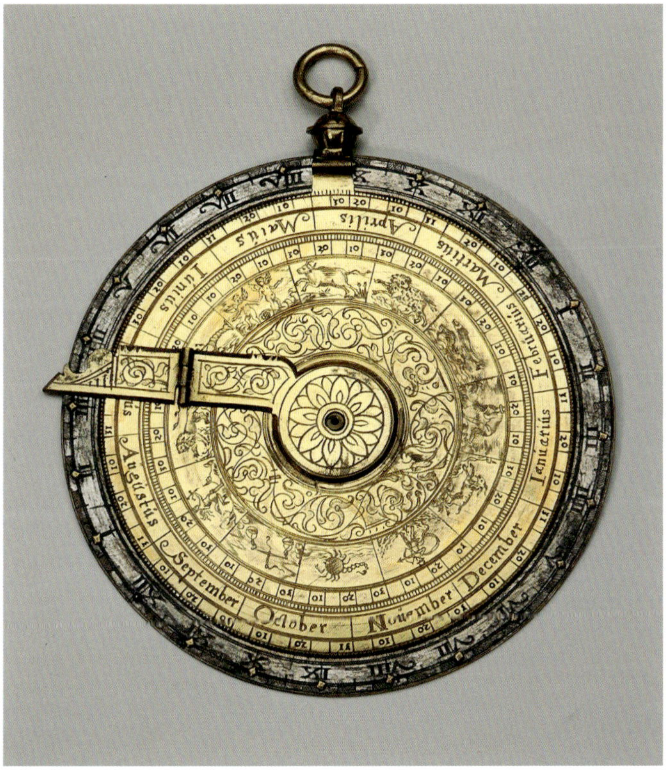

2.26 Nokturnal (Sternuhr), Erasmus Habermehl, Prag, um 1600, Messing, versilbert und vergoldet, Durchmesser: 11,1 cm, Inv.-Nr. D I 1

Licht kann sie natürlich auch abgelesen werden. Die virtuos gravierte versilberte Scheibe von Erasmus Habermehl ist eine solche Sternuhr, ein sogenanntes Nokturnal (Abb. 2.26).

PP

Innovative mathematische Instrumente um 1600

Im Laufe des 15. und 16. Jahrhunderts dehnte sich die mathematische Praxis auf neue Gebiete aus: Zu den traditionellen Disziplinen wie der Astronomie, der Landvermessung und der Konstruktion von Sonnenuhren kam das perspektivische Zeichnen, der Entwurf von Festungen und das Richten von Geschützen hinzu. Aufnahme in die Dresdener Kunstkammer fanden Instrumente, die für all diese Anwendungen entworfen wurden, sowie neuartige Chiffrier- und Rechengeräte. Eine Auswahl davon wird im Folgenden vorgestellt und beschrieben.

Der um 1600 erfundene Proportionalzirkel (Abb. 2.27) war zwei Jahrhunderte lang eines der meistverwendeten und fle-

2.27 Proportionalzirkel, vermutlich Dresden, um 1640, Messing, vergoldet, Länge (Schenkel): 33,9 cm, Breite (Schenkel): 8,0 cm, Höhe: 0,9 cm, Inv.-Nr. A I 44

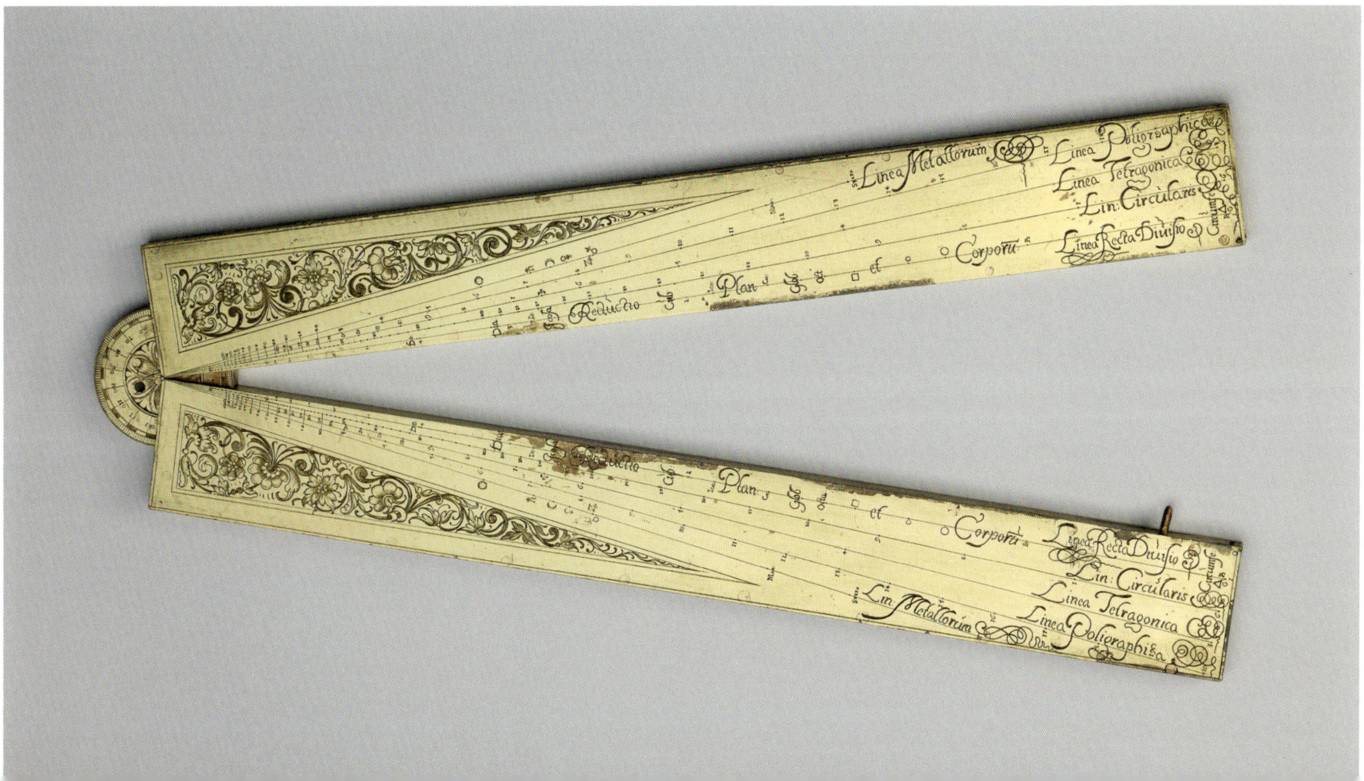

xibelsten mathematischen Instrumente. Mit ihm konnte man nicht nur numerisch rechnen, sondern auch Wechselkurse ermitteln, Festungsbauten planen, die richtige Länge von Orgelpfeifen bestimmen und vieles mehr. Der Proportionalzirkel war als Rechenhilfsmittel so vielseitig einsetzbar, dass er vom italienischen Gelehrten Galileo Galilei (1564–1642) als der seit der Antike gesuchte »Königsweg« zur Mathematik gepriesen wurde: Es sei ein Instrument, mit dem man in nur wenigen Tagen all das lernen könne, was man sonst erst nach langem Studium beherrschen würde.

Das Instrument arbeitet mit den Seitenverhältnissen von ähnlichen Dreiecken, um diverse arithmetische Aufgaben geometrisch zu lösen. Ein einfacher Stechzirkel wird stets mitbenutzt, um die Spreizung des Proportionalzirkels zu bestimmen und die Ergebnisse auf seinen Skalen abzulesen.

In der Mitte des 16. Jahrhunderts galten die deutschen Territorien als nicht besonders fortschrittlich, was die Fähigkeit zur Verschlüsselung ihrer Nachrichten oder zur Entschlüsselung der Nachrichten anderer betraf. Der Chiffrensekretär des Vatikans meinte sogar, die Deutschen und ihre Nachbarn verständen so wenig von Chiffren, dass sie lieber die chiffrierten Depeschen, die sie erhielten, verbrannten oder zerrissen, als zu versuchen, sie zu entziffern. Diese Einschätzung erscheint im Rückblick wenig zutreffend, betrachtet man die folgenden zwei Objekte aus der kursächsischen Kunstkammer.

Das erste Exponat, ein ungewöhnlich aussehender Zirkel, ist vermutlich einzigartig. Sein rechter Schenkel ist fest montiert, der linke in einem Schlitz seitlich bewegbar. Dreht man an der in der Mitte der silbernen Scheibe angebrachten Mutter, dreht sich die Scheibe (im Bild ist sie oben auf »F« eingestellt), und der Abstand zwischen den Zirkelspitzen ändert sich. Jeder Buchstabe des Alphabets entspricht einem bestimmten Abstand. Eine Botschaft ließe sich mit diesem Geheimschriftzirkel Buchstabe für Buchstabe als eine Reihe von Strichen der jeweils entsprechenden Länge – oder noch raffinierter: als eine Reihe von unauffälligen Stichlöchern

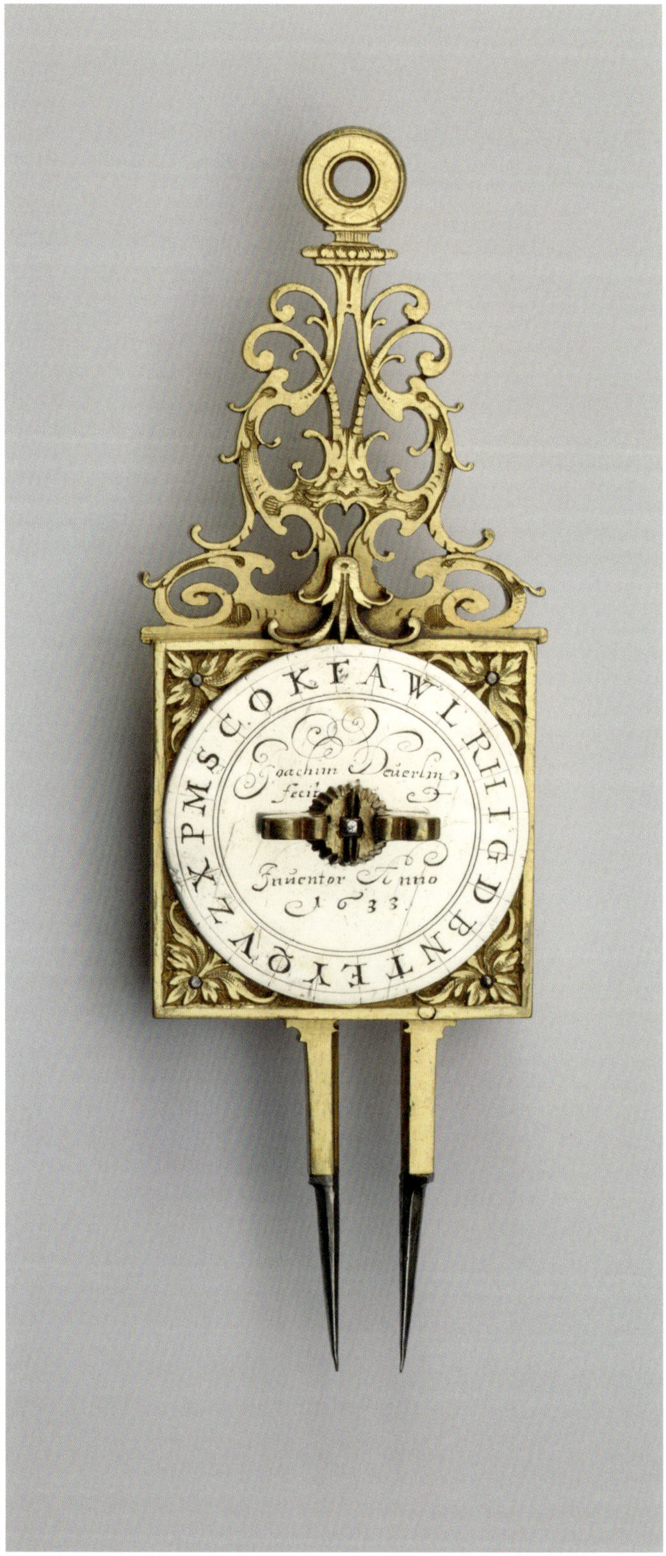

2.28 Geheimschriftzirkel, Joachim Deuerlin, Dresden, 1633, Messing, vergoldet, Silber, Stahl, Länge: 14,5 cm, Breite: 4,4 cm, Inv.-Nr. A I 10

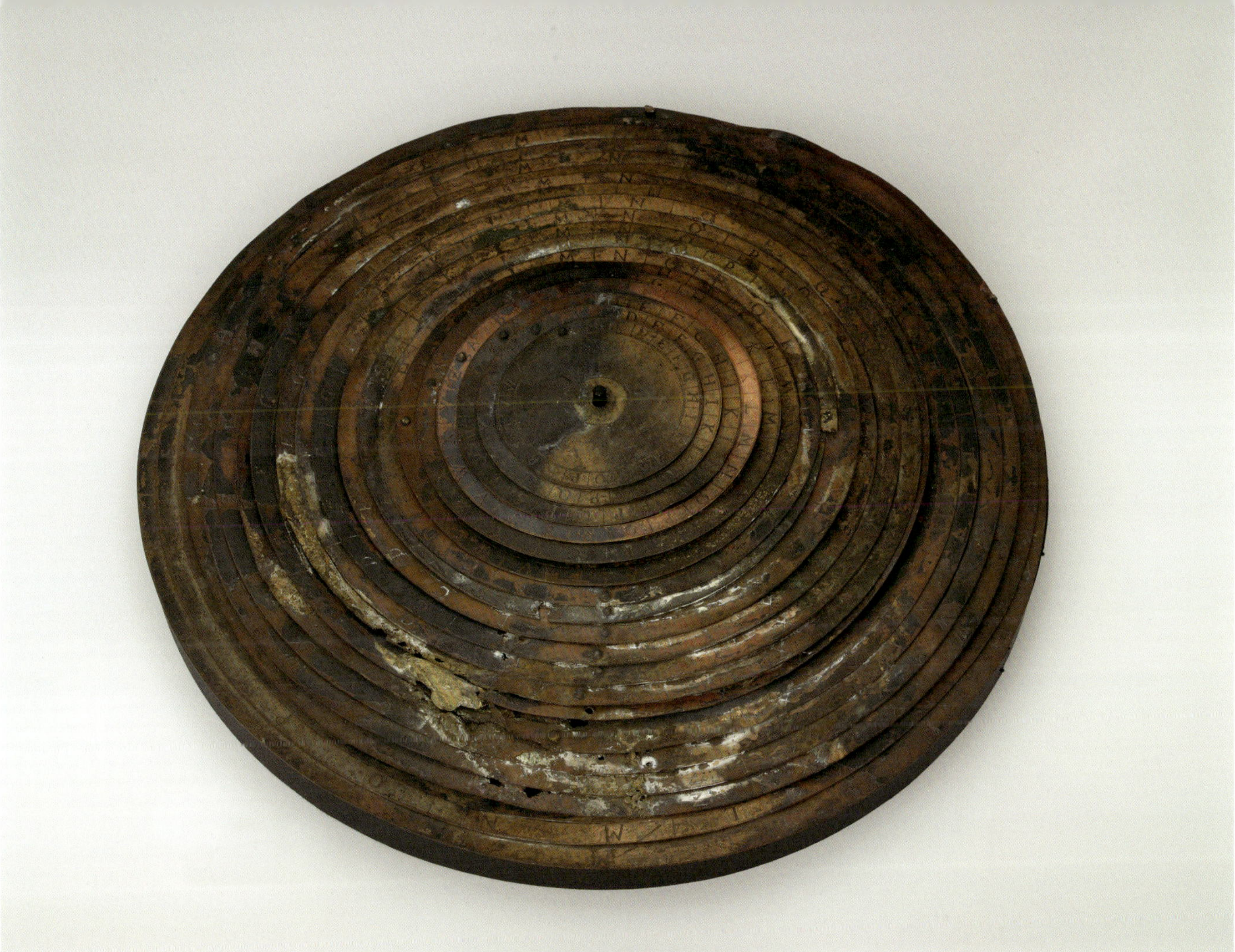

2.29 Chiffriergerät (sogenannte Permutationsmaschine), vermutlich Dresden, vor 1587 (1945 stark beschädigt), Messing, ursprünglich vergoldet, Durchmesser: 27,8 cm, Inv.-Nr. A I 159

entsprechendes Abstands – darstellen. Zur Entzifferung der Nachricht benötigt der Empfänger einen identischen Zirkel (Abb. 2.28).

Sicher ist dieses Verfahren allerdings nicht, da jeder Buchstabe genau einer Strichlänge beziehungsweise einem Abstand entspricht und insofern eine Zuordnung des einen zum anderen grundsätzlich möglich ist. Das Verschlüsselungssystem könnte also relativ leicht durchschaut, von einem Dritten »geknackt« werden.

Das zweite Gerät stellt das weltweit älteste erhaltene Exemplar eines subtileren Systems dar. Mit Hilfe seiner ursprünglich 24 Ringe lassen sich die Buchstaben einer Botschaft unterschiedlich weit im Alphabet verschieben – zum Beispiel der erste Buchstabe um eine Stelle, der zweite um zwei und so fort. Aus dem Wort SALON wird somit die verschlüsselte Buchstabenfolge TCOSS. In diesem Beispiel werden zwei unterschiedliche Buchstaben im Urtext – O und N – in denselben Buchstaben S verwandelt, im Urtext wiederholte gleiche Buchstaben werden in der Regel dagegen als unterschiedliche Buchstaben in der kodierten Form wiedergegeben. Die Entzifferung einer mittels dieses Systems chiffrierten Botschaft ist dadurch erheblich erschwert. Das in den Sammlungsinventaren des 19. Jahrhunderts als Permutationsmaschine bezeichnete Gerät wurde 1945 bei der Bombardierung Dresdens stark beschädigt (Abb. 2.29).

MK

Über Kimme und Korn – Artilleristische Richtinstrumente

Um mit einem Geschütz ein Ziel zu treffen, müssen bestimmte Bedingungen erfüllt sein: Zum Ersten muss das Geschütz auf das Ziel hin ausgerichtet werden. Dies geschah durch das Anvisieren des Zieles über das Rohr (Seitenrichten). Als einfachste Vorrichtungen für das Zielen dienten Markierungen an den höchsten Punkten des Rohrbodens und der Rohrmündung, umgangssprachlich als Kimme und Korn bekannt. Zum Zweiten muss das Rohr die nötige Erhöhung erhalten (Höhenrichten), denn die Schussweite ist erfahrungsgemäß abhängig vom Neigungswinkel des Geschützrohres, auch wenn diese Abhängigkeit im 16. Jahrhundert noch nicht genau verstanden wurde. Für die beiden hier genannten Richtverfahren wurden spezielle Geschützaufsätze angefertigt. Diese Instrumente verdeutlichen den enormen Erfindungsreichtum sowie das große artilleristische Wissen der sächsischen Instrumentenbauer. Die Geschützaufsätze der Dresdener Kunstkammer waren in erster Linie Prototypen und wurden vermutlich im

2.30 Geschossflugbahnen-Diagramm, Paul Puchner, Dresden, 1577, kolorierte Zeichnung, Feder, Pinsel, Höhe: 30 cm, Breite: 40 cm, Inv.-Nr. G I 73

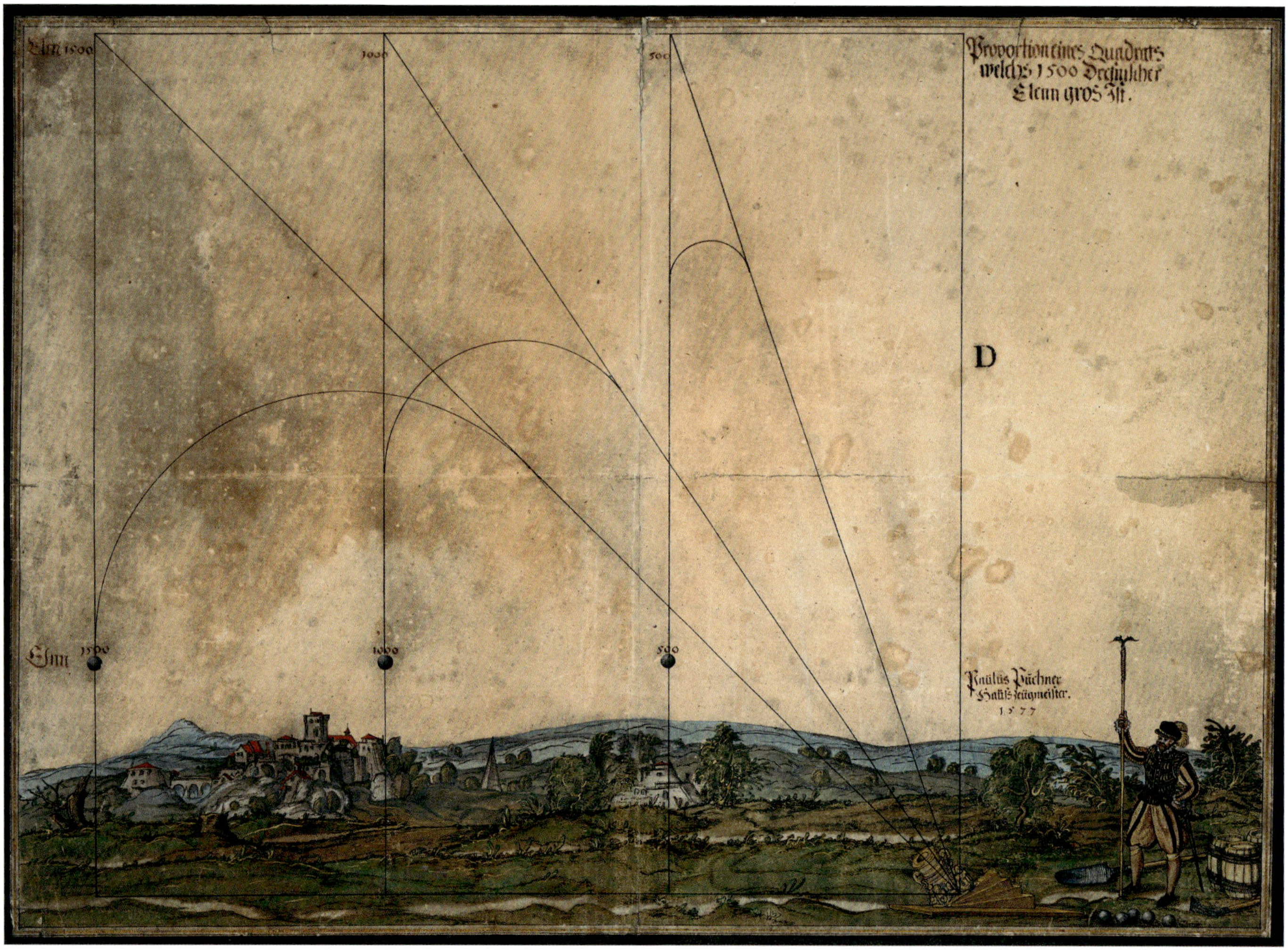

Feld nicht eingesetzt. Sie besaßen vielmehr Repräsentationscharakter. Nachweislich schenkte Kurfürst August einige dieser Instrumente dem Kaiser und befreundeten Landesfürsten – vermutlich als Zeichen seiner militärischen Stärke, denn mit ihnen konnte er demonstrieren, dass er über die neuesten und besten Instrumente der damaligen Militärtechnik verfügte.

Die Theorie des italienischen Mathematikers Niccolò Tartaglia (1499–1557) bildete die Grundlage für die Zeichnung der Flugbahnen einer Mörserkugel, die der kursächsische Oberstland- und Hauszeugmeister Paul Puchner (1531–1607) im Jahr 1577 anfertigte. Puchner zeichnete in ein Quadrat drei rechtwinklige Dreiecke ein, von denen das größte die Diagonale des Quadrats als Hypotenuse hat. Für die maximale Schussweite von 1.500 Ellen wurde von Puchner hier eine Rohrneigung von 45° vorausgesetzt. Für die Darstellung kürzerer Schussweiten wie 500 oder 1.000 Ellen teilt er das Quadrat in Rechtecke entsprechender Breite und empfiehlt eine Schussbahn längs der Hypotenuse des entsprechenden Rechtecks.

In der rechten unteren Ecke der Zeichnung findet man die wohl älteste Darstellung eines uniformierten sächsischen Artilleristen, der mit Luntenstock und Degen ausgerüstet ist (Abb. 2.30).

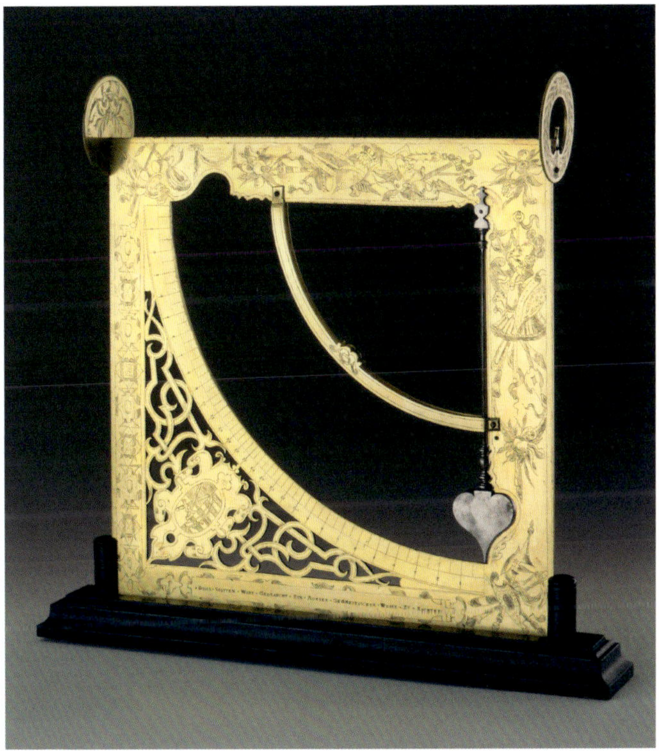

2.31 Pendelrichtquadrant, Christoph Trechsler d. Ä., Dresden, 1572, Messing, vergoldet, punziert, Eisen, Höhe: 36 cm, Breite: 31,7 cm, Inv.-Nr. C V 9

Die Zeichnung Puchners ist zugleich als Anleitung für den von Christoph Trechsler d. Ä. hergestellten Pendelrichtquadranten zu verstehen. Das Besondere dieses Instruments besteht darin, dass es zwei Funktionen erfüllt: Die Vorderseite, auf der die Anweisung »ZUM GEOMETRISCHEN ABMESSEN« steht, dient der Entfernungsbestimmung. Dafür wird das Ziel zunächst mit dem Diopter anvisiert und dann der Ausschlag des Lotpendels über der Verhältnisskala, die einen Maximalwert von 2.000 aufweist, notiert. Auf der Rückseite befindet sich die Richtskala »EIN MORSER GEOMETRISCHER WEISE ZU RICHTEN«; diese Skala korrespondiert exakt mit den in Ellen angegebenen Entfernungen von 500, 1000 und 1500 auf der Zeichnung. Nach dem Aufsetzen auf die Rohrmündung wird der Mörser so lange geneigt, bis am Pendel die Schussentfernung (im Verhältnis zur Maximalentfernung) angezeigt wird. Im Zwickel des Instruments ist das kursächsische Wappen abgebildet. Die eingravierten Initialen »HA« und »KM« stehen für Herzog August, der gleichzeitig Kurfürst von Sachsen und Markgraf von Meißen war (Abb. 2.31).

Während man den großen Pendelrichtquadranten auf die Mündung eines Mörsers (Steilfeuergeschütz) aufsetzte, wurden die kleinen Pendelrichtsextanten, die von Christoph Trechsler und seinem gleichnamigen Sohn hergestellt wurden, in das Rohr einer Kanone (Flachfeuergeschütz) hineingesteckt. Auch hierfür fertigte Paul Puchner 1577 eine Zeichnung an, die Darstellung einer Rohrmündung mit Geschützaufsatz und Kugel (Abb. 2.32).

Der Geschützaufsatz von Christoph Trechsler d. Ä. aus dem Jahre 1614 bot die Möglichkeit der Anpassung an unterschiedliche Kaliber. Dies geschah mittels auswechselbarer Scheiben, die am Einsteckbolzen befestigt wurden. Zum Zielen konnte zusätzlich ein Kalibermaßstab mit quadratischem Querschnitt senkrecht zur Schussrichtung in den Geschützaufsatz ein-

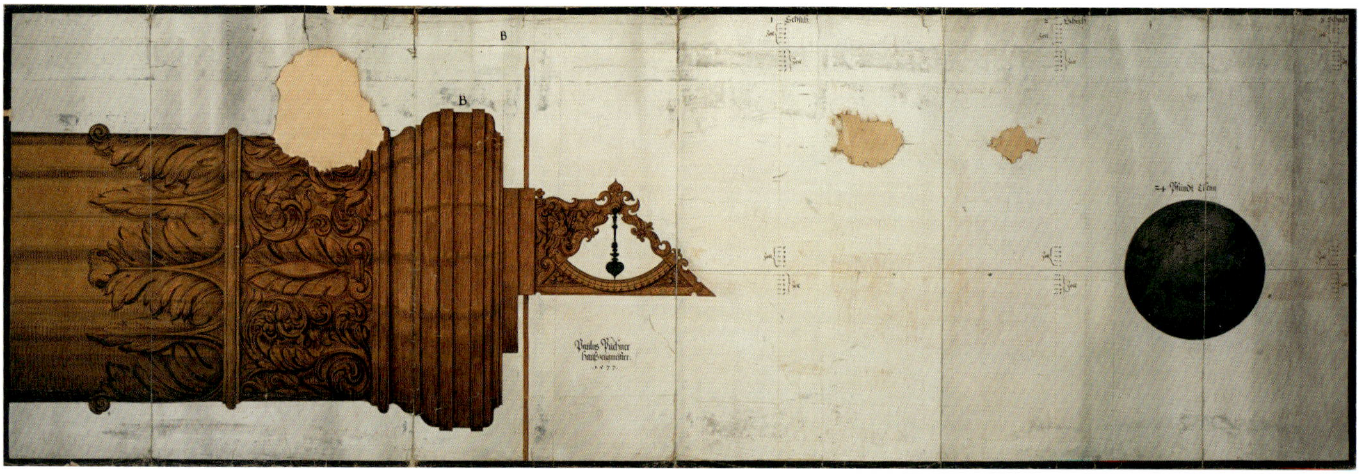

2.32 Darstellung einer Rohrmündung mit Geschützaufsatz und Kugel, Paul Puchner, Dresden 1577, kolorierte Zeichnung, Feder, Pinsel, Höhe: 47,8 cm, Breite: 138,4 cm, Inv.-Nr. G I 74

gesteckt werden. Der an der oberen Spitze des Gradbogens befindliche Einstellzeiger markierte an der darunter eingravierten Wachsrille mit Winkelskale den Höhenwinkel bei erfolgtem Schuss. Dies erlaubte eine schrittweise Annäherung an das Ziel, ohne die Winkel bei jedem neuen Schuss notieren zu müssen. Eine quer liegende Spindel wurde zur Justierung der Seitenrichtung benutzt. Die außen angesetzte Volute und die zahlreichen Gravuren mit Motiven der Artillerie weisen darauf hin, dass der Geschützaufsatz Repräsentationszwecken diente (Abb. 2.33).

Christoph Trechsler d. J. verbesserte 1623 das Instrument seines Vaters, indem er zwei mit einer Spindel stufenlos verschiebbare Backen mit dem Pendelquadranten kombinierte. Damit konnte das Gerät für beliebige Kaliber verwendet werden. Das umständliche Wechseln vorgefertigter Scheiben entfiel. Am quer liegenden Spindelrahmen sind zwei Skalen für die Kaliber von Eisenkugeln aufgetragen, sodass man mit diesem Instrument sogar direkt im Rohr das Kaliber messen konnte (Abb. 2.34).

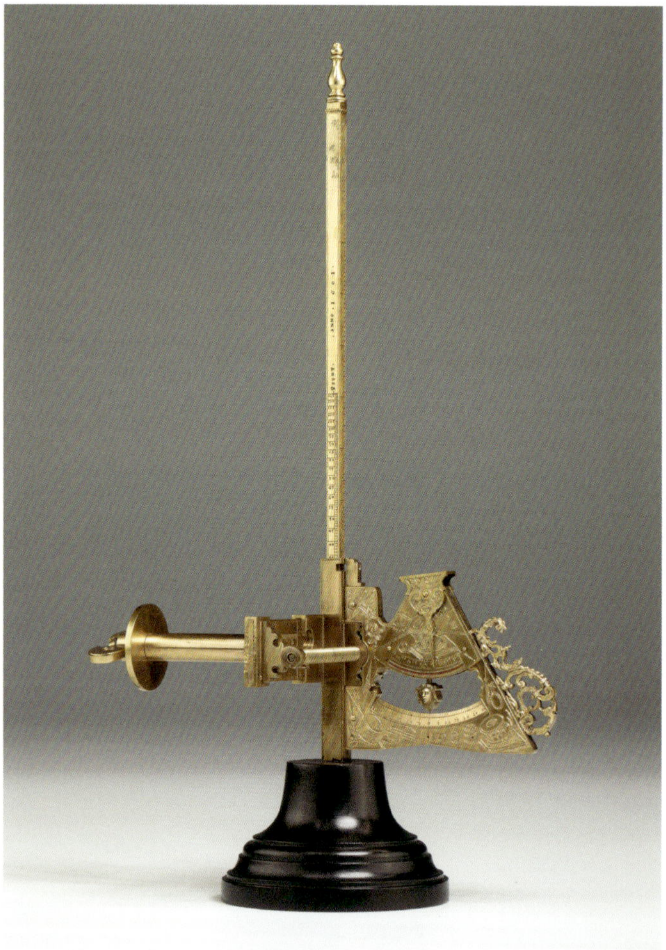

2.33 Geschützaufsatz, Christoph Trechsler d. Ä., Dresden, 1614, Messing, vergoldet, graviert, punziert, Breite: 9,6 cm, Höhe: 22,8 cm, Inv.-Nr. C V 45

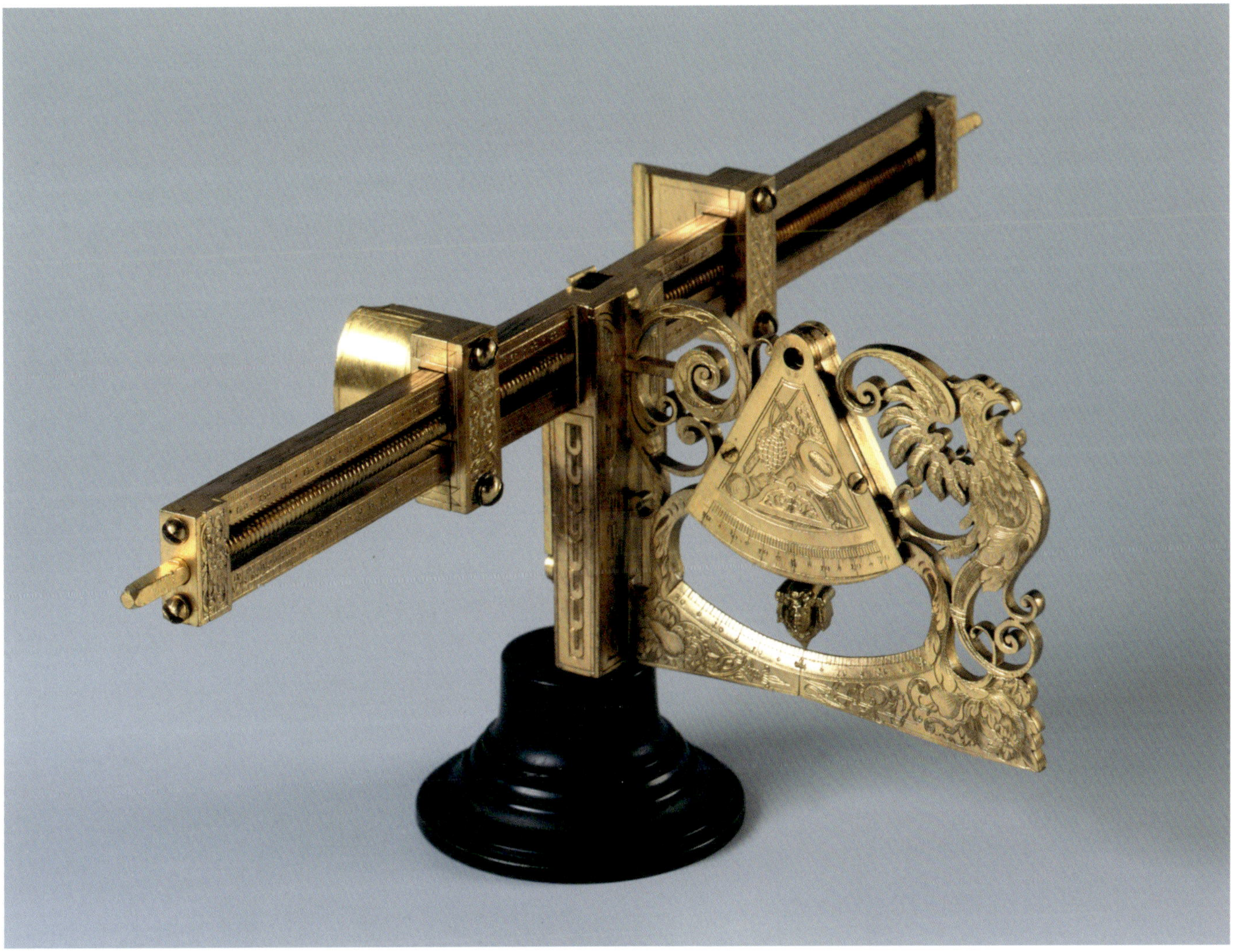

2.34 Geschützaufsatz, Christoph Trechsler d. J., Dresden, 1623, Messing, vergoldet, graviert, punziert, Länge: 33,4 cm, Breite: 12,5 cm, Höhe: 8,5 cm, Inv.-Nr. C V 40

Geschützaufsätze mit Lochvisier gehören zum einfachsten Typ der artilleristischen Richtinstrumente. Sie wurden beim Schießen mit Flachfeuergeschützen eingesetzt. Dabei dient eine verschiebbare Visierlochblende in einem Führungsrahmen mit Zollskala zur Einstellung des Neigungswinkels des Kanonenrohres. Zunächst wurde aus einer Schießtabelle der für die jeweilige Schussentfernung empirisch gewonnene Skalenwert entnommen. Die Skalenwerte waren in der Regel in Nürnberger Zoll angegeben. Die Visierlochblende wurde anschließend im Führungsrahmen des Instruments auf den abgelesenen Tabellenwert eingestellt. Beim Richten des Geschützes musste das Rohr so lange angehoben werden, bis die Visierlinie durch das Loch der Visierblende über den höchsten Punkt der Rohrmündung zum Ziel verlief (Abb. 2.35).

Kombinations- oder Universalrichtgeräte vereinen Geschützaufsätze mit Lochvisier und Pendelrichtquadrant in einem Instrument. Meist ist der Quadrant seitlich am Lochvisierrahmen angebracht. So auch beim Geschützaufsatz von

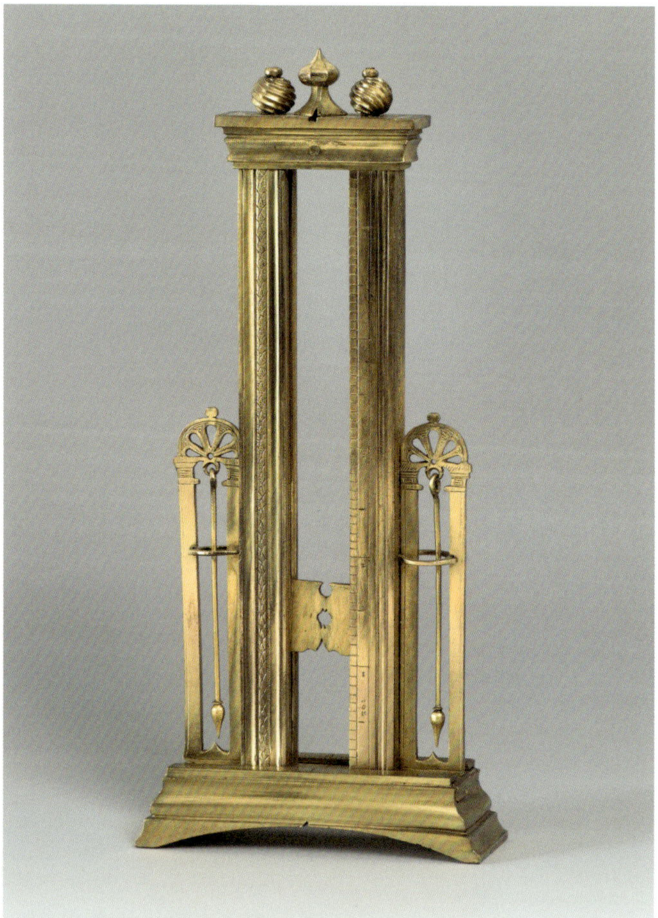

2.35 Geschützaufsatz mit Lochvisier, deutsch, um 1560, Messing, vergoldet, graviert, punziert, Höhe: 17,8 cm, Breite: 7,9 cm, Inv.-Nr. C V 34

Christoph Schissler von 1567. Bei diesem Instrument wird die Lochblende mit Hilfe einer vertikalen Spindel auf und nieder bewegt. Eine gewölbte Bodenplatte erleichtert das Aufsetzen des Gerätes auf das Geschütz (Abb. 2.36).

Beim aufwendig gestalteten Geschützaufsatz von Victor Starck wird das tragende Element, der Rahmen mit dem verschiebbaren Lochvisier, von zahlreichen Funktionsteilen überlagert und somit fast unsichtbar. Unten ist er von einem Richtquadranten, oben von einem Höhenkreis mit Visierröhre überdeckt. Anstelle eines Pendels verwendete Starck ein Nadelniveau. Letzteres besteht aus zwei Glasröhrchen mit verkapselten Nadelwaagen. Oben ist ein Kompass und unten ein Fenster zum Ablesen der Entfernung bzw. des Neigungswinkels angebracht. Wie beim Pendelrichtquadranten von Christoph Trechsler d. Ä. (vgl. S. 39, Abb. 2.31) sind auch hier die Entfernungen ablesbar. Im Unterschied zum Quadranten befindet sich jedoch unmittelbar über der Entfernungsskala von 0 bis 1.500 (Ellen) die Winkelskala von 0 bis 45 (Grad). Der gesamte Geschützaufsatz lässt sich mithilfe einer Spindel quer zur Zielrichtung verschieben (Abb. 2.37).

2.36 Geschützaufsatz – Universalrichtinstrument, Christoph Schissler, Augsburg, 1567, Messing, vergoldet, graviert, punziert, Höhe: 26 cm, Breite: 10 cm, Inv.-Nr. C V 35

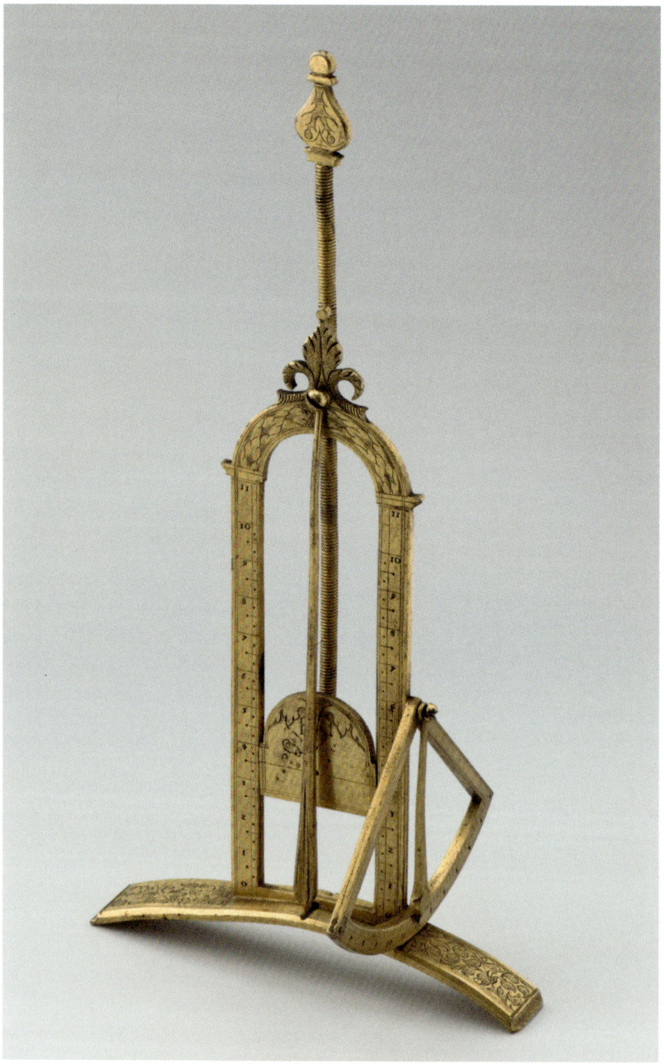

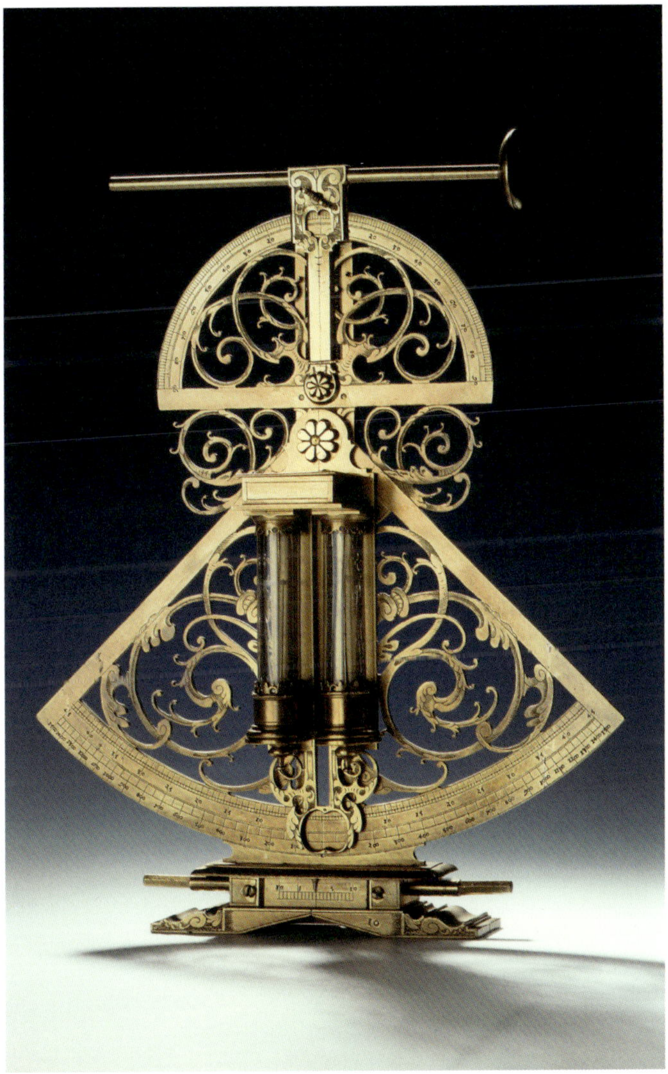

2.37 Geschützaufsatz mit Nadelniveau, Victor Starck, Dresden, 1635, Messing, vergoldet, graviert, punziert, Höhe: 25 cm, Breite: 19,3 cm, Tiefe: 4,5 cm, Inv.-Nr. C V 12

Der älteste Geschützaufsatz mit Lochvisier und Quadrant stammt aus der Zeit um 1490 und war zuvor im Besitz des sächsischen Herzogs Albrecht des Beherzten (1443–1500). Anstelle einer einfachen Lochblende wurde bei diesem Instrument ein Visierrohr in Form einer Feldschlange eingeschraubt. Dieses lässt sich im Führungsrahmen mit Hilfe einer Spindel stufenlos in der Höhe verschieben. Die senkrecht verlaufende Feinspindel ist insofern bemerkenswert, als sie eines der frühesten Schraubenmikrometer der Feinmechanik darstellt. Der kleine auf der Feldschlange befestigte Pendelaufsatz deutet darauf hin, dass es sich um ein frühes Demonstrationsinstrument handelt (Abb. 2.38).

Die meisten artilleristischen Richtgeräte um 1600 waren präziser als die Kanonen, die mit ihnen gerichtet wurden. Sie

2.38 Geschützaufsatz, deutsch, um 1490, Eisen, Länge 22,5 cm, Höhe: 30 cm, Inv.-Nr. C V 38

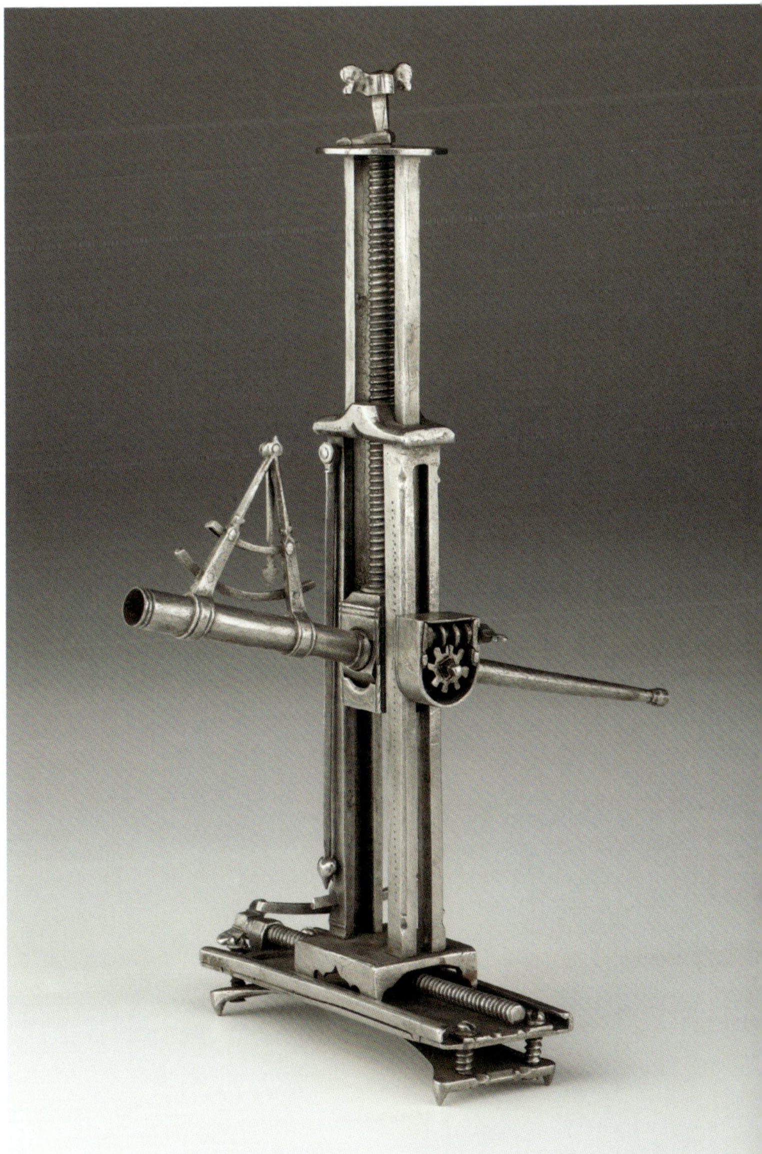

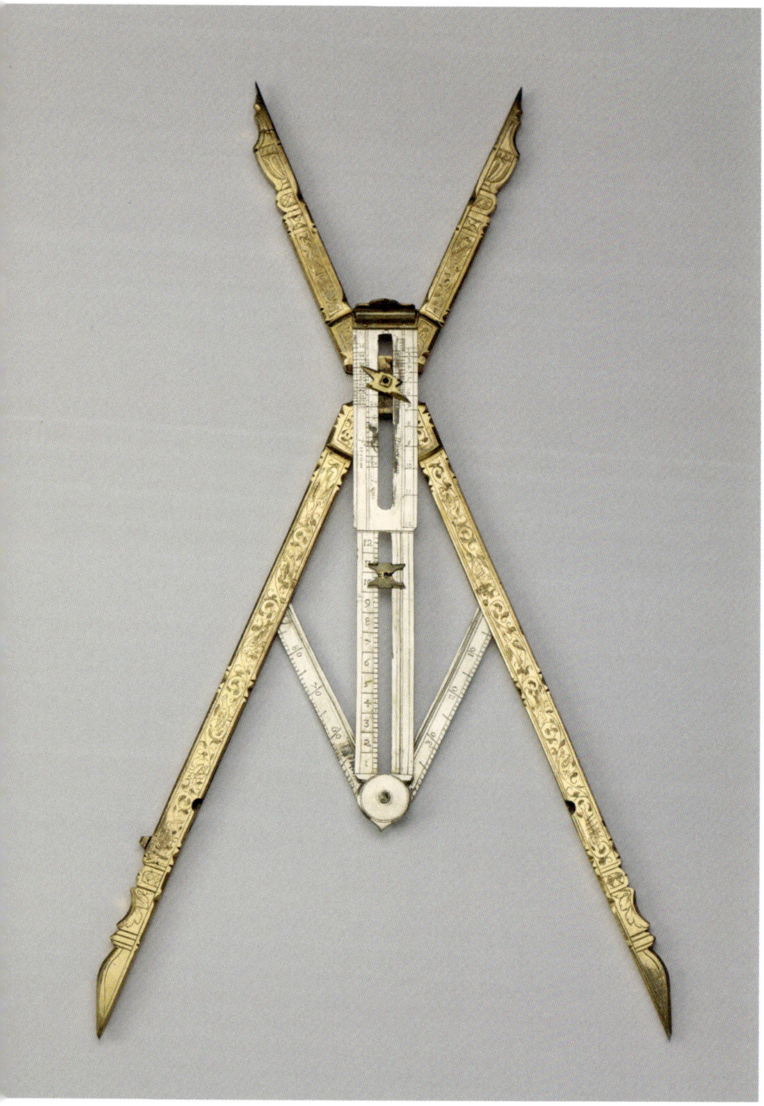

2.39 Kaliber- und Reduktionszirkel, deutsch, Ende 16. Jahrhundert, Messing, vergoldet, graviert, Silber, Stahl, Länge (Schenkel): 33,5 cm, Breite: 2,0 cm, Inv.-Nr. A I 11

dokumentieren eher einen artilleristischen Diskurs als den Gebrauch als Werkzeug im Schlachtfeld. Der Geschützaufsatz wurde zu einem wirkungsvollen Objekt strategischer Propaganda, und deshalb immer prächtiger gearbeitet und komplizierter konstruiert. Zu diesen Prunkstücken gehört ein vergoldeter Zirkel, der als Reduktionszirkel, Kalibermaßstab, Geschützaufsatz und Pendelquadrant zu benutzen ist. In der Verwendung als Reduktionszirkel lassen sich Strecken im Verhältnis 1:2 vergrößern oder verkleinern. Um die anderen Funktionen erfüllen zu können, hat der Hersteller ein Drachenviereck konstruiert. Dabei entspricht die breite Silberschiene mit den Skalen für die Kaliber von Eisen-, Stein- und Bleikugeln sowie einer zusätzlichen Erhöhungsskala für die Geschützneigung der Symmetrieachse des Drachenvierecks (Abb. 2.39).

WD

Waagen und Gewichte

Waagen sind die ersten präzisen Messinstrumente, die Menschen in ihrem Alltag eingesetzt haben. Da nur genaue Waagen einen gerechten Handel gewährleisten können, wurde die Waage schon in der Antike zum Symbol für Gerechtigkeit schlechthin. Herrscher, die als gerecht gelten

2.40 Münzgewicht, deutsch, 1579, Messing, Länge: 4,3 cm, Höhe: 1,4 cm, Inv.-Nr. B I 25

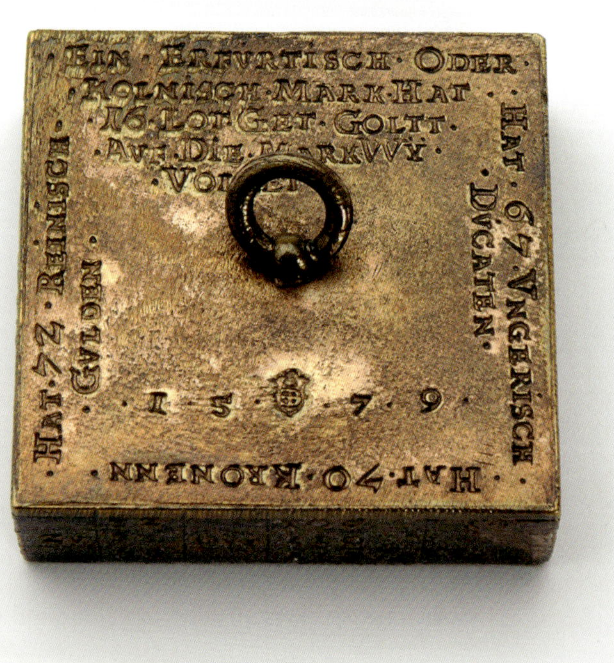

wollten, schmückten sich gern mit diesem Symbol. Es überrascht daher nicht, dass sich unter den frühen Beständen der kursächsischen Kunstkammer auch prunkvolle Waagen befanden. Johann Gottlieb Michaelis, der erste Inspektor des Mathematisch-Physikalischen Salons, schrieb hierzu 1732 in der Einleitung seines handschriftlichen Inventarbandes: »Die vornehmsten Instrumente der Statique sind Waagen, vermittelst derer man die Schwere der Cörper durch Hilfe eines oder mehrern Gewichte, deren Schwere schon bekannt ist, bestimmen kan.« (Michaelis 1732, fol. 2v.)

2.41 Schnellwaage, Nürnberg, um 1590, Messing, Stahl, Kupfer, Länge: 121,8 cm, Inv.-Nr. B I 22

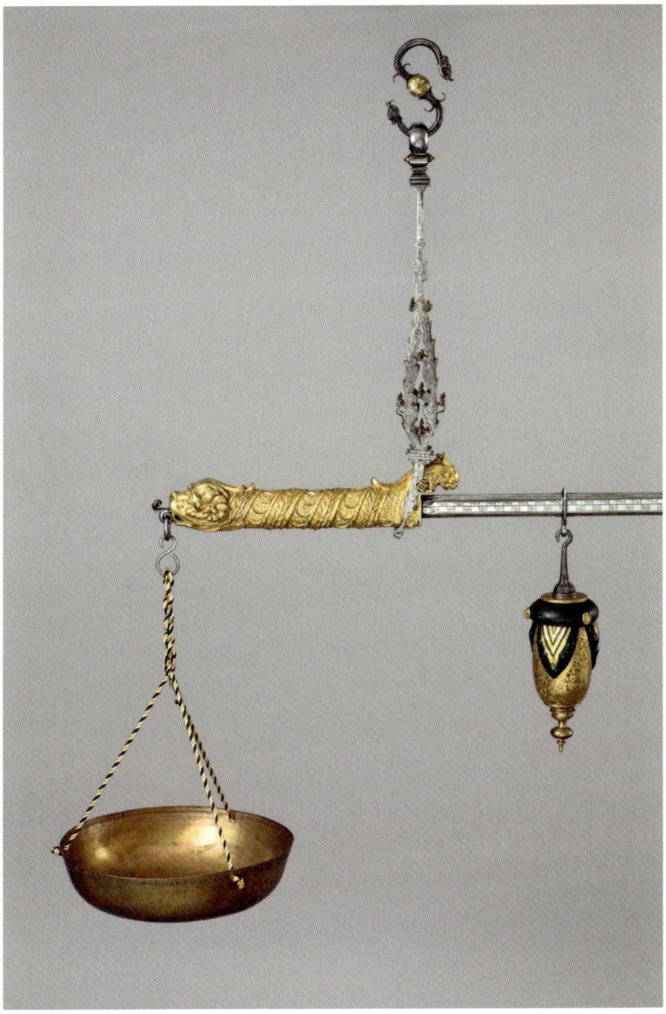

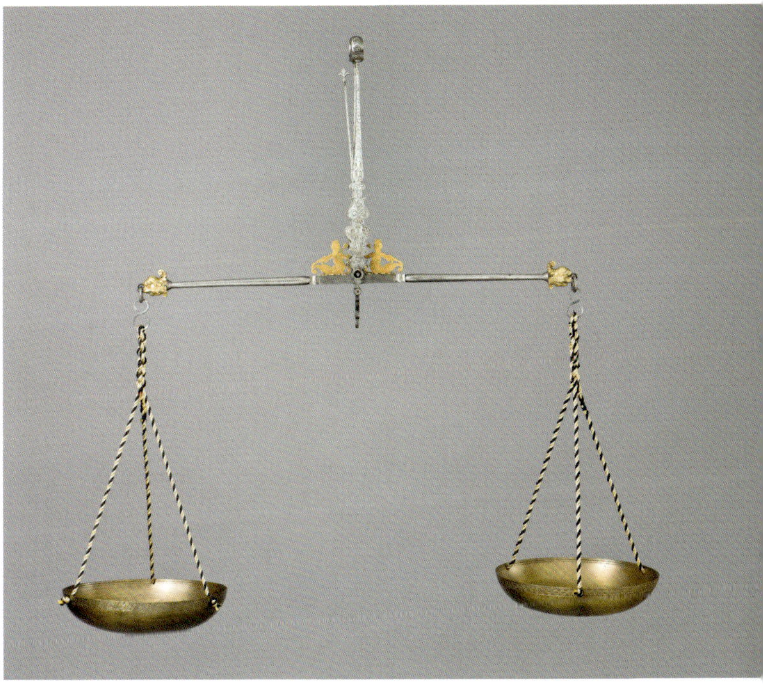

2.42 Balkenwaage, Nürnberg, um 1590, Messing, Stahl, Länge: 59,5 cm, Höhe: 41,5 cm, Inv.-Nr. B I 32

Die Mark hatte im 16. Jahrhundert den Status eines deutschen Referenzgewichts. Eine Mark Silber entsprach einem halben Pfund oder 16 Lot Silber, das sind etwa 230 Gramm (Abb. 2.40). Auf diese Gewichtseinheit geht die Bezeichnung für die Währungseinheit "Mark" (Reichsmark, Deutsche Mark) zurück.

Der Lastarm einer Schnellwaage vom Ende des 16. Jahrhunderts ist in der Art eines Schwertgriffs gearbeitet, der Knauf wird durch einen vergoldeten Widderkopf gebildet. Zum Wiegen verschiebt man einfach das Gewicht am Waagebalken, bis dieser im Gleichgewicht ist, und liest dann das Ergebnis in Mark und Lot ab (Abb. 2.41).

Zwei ausgesägte Nixen zieren den Balken, zwei eingravierte Köpfe die Seiten des Mittelstabs einer Balkenwaage. In beiden Fällen ist eine der dargestellten Figuren männlich, die andere weiblich: Möglicherweise soll damit die Eintracht der Geschlechter bezeugt werden (Abb. 2.42).

Der Gewichtssatz von Most von 1588 besteht aus ineinander gefügten Messinggewichten. Das kleinste wiegt ein

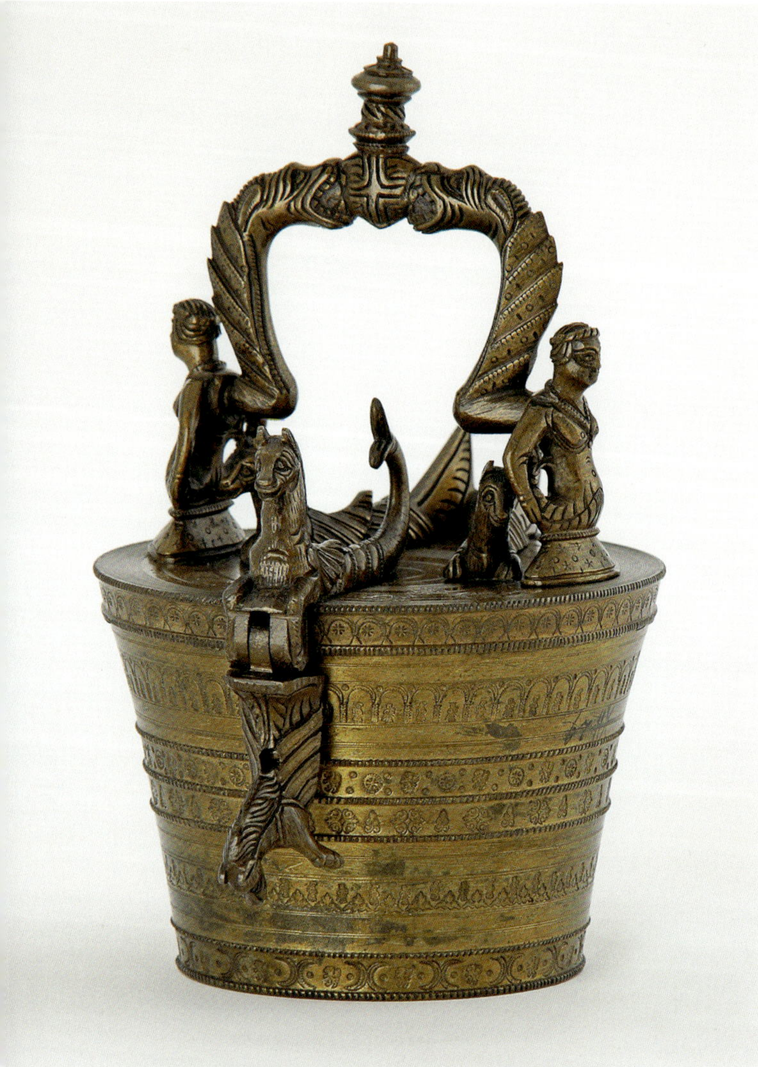

2.43 Gewichtssatz, Konrad Most, Nürnberg, 1588, Messing, Bronze, Höhe: 18,5 cm, Inv.-Nr. B I 24

halbes Lot (etwa 8 g), das größte (das Gefäß selbst) 400-mal so viel, also 25 Mark (ungefähr 5 kg). Die Nürnberger Rotschmiede produzierten europaweit die meisten solcher Gewichtssätze, die jeweils nach den lokalen Maßeinheiten geeicht waren. Der vorliegende Satz wurde zusammen mit der oben beschriebenen Balkenwaage (vgl. Abb. 2.42) ausgeliefert (Abb. 2.43).

MK

Den Himmel auf die Erde holen. Fürstliche Himmelsmaschinen

Den Himmel mit seinen Sternen und Planeten zu erfassen und in seinen Gesetzmäßigkeiten zu begreifen gehört zu den ältesten Träumen der Menschheit. Astronomen vermaßen den Himmel und entwarfen auf dieser Grundlage mathematische Theorien, um die Bewegungen der Gestirne möglichst exakt zu beschreiben und vorhersagbar zu machen. Damit sie sich die Abläufe am Himmel naturgetreu vergegenwärtigen konnten, ohne komplizierte Rechnungen durchführen zu müssen, erwarben die sächsischen Kurfürsten mehrere vorzüglich ausgearbeitete Himmelsmaschinen: Kurfürst August die Planetenuhr und sein Sohn Christian (1560–1591) den mechanischen Himmelsglobus. Die extrem seltenen Maschinen holten für die Fürsten den Himmel auf die Erde, zudem symbolisierten sie etwas, was für ihre Legitimität als Herrscher von zentraler Bedeutung war: ihre Gottesnähe.

Die Planetenuhr des Kurfürsten August gehört zu den herausragenden mechanischen Schöpfungen der Frühen Neuzeit. August bestellte das Kunstwerk bei seinem Schwager Wilhelm IV. von Hessen-Kassel (1532–1592), der selbst ein anerkannter Astronom war. Die Planetenuhr zeigt auf den vier Seiten an, wo sich die klassischen »Planeten« – Merkur, Venus, Mars, Jupiter, Saturn sowie die Sonne und der Mond – von der Erde aus gesehen befinden. Diese Himmelskörper wurden von griechischen Astronomen der Antike *planetes* (»Wandersterne«) genannt, weil sie ihre Positionen vor dem Hintergrund der Fixsterne langsam verändern: Sie scheinen zu wandern. Die Erfassung dieser Eigenbewegung der Planeten war seit jeher eines der Hauptziele der Astronomie. Das bis ins 16. Jahrhundert maßgebliche Modell dieser Bewegungen stammt von dem spätantiken Mathematiker Claudius Ptolemäus (ca. 100–ca. 160), das sich wiederum auf die Beobachtungen und Berechnungen griechischer Astronomen

2.44 Planetenuhr von Eberhard Baldewein, Hans Bucher, Hermann Diepel u. a., Marburg/Kassel, 1563–1568, Messing, vergoldet, Silber, Eisen, Stahl, Email, Höhe: 118 cm, Breite: 62,5 cm, Tiefe: 62, 5 cm, Inv-Nr. D IV d 4

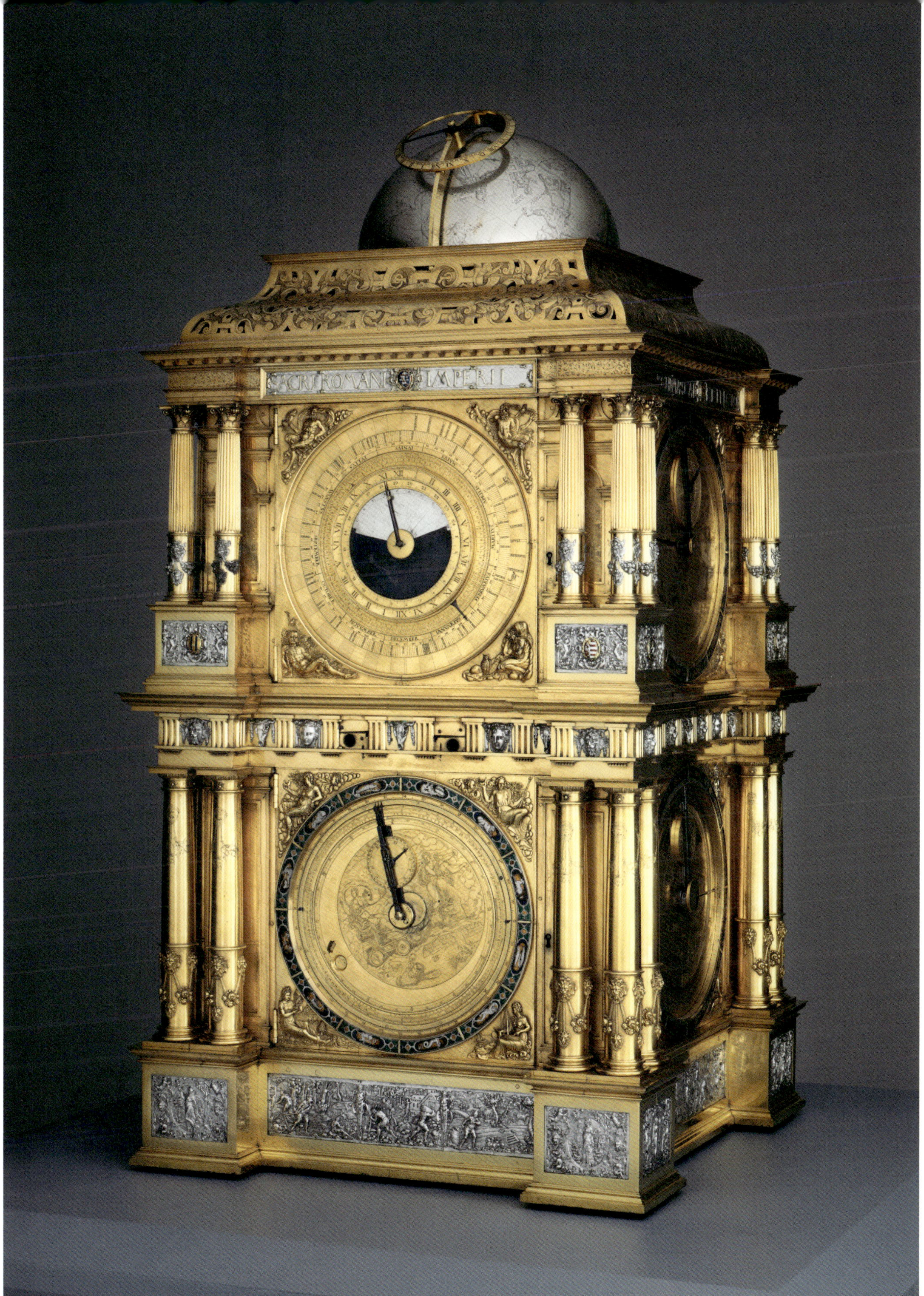
SACRI ROMANI IMPERII

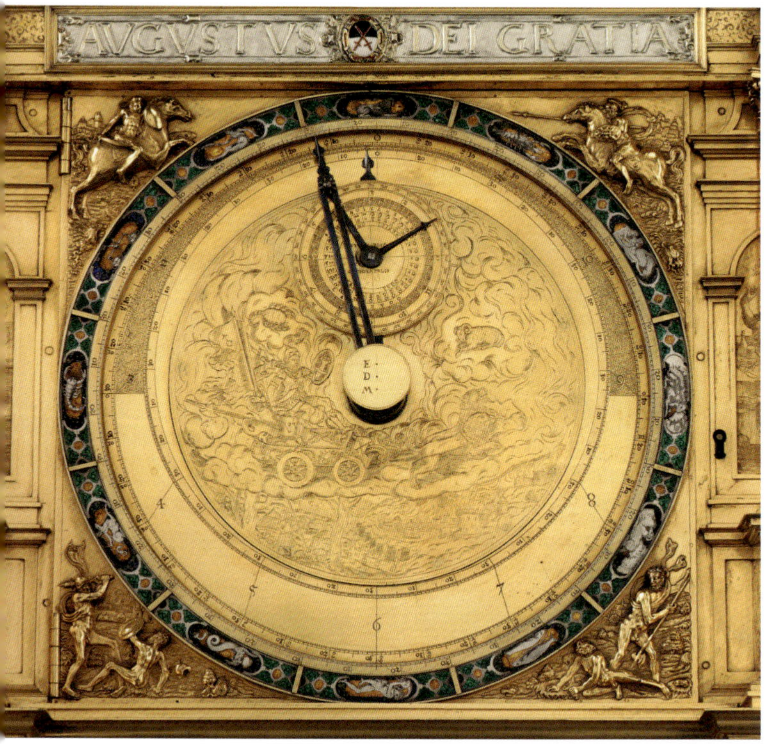

2.45 Planetenuhr von Eberhard Baldewein, Hans Bucher, Hermann Diepel u. a., Detail (Anzeige der Mars-Bewegung)

und babylonischer Kalendermacher stützt und im Mittelalter durch Generationen islamischer Astronomen verfeinert wurde. Die Uhr zeigt die Position der Planeten am Himmel von unserem Standpunkt auf der Erde gesehen.

Bekrönt wird die Uhr von einem aus zwei Halbschalen gebildeten silbernen Himmelsglobus, der sich einmal täglich um seine Achse dreht und in dessen Nut eine goldene Sonnenscheibe in einem Jahr die zwölf Tierkreiszeichen durchläuft. Die Bahnen der sechs anderen klassischen »Planeten« (inklusive des Mondes) werden auf der Uhr in verschiedenen Anzeigescheiben dargestellt.

Ein hochkomplexes Uhrwerk im Inneren, konstruiert vom genialen Eberhard Baldewein (1525–1593) aus Marburg in Zusammenarbeit mit dem Uhrmacher Hans Bucher (aktiv ca. 1570–1580), treibt den Himmelsglobus und die Planetenzeiger an. Zwei weitere Uhrwerke sorgen für das Schlagen der Stunden und Viertelstunden (Abb. 2.44).

Noch bevor die Uhr überhaupt fertiggestellt war, wurde im Ausland bereits erzählt, dass sie »schöner, größer und kunstreicher« als ihr berühmtes Kasseler Vorbild, das Wilhelm für sich bauen ließ, sei – und dies sicher nicht ohne Grund. Weder ein Ausbruch der Pest in Hessen noch wiederholte technische Schwierigkeiten und Kostensteigerungen minderten Augusts Verlangen, diese Weltmaschine zu besitzen. Als die Uhr 1568 nach fünf langen Jahren des Wartens in Dresden präsentiert wurde, war er über ihre vielfältigen Anzeigen der Himmelsbewegungen »nicht wenig erlüstigt und ergölzet«, wie es in einem Augenzeugenbericht heißt (Korey 2007, S. 52).

Auf der Vorderseite der Uhr stellt die obere Scheibe den Lauf des Planeten Mars dar, die untere Scheibe ist ein durch das Uhrwerk angetriebenes Astrolabium. Dazwischen befindet sich ein kleines Minutenzifferblatt, das auch die Wochentage anzeigt.

Bei genauer Betrachtung der Scheibe, die die Bewegung des Mars abbildet (Abb. 2.45), sieht man, dass die jeweilige Stellung des längsten Zeigers aus der Kombination zweier Bewegungen resultiert: zum einen aus der Drehung des »Deferentenkreises«, eines gravierten, flachen Kreises nah der Mitte der Scheibe, und zum anderen aus der Rotation des »Epizykels«, eines kleineren, erhöhten Kreises am Rande. Diese Kreis-im-Kreis-Bewegung, die auf jeder Planeten-Scheibe gezeigt wird, führt dazu, dass beim Lauf der Uhr die Spitze jedes Planetenzeigers eine langsame Vor- und Rückwärtsbewegung im äußeren emaillierten Tierkreisring vollführt, genauso, wie man es bei der Bewegung des Planeten am Himmel mit bloßem Auge beobachten kann.

Von der Erde aus gesehen ist die Geschwindigkeit eines Planeten in seiner jeweiligen Bahn aber nicht konstant, und die Phasen seiner Rückwärtsbewegung am Himmel erfolgen in unregelmäßigen zeitlichen Abständen und sind von ungleicher Dauer. Durch die Einbeziehung verschiedener geometrischer Raffinements in das Kreis-im-Kreis-Modell gelang es Ptolemäus, die bei der Beobachtung festzustellenden Unregelmäßigkeiten weitestgehend zu erfassen. Baldewein, Bucher und die ihnen assistierenden Handwerker mussten also viel Erfindungsgeist und handwerkliches Geschick aufbringen, um die ptolemäische Theorie in der Planetenuhr mechanisch nachzubilden.

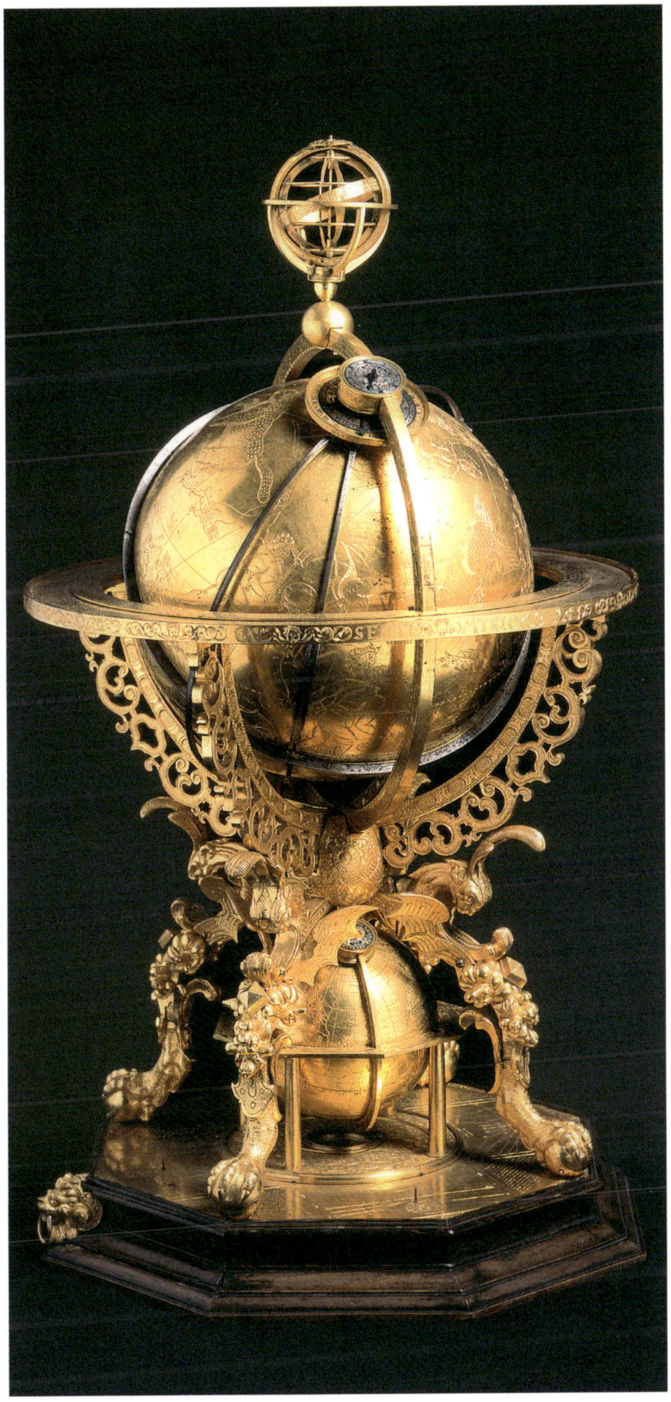

2.46 Mechanischer Himmelsglobus, Johannes Reinhold, Georg Roll, Augsburg, 1586, Messing, Kupfer, vergoldet, versilbert, graviert, punziert, Palisanderholz, Höhe: 56,5 cm, Durchmesser (Himmelskugel) 20,5 cm, Inv.-Nr. E II 2

Denn ein einziges, mächtiges Federwerk treibt viele Übersetzungsgetriebe und alle Zeiger dieser Uhr an. Durch dieses Uhrwerk werden nicht nur die relativ »schnellen« Umdrehungen des Globus (in einem Tag) oder des Mondes (in einem Monat) angezeigt, sondern auch andere, viel langsamere Bewegungen am Himmel. Der Planetenzeiger auf der Scheibe des Saturns benötigt sogar mehr als 29 Jahre für eine Umdrehung – er bewegt sich also nur circa 1° pro Monat und damit etwa 10.000 Mal langsamer als der sich drehende Himmelsglobus.

Als Christian I. 1586 die Nachfolge seines verstorbenen Vaters August antrat, erstand er im selben Jahr in Augsburg einen mechanischen Himmelsglobus von Johannes Reinhold (ca. 1550–1596) und Georg Roll (1546–1592). Insgesamt sechs derartige Globen sind bekannt und bis heute erhalten geblieben. Einer davon wurde sogar für Kaiser Rudolf II. (1552–1612) angefertigt.

Im Inneren des vergoldeten Himmelsglobus (Abb. 2.46) befindet sich ein komplexes Uhrwerk. Zieht man es auf, so dreht es den Globus einmal am Tag um seine Achse. Die auf ihm abgebildeten Sterne gehen dabei auf und unter, so wie man es am Himmel wahrnehmen kann. Das Uhrwerk bewegt zudem zwei eiserne Meridianringe mit einem Sonnenscheibchen und einer Mondkugel entlang der zwölf Tierkreiszeichen. Die Sonne dreht sich einmal im Jahr um die Himmelskugel, der Mond einmal im Monat. Die Mondphasen wurden mithilfe des Schaltrades angezeigt, dabei wurde die Abweichung der Mondbahn von der Ekliptik um 5 Grad vernachlässigt.

Unter dem Himmelsglobus ist ein Erdglobus platziert, ganz oben eine Armillarsphäre (Ringkugel) als ein analoges Instrument zur Nachbildung und Berechnung von dem, was wir am Himmel sehen. Ein mechanisch angetriebener Ring mit dem julianischen und gregorianischen Kalender für die Jahre 1586 bis 1627 auf dem Horizontring – der große, waagrecht um den Himmelsglobus schwebende Ring – und vier Sonnenuhren auf der Basisplatte ergänzen die überaus komplexe Konstruktion. Sogar die handgeschriebene Anleitung zu diesem Globus blieb erhalten. Sie beschreibt nicht nur die verschiedenen Funktionen, sondern auch die symbolische Bedeutung, die der Globus für den Besitzer hat.

WD, MK

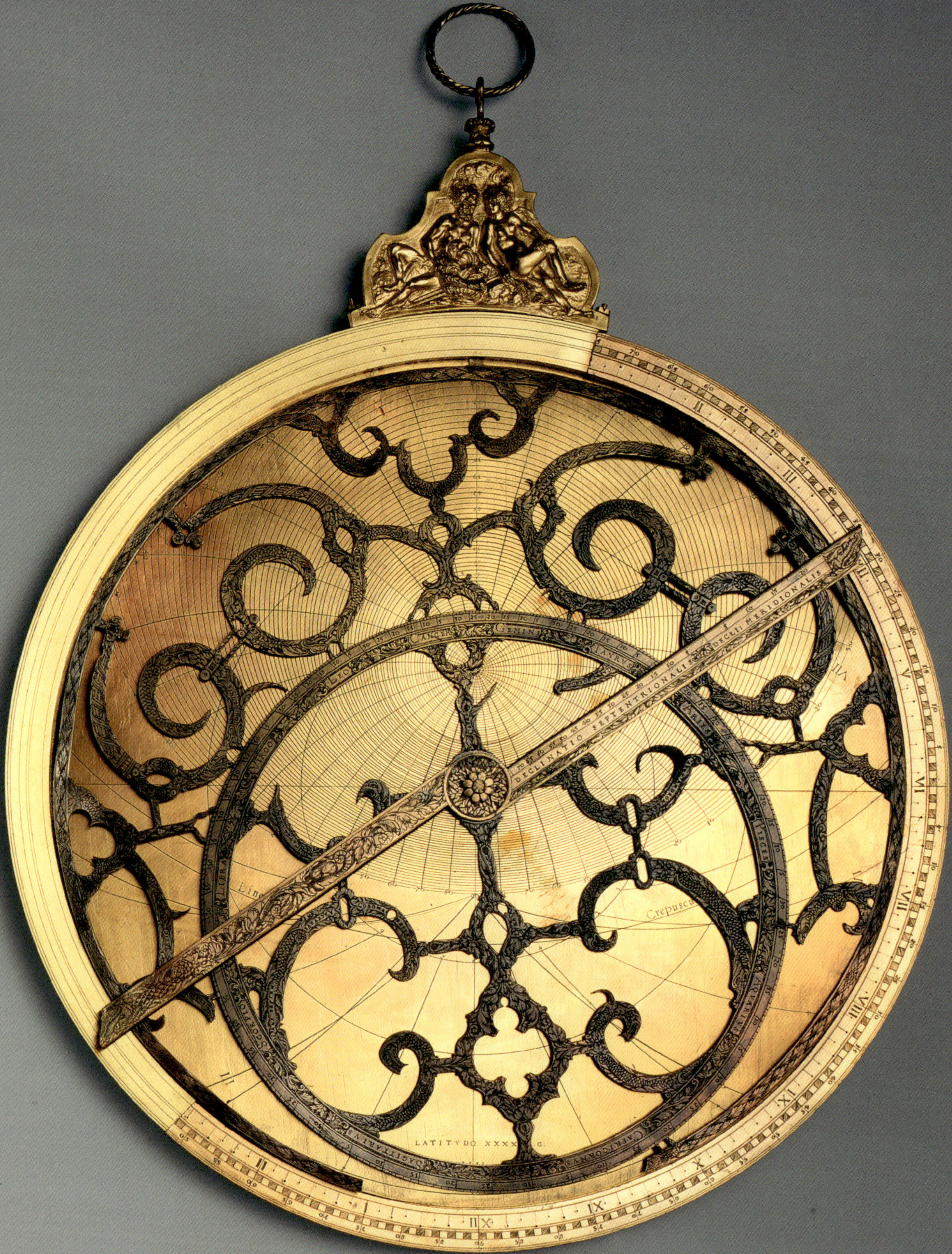

Astrolabien

Ein Astrolabium (Abb. 2.47) bildet den Sternenhimmel nicht dreidimensional wie ein Himmelsglobus, sondern der einfacheren Handhabung wegen auf einer zweidimensionalen Scheibe nach. Mit dem Astrolabium kann man jeden beliebigen Himmelsanblick zu jedem beliebigen Zeitpunkt einstellen – was man heute bestenfalls mit einem Computerprogramm bewerkstelligt. Das Astrolabium kann aber deutlich mehr: Mit dem Peillineal auf der Rückseite kann sein Benutzer die Höhe eines Gestirns über dem Horizont messen, um die Uhrzeit an seinem Beobachtungsort zu bestimmen. Kein Wunder, dass Astrolabien im Mittelalter und in der Frühen Neuzeit die am häufigsten benutzten astronomischen Instrumente waren.

Kurfürst August erwarb dieses Astrolabium 1568 zusammen mit einem Globenpaar (vgl. S. 117, Abb. 5.2). Hergestellt wurden alle drei Instrumente von Johannes Prätorius (1537–1616), Professor für Mathematik und zugleich Instrumentenmacher. In der Ausstellung wird das Astrolabium zur Veranschaulichung seiner Konstruktion in seine Einzelkomponenten zerlegt gezeigt.

In zusammengesetzter Form sehen Astrolabien so wie dieses besonders schöne Exemplar von Thomas Pregel aus. Es besticht vor allem durch seine filigrane Sägearbeit (Abb. 2.48).

MK

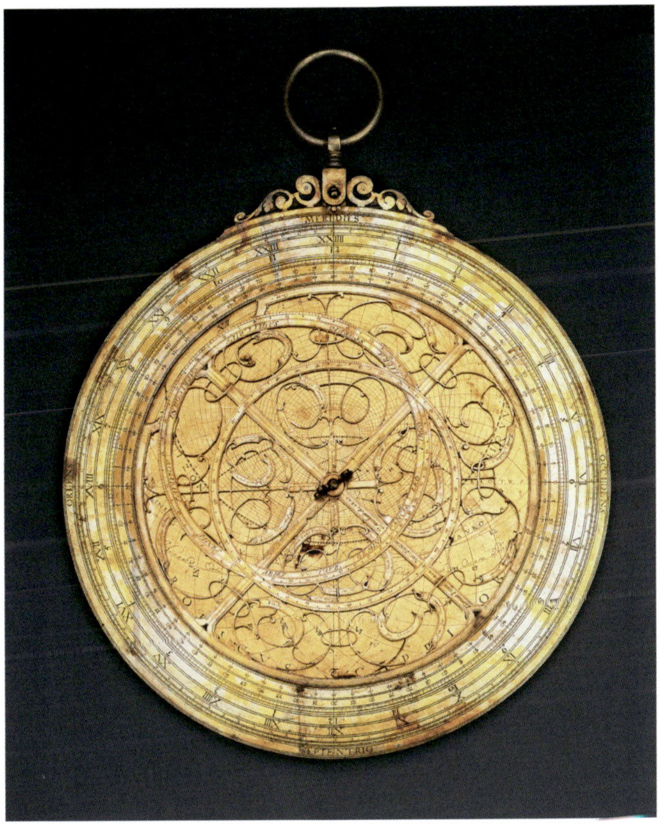

2.48 Astrolabium, Thomas Pregel, Zwickau, 1629, Messing, vergoldet, Durchmesser: 28,5 cm, Höhe: 37,6 cm, Inv.-Nr. C II 14 (Ankauf 1999)

2.47 Astrolabium, Johannes Prätorius, Nürnberg 1568 (1945 beschädigt), Messing, ehemals vergoldet, Durchmesser: 39,5 cm, Höhe: 53,5 cm, Inv.-Nr. C II 3

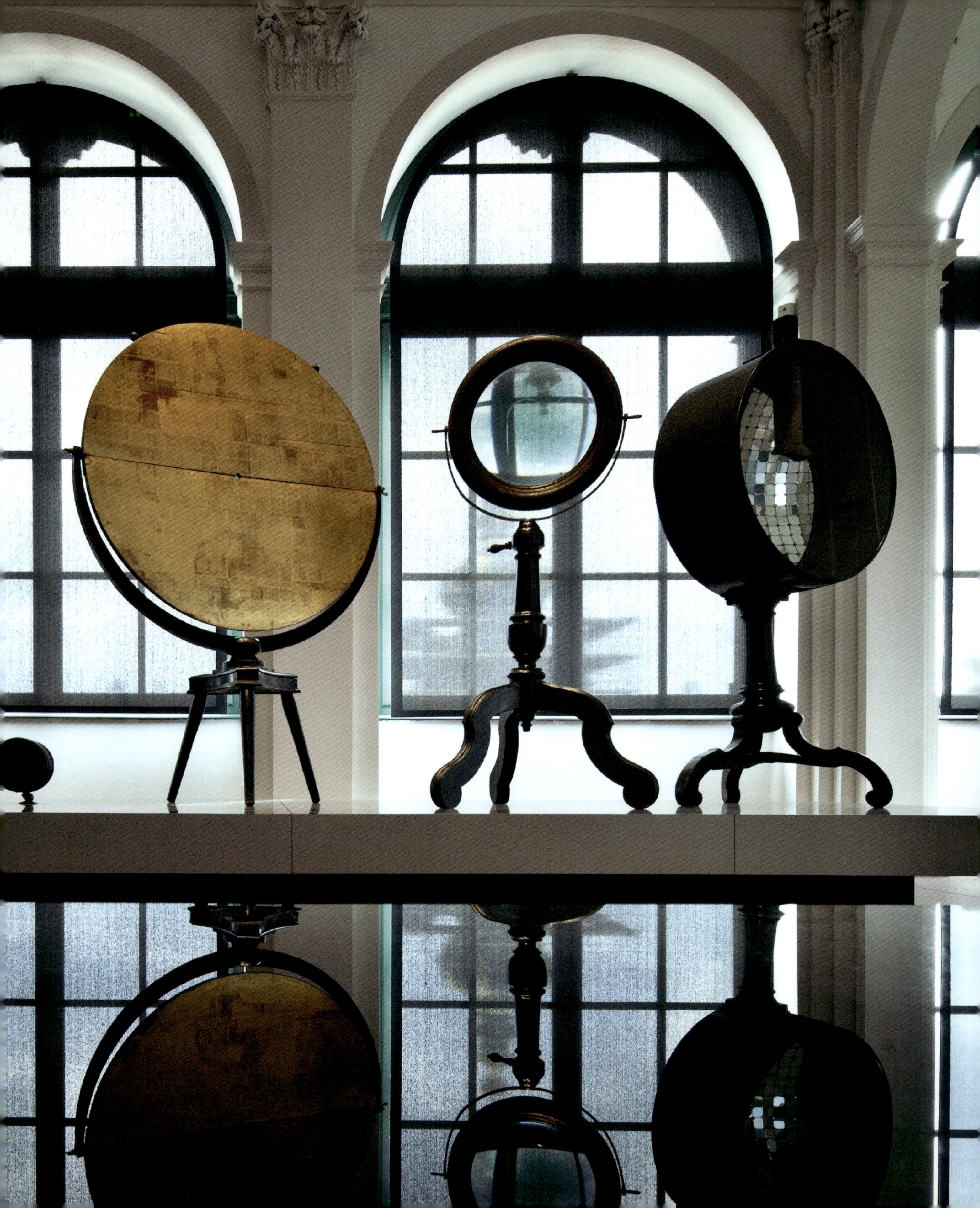

MICHAEL KOREY

FESTSAAL
Instrumente der Aufklärung

Bei seiner Gründung 1728 umfasste die Sammlung des Mathematisch-Physikalischen Salons sowohl die älteren mathematischen Instrumente aus der fürstlichen Kunstkammer als auch herausragende Beispiele neuartiger Experimentiergeräte, darunter die monumentalen Brennapparate von Ehrenfried Walther von Tschirnhaus (1651–1708) und eine imposante Vakuumpumpe von Jacob Leupold (1674–1727). Große Teleskope verweisen auf das Observatorium, das ab 1777 im Festsaal eingerichtet wurde und bis 1928 bestand. Ursprüngliche Überlegungen, ein Observatorium auf der Kuppel der Frauenkirche oder im Hausmannsturm des Residenzschlosses einzurichten, ließen sich nicht realisieren. Die Inspektoren des Salons ermittelten daher von hier aus 150 Jahre lang die offizielle Ortszeit für Dresden und erarbeiteten die ersten systematischen Wetteraufzeichnungen für die Region. Der Salon war also in der Epoche der Aufklärung und bis weit ins 19. Jahrhundert dreierlei: physikalisches Kabinett, Sternwarte und Behörde. Ende des 19. Jahrhunderts setzte eine Phase der Musealisierung ein: Die Exponate gelangten seltener zur praktischen Anwendung, rückten dafür aber als bedeutende Zeugnisse der Wissenschaftsgeschichte mehr und mehr in den Fokus von Historikern.

Zwei Jahrhunderte lang, bis 1945, präsentierte sich der Mathematisch-Physikalische Salon ausschließlich in diesem Saal: Er war der einzige Raum zur Aufbewahrung der Sammlung und zugleich Ort des praktischen Einsatzes ausgewählter Instrumente. Nach dem Zweiten Weltkrieg für die Uhrensammlung benutzt, wird sein Gesicht jetzt wieder, wie im 18. Jahrhundert, von Brennspiegeln, Teleskopen und physikalischen Großgeräten bestimmt.

Die Brennapparate von Ehrenfried Walther von Tschirnhaus

Schon im Altertum war bekannt, dass das von Hohlspiegeln und Sammellinsen gebündelte und auf einen Punkt gelenkte Licht dort Hitze erzeugt. Berühmt ist die Geschichte vom antiken Mathematiker Archimedes, der im Zweiten Punischen Krieg seine belagerte Heimatstadt Syrakus dadurch gerettet haben soll, dass er die ganze römische Flotte mit Hilfe eines Brennspiegels in Brand setzte.

Um 1650 waren die leistungsstärksten Brennspiegel schwer und unhandlich, weil sie aus gegossenem Metall bestanden, und die besten Linsen noch relativ klein. Eine wesentliche Steigerung der Wirkung dieser Instrumente erreichte der sächsische Gelehrte Ehrenfried Walther von Tschirnhaus in den letzten beiden Jahrzehnten des 17. Jahrhunderts. Tschirnhaus, im oberlausitzischen Kieslingswalde (heute Sławnikowice/Polen) geboren, wurde früh in Mathematik und Naturwissenschaften unterrichtet und studierte an der renommierten holländischen Universität Leiden. Nach seinem Studium traf er auf seinen Reisen durch ganz Europa berühmte Gelehrte seiner Zeit, er freundete sich beispielsweise mit dem Philosophen Baruch de Spinoza (1632–1677) an und arbeitete mit Gottfried Wilhelm Leibniz (1646–1716) zusammen. In Frankreich erlebte Tschirnhaus 1676/1677 erstmals die Wirkung eines leistungsstarken Brennspiegels, eines aus einer Metalllegierung gegossenen Spiegels von François Villette (1621–1698). Drei Jahre später, von seiner ausgedehnten Studienreise zurückgekehrt, begann er in Kieslingswalde, zusammen mit dem Mechanikus Johann Hoffmann, selbst Brennap-

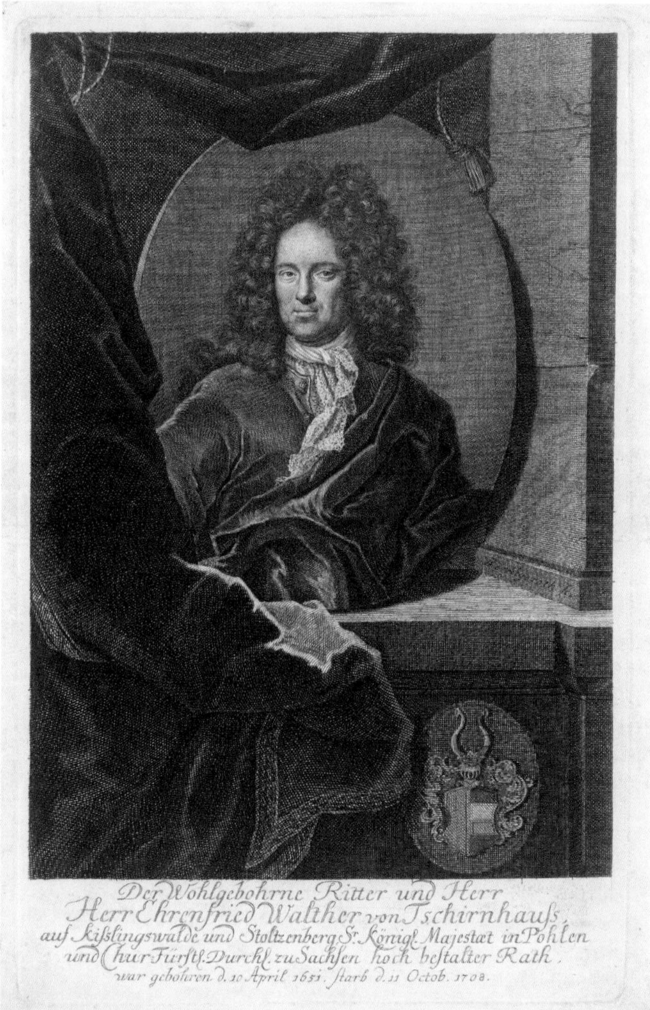

3.1 Porträt Ehrenfried Walthers von Tschirnhaus, Kupferstich von J. M. Bernigeroth, um 1708, Inv.-Nr. G I 78

parate von ungeahnter Qualität und Größe zu konstruieren: Spiegel aus getriebenem Kupfer und ab 1690 Linsen aus Glasblöcken. Seine mathematischen Forschungen, unter anderen zu den Brennlinien konkaver Kurven, fanden – obwohl er seine Ergebnisse vorschnell verallgemeinerte – viel Beachtung, sodass er bald als erster Deutscher in die Académie Royale des Sciences in Paris aufgenommen wurde (Abb. 3.1).

Zahlreiche zeitgenössische Berichte spiegeln die von Tschirnhaus' Instrumenten ausgehende Faszination wider. Man sprach von ihnen in Paris und Sankt Petersburg, in London und Florenz, viele Forscher bestellten Geräte bei ihm und verwendeten sie für eigene Experimente. Bei den schon früh in Sachsen unternommenen Anstrengungen zur Erzeugung des Luxusgutes Porzellan waren sie sehr nützlich, denn man konnte mit ihnen Schmelzversuche an unterschiedlichen Materialien rasch durchführen und die Reaktionen unmittelbar beobachten.

Tschirnhaus schuf mit diesem 1686 hergestellten Brennspiegel (Abb. 3.2) vor allem hinsichtlich der sehr exakten Verarbeitung ein Instrument von besonderer Güte. Die Wölbung der getriebenen Kupferoberfläche entspricht genau dem Segment einer Hohlkugel, und moderne Messungen belegen, dass sich diese präzise Formgebung bis heute erhalten hat: Die Wölbung des Spiegels weicht nur etwa 0,1 % von einer exakten Kugelform ab. Dabei ist die kupferne Oberfläche auf nur etwa 2 mm Stärke ausgetrieben. Der Spiegel ist in seiner Lagerung in zwei Richtungen beweglich: Die waagerechte Achse ermöglicht ein Kippen des Spiegels, die Gabelung unten im Stativ eine vertikale Drehung. Somit ist eine axiale Ausrichtung des Spiegels zur Sonne möglich. Unterfangen wird der Kupferspiegel vermittels einer hölzernen Konkavfläche, die von Eisenbändern verstärkt wird.

Der Brennraum liegt etwa zwei Armlängen vom Spiegelmittelpunkt entfernt und ist ungefähr so groß wie eine Münze. Dort können unter optimalen Reflexionsbedingungen (modern gesprochen) Temperaturen bis zu etwa 1.500° C erreicht werden. Mit diesem Spiegel war es daher allein mit Hilfe des Sonnenlichts möglich, ein Loch in eine Kupferplatte zu brennen. Auch andere Metalle und sogar Asbest, das damals noch als absolut unbrennbar galt, konnten damit geschmolzen werden.

Der Spiegel wurde Kurfürst Johann Georg III. von Sachsen (1647–1691) am 17. Juli 1690 vorgeführt. Seine Oberfläche zeigt Beschädigungen, die vermutlich von heruntertropfenden Brennproben stammen.

3.2 Brennspiegel, Ehrenfried Walther von Tschirnhaus, Kieslingswalde (heute Sławnikowice/Polen), 1686, Kupfer, getrieben, Lindenholz, Tannenholz mit Birnbaumholz furniert, Eisen, Durchmesser: 158,5 cm, Höhe (maximal): 230 cm, Brennweite ca. 99,5 cm, Inv.-Nr. B V 10

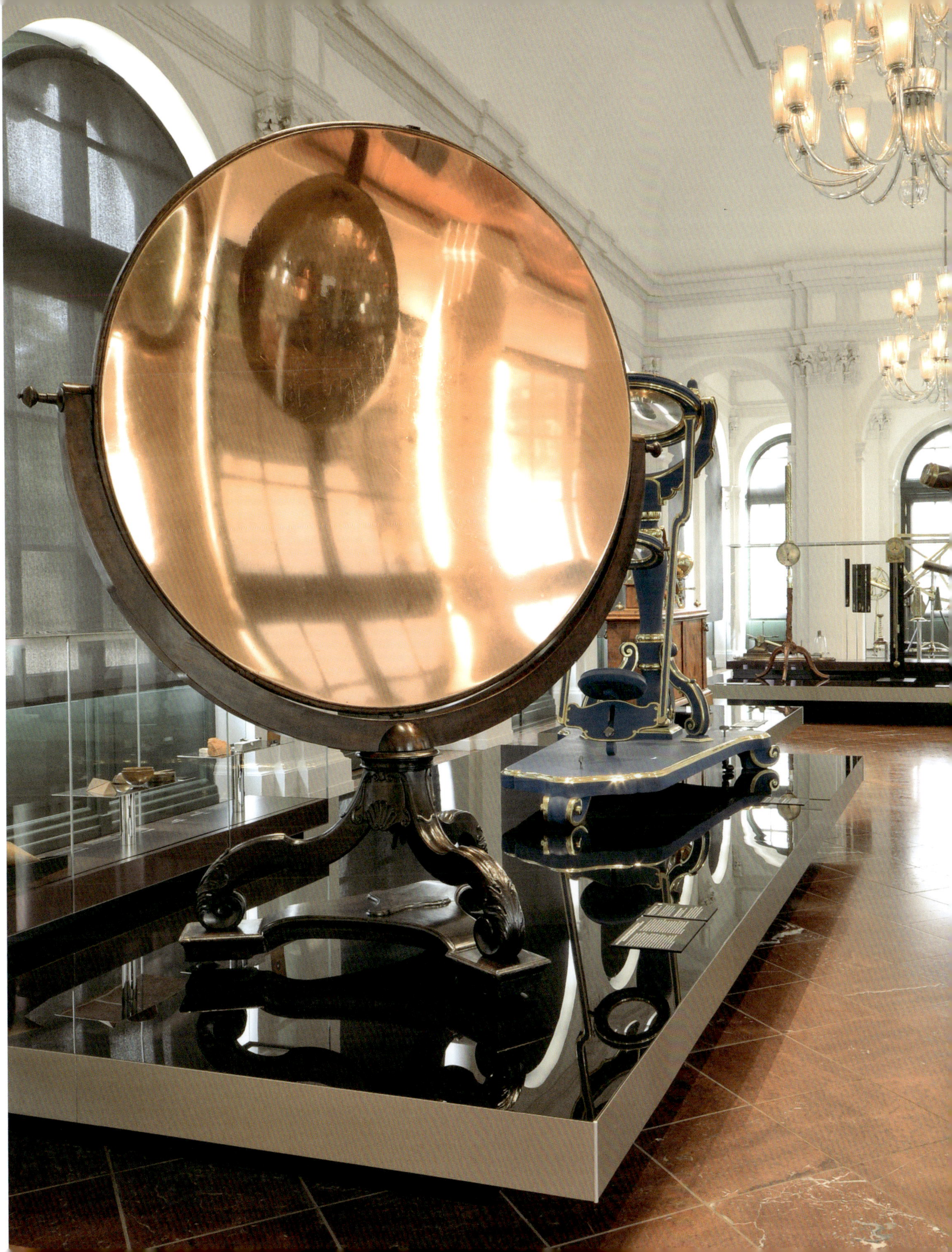

Richtet man den Doppelbrennlinsenapparat (Abb. 3.3) von Tschirnhaus zur Sonne, so fällt das durch die große Linse gesammelte Sonnenlicht flächig auf die zweite Linse (das »Kollektivglas«), die es auf einen münzgroßen Fleck fokussiert. Im Vergleich zu Brennspiegel sind Brennlinsen bei Schmelzexperimenten leichter zu bedienen, weil die Lichtquelle und die zu schmelzende Probe sich auf unterschiedlichen Seiten der Linse befinden. Sie sind aber schwerer herzustellen als Brennspiegel. Die absolute Besonderheit dieses Instruments sind seine Linsen. Das Schleifen und Polieren solcher immens großen Linsen war ein mühsames Unternehmen, benötigt wurden zudem ausreichend große und reine Glasblöcke. Deren Herstellung wiederum war sehr zeitraubend, brauchte es doch beispielsweise alleine drei Wochen, bis das Glas nach dem Schmelzen und Gießen langsam und gleichmäßig ausgekühlt war.

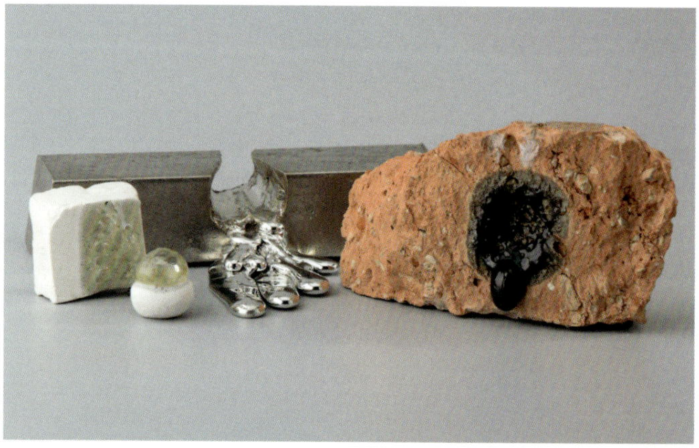

3.4 Brennproben (mit einem Laser hergestellt) nach dem Vorbild von Tschirnhaus' Materialproben: Kaolin, Zinn und Ziegelstein (von links nach rechts)

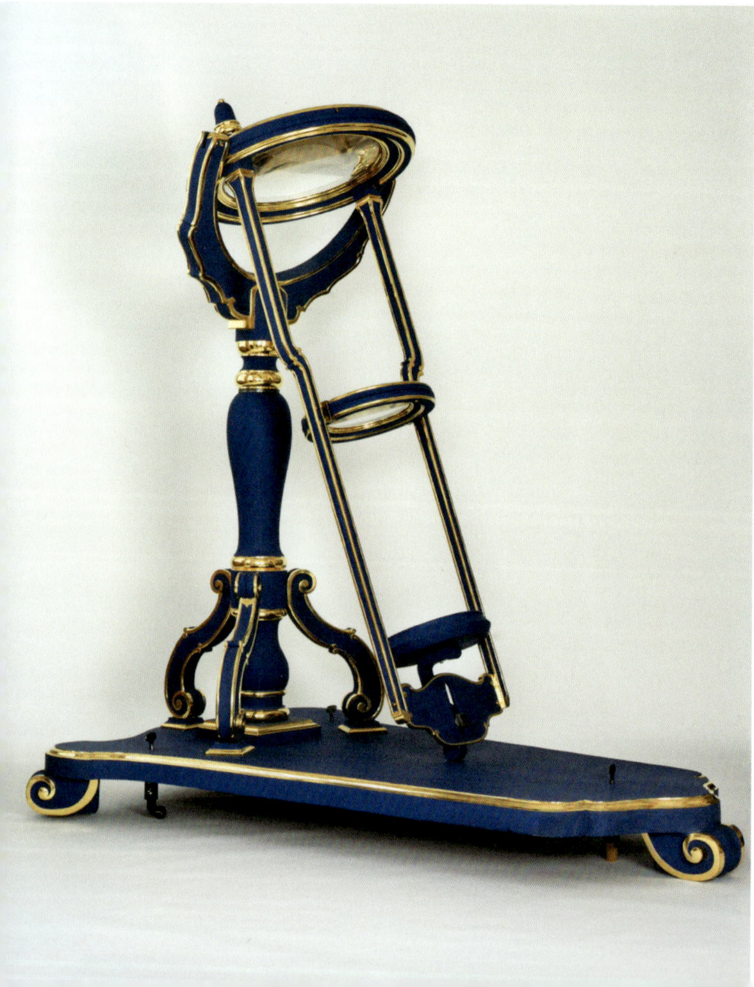

3.3 Doppelbrennlinsensapparat, Ehrenfried Walther von Tschirnhaus, Kieslingswalde (heute Sławnikowice/ Polen), um 1690, Glas, Holz, gefasst, Eisen, Durchmesser (Hauptlinse): 49,5 cm, Durchmesser (Kollektivglas): 26,0 cm; Gestell: Länge (maximal); 213 cm, Breite (maximal): 140 cm, Höhe (maximal): 260 cm, Inv.-Nr. B V 6

Gemäß dem entsprechenden Eintrag im frühesten Inventar des Mathematisch-Physikalischen Salons (1730–1732) sah das Instrument ursprünglich etwas anders aus: Die beiden Linsen waren durch drei hölzerne gedrechselte Stangen miteinander verbunden. Die aktuelle Form und die Farbfassung – Letztere wurde nach einer Untersuchung der Farbfassung um 1985 restauriert – gehen auf einen späteren Umbau zurück: Wohl um 1750 erhielt das Instrument sein jetziges repräsentatives Aussehen, vielleicht als Hommage an seine Verwendung bei Tschirnhaus' Porzellanuntersuchungen. In der aktuellen Form ist der Einsatz dieses Instruments nicht möglich, weil Kollektivglas und Teller heute starr montiert sind. Dadurch lässt sich der Brennpunkt nicht mehr präzise einstellen.

Tschirnhaus hat die Ergebnisse von mehreren seiner Brennexperimente beschrieben – sowohl in Briefen an Gelehrte wie Leibniz oder an die Leiter der Glashütte Pretzsch bei Wittenberg, mit denen er zusammenarbeitete, als auch in Beiträgen in der Zeitschrift *Acta Eruditorum*. Zum Verhalten von Ziegeln unter dem Brennglas etwa notierte er: »Ziegel mögen so groß seyn, als sie wollen, so werden sie gleich glüendt und vitrificiren [verglasen] sehr.« (zit. in Reinhardt 1912, S. 114). Die von ihm behandelten Materialproben sind nicht erhalten; die in der Sammlung präsentierten Proben – Ziegelstein und vier weitere von Tschirnhaus beschriebene Substanzen: Kupfer, Pyrit (Schwefelkies), Zinn, Kaolin –, die die Auswirkungen der konzentrierten Strahlung verdeutlichen, wurden mit einem Laser hergestellt. (Abb. 3.4)

Dieses Mikroskop mit einem Griff aus Elfenbein wurde laut Inschrift 1692 von Cosmus Conrad Cuno (1652–1745) angefertigt, dem wichtigsten Optiker am Ende des 17. Jahrhunderts, der in Augsburg arbeitete. Es ist das weltweit einzige von ihm signierte Mikroskop (Abb. 3.5).

Mikroskope wie dieses mit nur einer Linse werden auch als »einfache« Mikroskope bezeichnet. Die Linse ist im Okular aus Elfenbein eingebaut. Schaut man durch das Okular, kann man nacheinander acht verschiedene Präparate betrachten. Diese, zum Beispiel Haare oder ein Fliegenflügel, sind in einer geriffelten, drehbaren Scheibe eingelassen. Die Scharfstellung erfolgt durch eine kleine Schraube, die den Abstand zwischen der Okularlinse und den Präparaten regelt. Im dazugehörigen Kästchen befinden sich weitere Okulare sowie vier »Flohgläser« (Lupen in Holzröhrchen) und ein kleines Elfenbeindöschen, in dem weitere Plättchen aus Glimmer, die als Objektträger dienen können, aufbewahrt wurden. Auf dem Deckel des Kästchens sind in goldenen Buchstaben die Initialen von Tschirnhaus eingeprägt: »E W v T«. Denkbar ist, dass dieses Mikroskop einst ein Geschenk an ihn war.

Der Mathematisch-Physikalische Salon bewahrt auch einige Objekte aus Tschirnhaus' Nachlass. Darunter befindet sich ein Doppelkegel, der Erstaunliches zu leisten vermag: Setzt man ihn nahe der Spitze auf die leicht geneigten Schienen, rollt er diese hinauf! Das paradoxe Spielzeug, das die Naturgesetze außer Kraft zu setzen scheint, ist erstmals 1694 in England nachgewiesen, bei Vorführungen zur Mechanik blieb es bis ins späte 18. Jahrhundert beliebt. Des Rätsels Lösung besteht darin, dass der Doppelkegel beim Aufwärtsrollen auf den auseinanderlaufenden Schienen seinen Schwerpunkt stetig nach unten verlagert (Abb. 3.6).

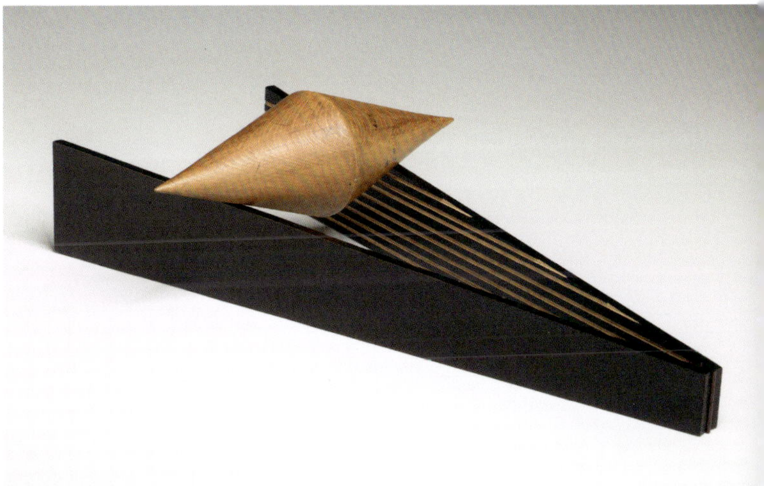

3.6 Aufrollender Doppelkegel (mit ergänzten Schienen), um 1700, Holz, Durchmesser: 8,56 cm, Länge: 27 cm, Inv.-Nr. B V 52

3.5 »Einfaches« Mikroskop mit vier Flohgläsern, Cosmus Conrad Cuno, Augsburg, 1692, Holz, Elfenbein, Glas, Pappe, Marmorpapier, Leder, Mikroskop: Durchmesser: 4,9 cm, Länge: 11,3 cm, Kästchen: Höhe: 4,7 cm, Breite: 13,0 cm, Tiefe: 8,2 cm, Inv.-Nr. B V 180 (Ankauf 1996)

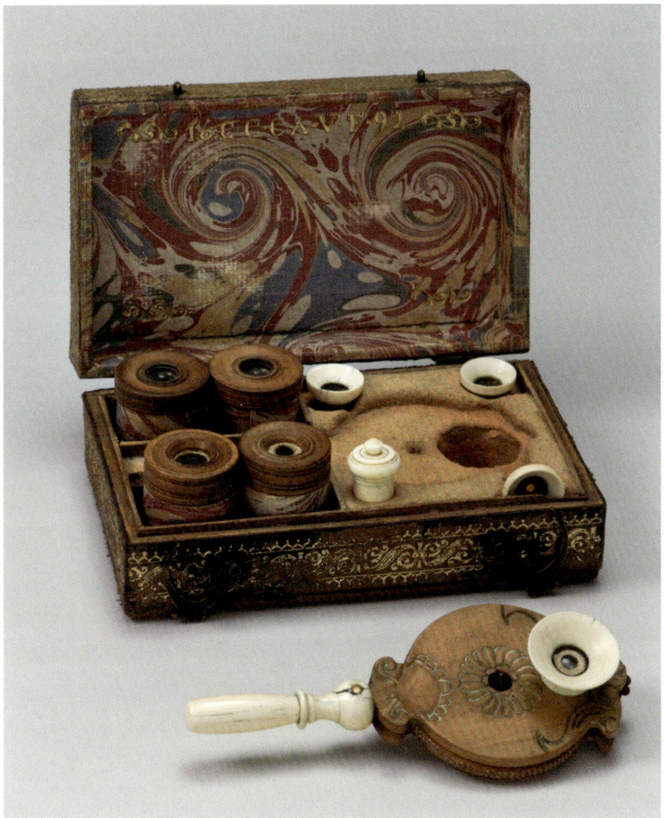

In der Nachfolge des Archimedes. Erfindungsreichtum in der Optik

Brennspiegel und verwandte optische Geräte sind nicht nur mehr oder minder komplexe Werkzeuge; seit Archimedes angeblich Brennspiegel zur Rettung seiner Heimatstadt Syrakus eingesetzt hat, sind sie von einem besonderen Nimbus umgeben – und ihr Erfinder gilt als Vorbild und unbestrittene Autorität. Das zeigte sich besonders in der Nachfolge Ehrenfried Walthers von Tschirnhaus am Dresdener Hof: Gleich drei Männer aus Sachsen, der Hofmechanikus Andreas Gärtner (1654–1727; Abb. 3.7), der erste Inspektor des Salons, Johann Gottlieb Michaelis (1704–1740) und der Hoftischler Peter Höse (1686–1761), haben aufgrund ihres Erfindungsreichtums, der unter anderem in den hier ausgestellten optischen Erzeugnissen zum Ausdruck kommt, den Beinamen »zweiter Archimedes« erhalten.

3.7 Andreas Gärtner, Porträt eines unbekannten Meisters, Öl auf Leinwand, o. Inv.-Nr.

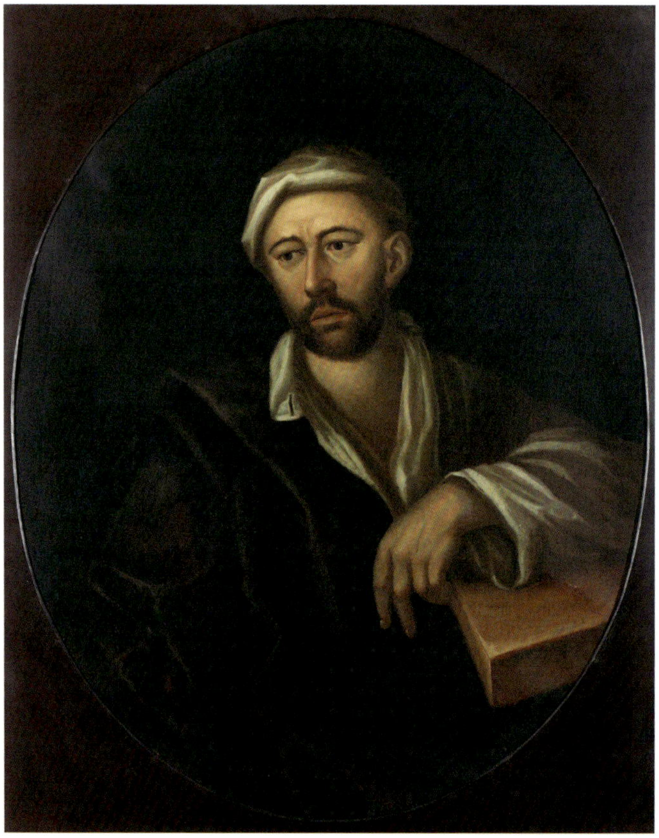

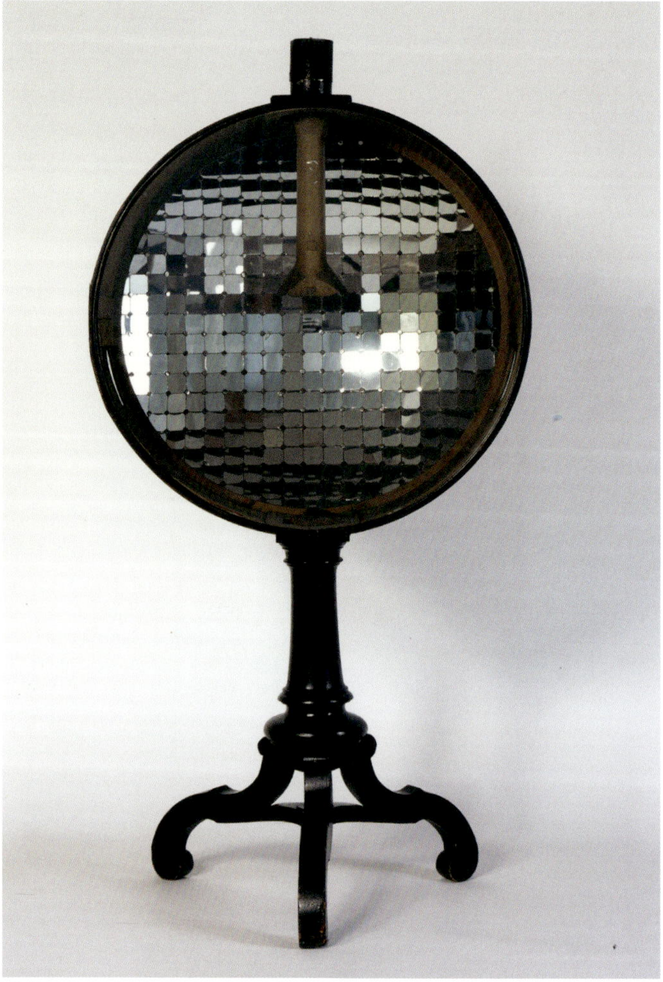

3.8 Beleuchtungsspiegel, Andreas Gärtner, Dresden, um 1710, Glas, rückseitig verspiegelt, Stahl, Holz, Eisen, Durchmesser: 71 cm, Höhe (maximal9: 172 cm, Inv.-Nr. B V 9

Die Spiegelfläche des von Andreas Gärtner geschaffenen Beleuchtungsspiegels bilden 342 kleine quadratische Planspiegel, die auf einer gekrümmten Holzfläche befestigt sind (Abb. 3.8). Eine Öllampe im Brennpunkt diente als Lichtquelle – einige Leuchttürme funktionieren ähnlich. Derartige Spiegel wurden im militärischen Lager bei Zeithain 1730 effektvoll eingesetzt, wie Augenzeugen berichten. Bei diesem Manöver zur Vorführung der wiedererstarkten sächsischen

Armee waren der preußische König Friedrich Wilhelm I. (der »Soldatenkönig«, 1688–1740) und sein Sohn, der Kronprinz Friedrich (später »Friedrich der Große«, 1712–1786), zugegen.

Gärtner konstruierte Brennspiegel in vielerlei Formen und aus einer Vielzahl von Materialen – zum Beispiel wie hier aus einer zusammenklappbaren Tischplatte, die mit Blattgold auf einem geeigneten Gipsgrund belegt wird (Abb. 3.9). Infolge der geringen Krümmung fokussiert dieser Spiegel die Sonnenstrahlung so, dass nur eine geringfügig erhöhte Wärme entsteht. Sie reichte aber wohl aus, um medizinisch gegen Rheuma zu wirken. Gärtner selbst bezeichnete seine Spiegel mit dieser Funktion als »Curier- oder Medizinspiegel«.

3.9 Transportabler Brennspiegel, Andreas Gärtner, Dresden, um 1710, Holz, blattvergoldet, Gips, Messing, Eisen, Durchmesser: 109 cm, Höhe: 166 cm, Inv.-Nr. B V 8

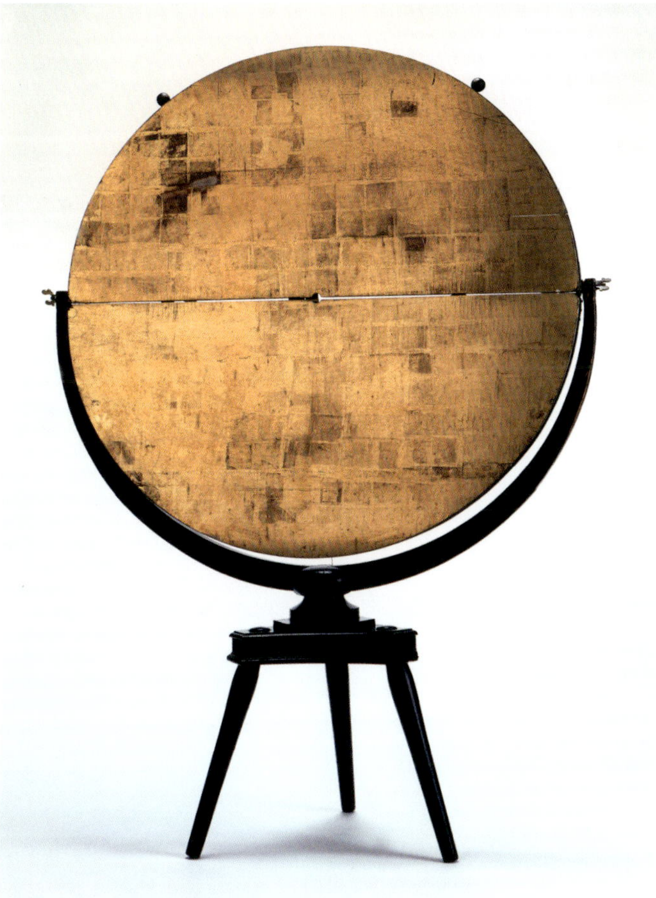

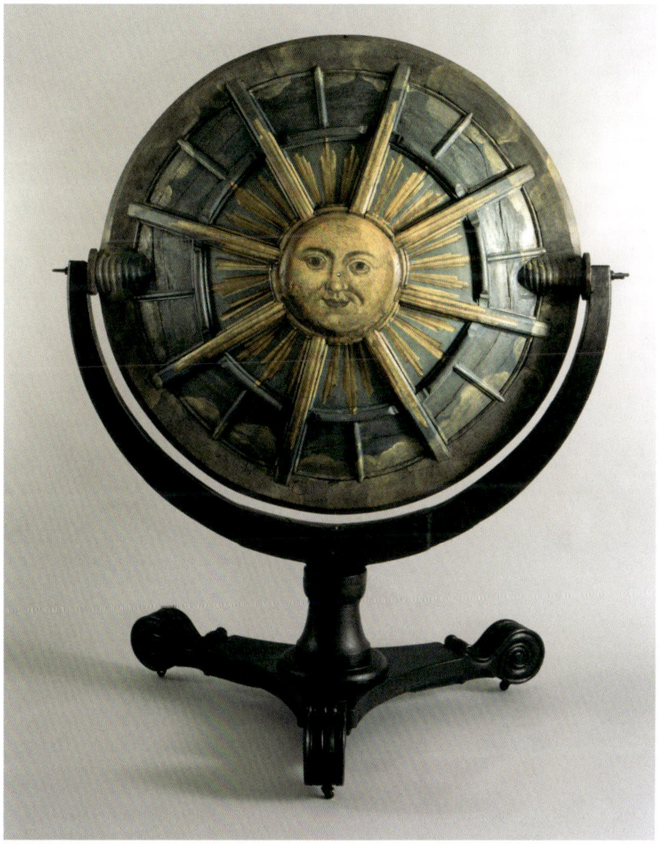

3.10 Brennspiegel (Rückseite), Peter Höse, Dresden, um 1740, Messing, Eisen, Holzgestell, Durchmesser: 142 cm, Höhe: 205 cm, Brennweite: 51 cm, Inv.-Nr. B V 47

Für den Brennspiegel von Peter Höse aus Messing sind Schmelzversuche mit mehr als 100 aus Sachsen stammenden Mineralien dokumentiert. In der Einfassung des Spiegels befinden sich unten und oben Löcher, die auf die einstige Anbringung einer Halterung für die Brennproben hindeuten. Das Museum erwarb den Spiegel 1768 aus dem Nachlass des sächsischen Premierministers Heinrich Graf von Brühl (1700–1763) – und zwar ohne Gestell, denn dieses ging bei der Belagerung Dresdens im Siebenjährigen Krieg (1756–1763) verloren. Unklar ist, ob das Gestell, in dem der Spiegel noch heute befestigt ist, nach dem Ankauf wieder aufgefunden oder damals neu angefertigt wurde. Eine nicht datierte bemalte Darstellung der Sonne ziert die Rückseite des hölzernen Grundgerüsts der Spiegelschale (Abb. 3.10).

Viel Lärm um Nichts: Frühe Vakuumexperimente

Neben anderen Erfindungen des 17. Jahrhunderts wie dem Teleskop und dem Mikroskop war die Vakuumpumpe *das* Aushängeschild der neuen experimentellen Wissenschaften. So gehörten öffentliche Vorführungen von Experimenten mit diesem Instrument zu den Hauptattraktionen der neuen wissenschaftlichen Akademien, etwa der Londoner Royal Society. Die »Luftpumpe« – so der historische Name für die Vakuumpumpe – wurde vom Magdeburger Bürgermeister Otto von Guericke (1602–1686) erfunden. Ihre Wirkung demonstrierte er in mehreren aufsehenerregenden öffentlichen Vorführungen in den 1650er Jahren: Dabei erzeugte er durch Auspumpen der Luft zwischen zwei aufeinandergesetzten Halbkugelschalen einen so großen Unterdruck, dass auch mehrere Pferde die Schalen nicht auseinanderziehen konnten.

Diese besonders prächtige Vakuumpumpe wurde von August dem Starken nach einer Vorführung auf der Leipziger Messe erworben (Abb. 3.11). Mit ihr stellte man Guerickes Ver-

3.11 Vakuumpumpe, Jacob Leupold, Leipzig, 1709, Messing, vergoldet, Stahl, Eisen, Holz, furniert, Länge: 176 cm, Breite: 49 cm, Höhe: 146 cm, Inv.-Nr. B II c 1

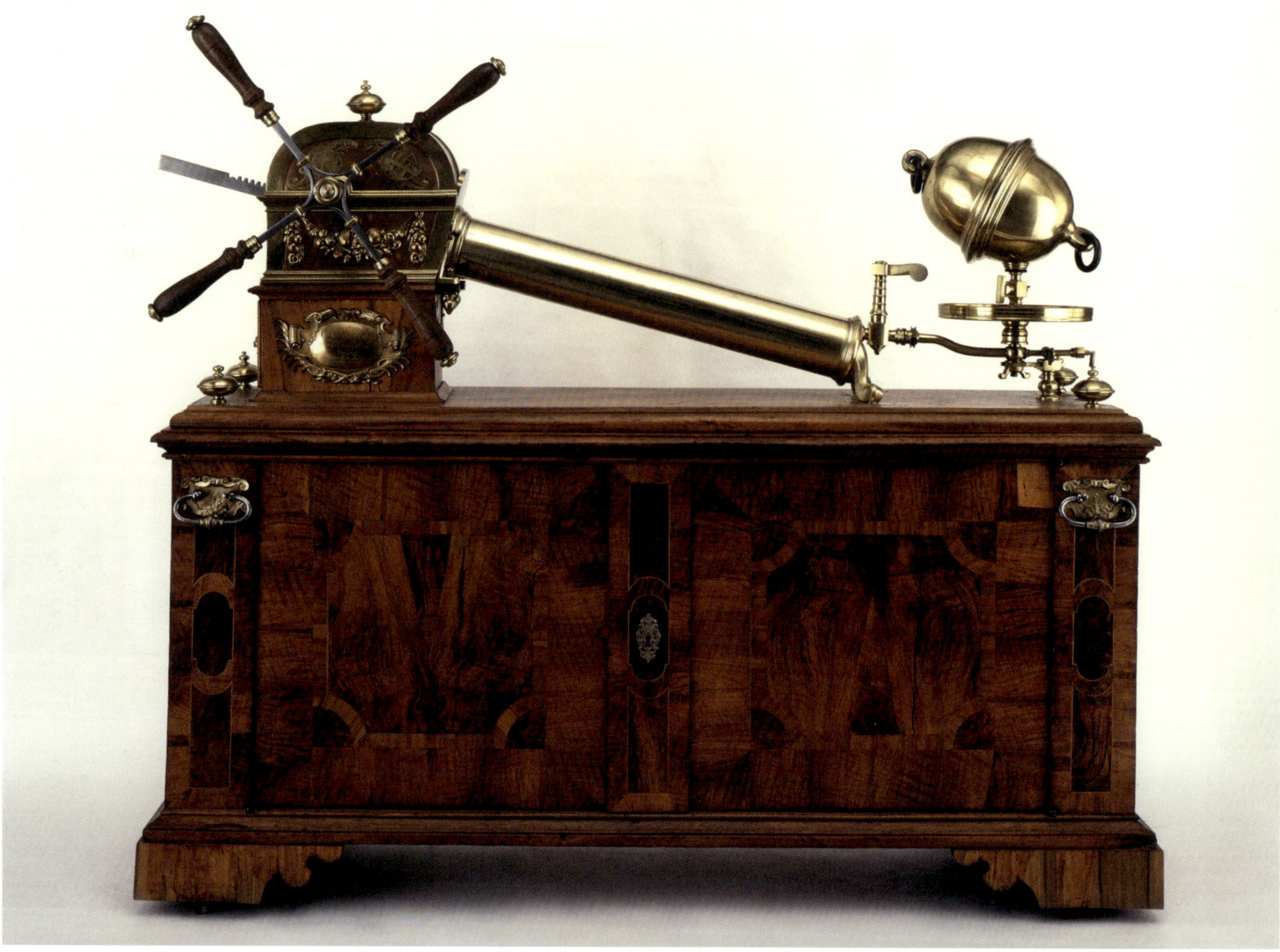

such in etwas verkleinerter Form mit Gewichten anstelle von Pferden nach. Dreht man an dem großen Kreuz der Pumpe, so zieht man einen Kolben nach oben, der im schief liegenden Messingzylinder steckt. Dabei saugt man einen Teil der Luft aus dem Inneren der auf dem Bild rechts befindlichen Kugel in den Zylinder. Schließt man nun den Hahn unten am Zylinderfuß und dreht das Rad zurück, entweicht die Luft im Zylinder durch das Ventil am Hahn. Wiederholt man die Prozedur – erst Saugen, dann Abpumpen –, evakuiert man immer mehr Luft, und zwar so lange, bis in der Kugel ein Raum mit stark verdünnter Luft, also effektiv ein Vakuum, entstanden ist. Jetzt wird die Kugel in einen Galgen gehängt und unten mit Gewichten beschwert. Das Gewicht wird kontinuierlich erhöht, bis der Punkt erreicht ist, an dem sich die vom Luftdruck zusammengepressten Halbkugeln trennen.

Tauscht man die Halbkugeln gegen einen Glassturz ein, setzt man eine brennende Kerze oder einen Vogel darunter und evakuiert man erneut die Luft, so kann man die Auswirkungen des Vakuums direkt beobachten: Die Kerze erlischt und der Vogel würde ersticken – es sei denn, der Experimentator lässt rechtzeitig wieder Luft einströmen, wie wir das in historischen Abbildungen sehen können. Glasstürze und weiteres in den Inventaren aufgeführtes Zubehör waren einst im Unterschrank aufbewahrt.

Auf der Pumpe ist, neben dem kursächsischen Wappen, eine lateinische Inschrift angebracht, die frei übersetzt lautet: »Das Experiment gebäret die Wahrheit«. Das aufwendig gearbeitete Holzfurnier und die kunstvolle Gestaltung der Messinggravuren am Instrument belegen, dass Luftpumpen nicht nur Experimentiergeräte, sondern zugleich auch Repräsentationsobjekte waren.

Zum besseren Verständnis dieser Vakuumpumpe wurde sie detailgetreu nachgebaut und ihr fehlendes Zubehör rekonstruiert. Regelmäßig wird der Nachbau öffentlich vorgeführt. Dabei können Besucher des Salons im Zwinger, einem authentischen Ort des 18. Jahrhunderts, eine Erfahrung machen, die von zentraler Bedeutung für die Epoche der Aufklärung war: das gemeinsame Verfolgen eines Experiments und das gemeinsame Ringen um Erklärungen für die beobachteten Phänomene.

Weiter Sehen durch Spiegel. Englische Spiegelteleskope

Fernrohre gibt es erst seit etwa 400 Jahren. Die ersten verbürgten Berichte von »einem bestimmten Instrument, mit dem man weit sehen konnte«, stammen aus dem Jahr 1608. Erstaunlich rasch, schon innerhalb der ersten zwei folgenden Jahre, machten Galileo Galilei und andere mit dem neuen, noch unvollkommenen Instrument spektakuläre Entdeckun-

3.12 Fernrohr nach Galilei, 1613 (1945 zerstört), Leder, Blech, Länge: 69 cm, Inv.-Nr. C I f 1

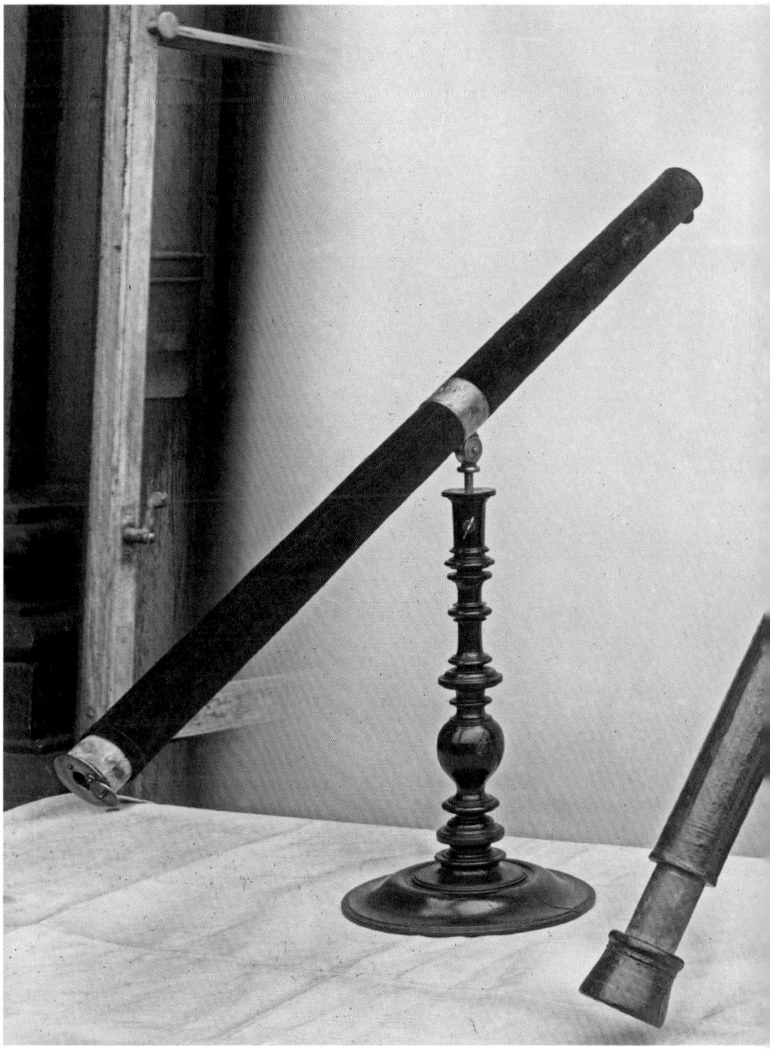

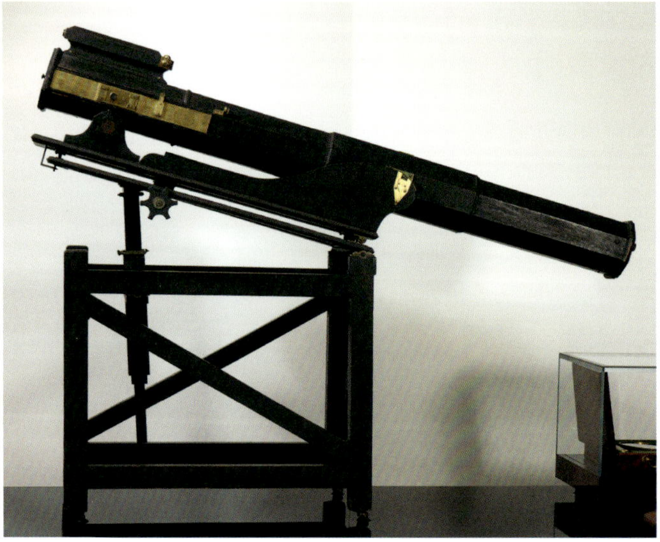

3.13 Spiegelteleskop nach Newton, George Hearne, London, um 1730, Holz, schwarz gefasst, Messing, Spiegelmetall, Glas, Höhe: 106 cm, Breite: 122 cm, Tiefe: 62 cm, Länge (Tubus): 248 cm, Inv.-Nr. C I f 16

gen am Himmel: zum Beispiel dass der Jupiter Monde besitzt und dass die Milchstraße aus einer Vielzahl von Sternen besteht. Inventareinträge belegen schon für Anfang 1613 die Aufnahme der ersten Fernrohre in die Kunstkammer der sächsischen Kurfürsten. Eines davon galt bis zu seiner Zerstörung am 13. Februar 1945 als weltweit ältestes erhaltenes Fernrohr mit gesicherter Datierung (Abb. 3.12).

Die bildgebenden Elemente dieser frühen Instrumente bestanden zunächst aus Glaslinsen. Diese Linsenfernrohre waren zwar schnell in ganz Europa verbreitet, besaßen aber einige gravierende Mängel. So zerlegen Glaslinsen einen weißen Lichtstrahl in die Spektralfarben, deren Schärfepunkte unterschiedlich sind – was Unschärfen im Bild hervorruft. Zur Vermeidung solcher Bildfehler schlug Isaac Newton (1643–1727) den Einsatz von Spiegeln statt Linsen vor. In einem Spiegelteleskop Newton'scher Bauart wird das Licht der Gestirne von einem Hohlspiegel am unteren Tubusende reflektiert (also nicht zerlegt), gebündelt und von einem kleinen Planspiegel am anderen Ende des Rohres zur Seite gelenkt. Dort kann der Betrachter das vom Okular (einer Linse oder einem Linsensystem) vergrößerte Bild betrachten.

Newtons eigenes Spiegelteleskop aus dem Jahre 1667 war nur 15 cm lang. Erst zwei Generationen später gelang es Londoner Optikern wie George Hearne (aktiv ca. 1705–1740), Spiegel für bedeutend größere Instrumente wie dieses im Salon präsentierte Teleskop herzustellen. Sie konnten auch lichtschwache Sterne genügend hell abbilden (Abb. 3.13).

Der aus Hannover stammende Friedrich Wilhelm Herschel (1738 –1822) wanderte wie viele seiner Landsleute während der Zeit der Personalunion zwischen dem Herzogtum Hannover-Braunschweig und dem englischen Königshaus nach England aus. Er war, wie sein Vater, ursprünglich Militärmusiker, seine zuerst amateurhafte Leidenschaft für die Astronomie wurde schließlich seine Profession. Die von ihm geschaffenen Teleskopspiegel waren in ihrer Form und Politur von so hervorragender Qualität, dass er mit ihrer Hilfe mehr Himmelsobjekte scharf und klar sehen konnte als jeder Zeitgenosse. Großen Ruhm brachte ihm 1781 die Entdeckung des Uranus ein, die mit einem »7-füßigen« Spiegelteleskop (baugleich dem Exemplar des Salons) gelang – erstmals seit der Antike wurde damit die Zahl der bekannten Planeten er-

3.14 Spiegelteleskop nach Newton, Friedrich Wilhelm Herschel, London, um 1785, Mahagoniholz, Spiegelmetall, Glas, Messing, Höhe: 151 cm, Breite: 83 cm, Tiefe: 47 cm, Länge (Tubus): 215 cm, Inv.-Nr. C I f 7

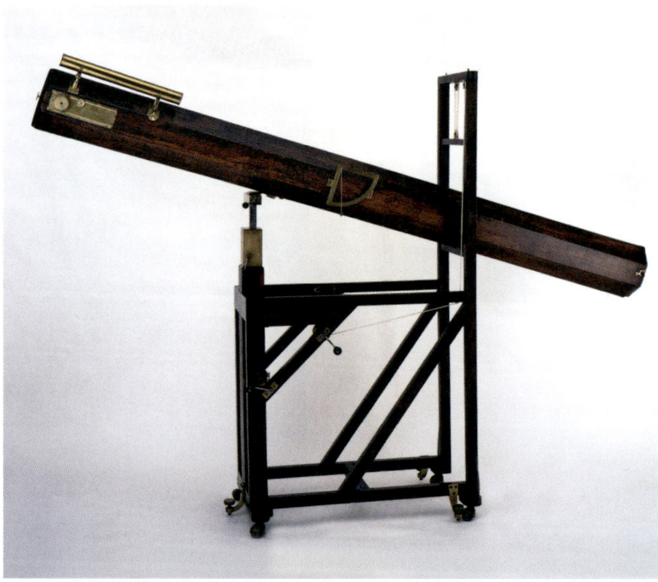

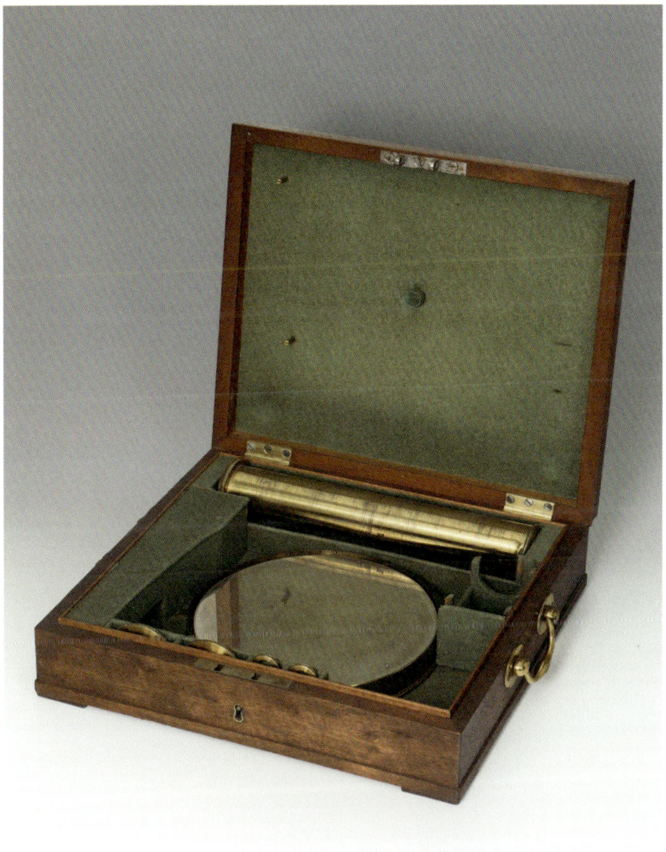

3.15 Hauptspiegel eines Teleskops, Friedrich Wilhelm Herschel, London, um 1783, Mahagoniholz, Spiegelmetall, Messing, Durchmesser (Spiegel): ca. 22 cm, Inv.-Nr. C I f 14

weitert. Die besondere, von Herschel erfundene galgenartige Montierung des Instruments erleichtert seine Nutzung, denn unabhängig von der Neigung des Teleskops bleibt das seitliche Okular stets in bequemer Augenhöhe (Abb. 3.14).

Einst besaß der Salon ein »10-füßiges«, also ein noch größeres etwa 3 m langes von Herschel gebautes Spiegelteleskop. Der englische König Georg III. (1738–1820) hatte es Graf Hans Moritz von Brühl (1736–1809) geschenkt, und dieser gab es 1803 weiter an den Kurfürsten Friedrich August III. von Sachsen für dessen Salon. Nur wenige Teile davon, unter anderem der in einem Koffer separat aufbewahrte Hauptspiegel, haben den Zweiten Weltkrieg überlebt (Abb. 3.15).

Das »Mechanische Laboratorium« des Reichsgrafen Hans von Löser

Weitab von der sächsischen Residenz in Dresden, auf dem Gut Reinharz des Reichsgrafen Hans von Löser (1704–1763) in der Dübener Heide, entstand im zweiten Drittel des 18. Jahrhunderts eine Werkstatt zur Herstellung von wissenschaftlichen Instrumenten. Die dort fabrizierten optischen, mathematischen und physikalischen Instrumente und Uhren waren den besten zeitgenössischen Produkten der Metropolen London und Paris durchaus ebenbürtig.

Löser entstammte einem alteingesessenen sächsischen Adelsgeschlecht. Nach seinem Studium in Wittenberg und einer Kavalierstour begann er eine steile Karriere am Hof des sächsischen Kurfürsten Friedrich August II. (1696–1763). Seine Tätigkeit brachte ihm mehrere hohe Titel ein, er war Conferenz-Minister, Ober-Steuereinnehmer, Erbmarschall und später Reichsgraf. Um das Jahr 1740 gründete Löser eine Werkstatt in seinem Schloss Reinharz – zunächst, um Instrumente für den eigenen Bedarf herzustellen: Es ist anzunehmen, dass er vom Schlossturm aus astronomische Beobachtungen durchführte. In seiner Werkstatt arbeiteten Mitte des 18. Jahrhunderts fachkundige Mechaniker wie Johann Gottfried Zimmer, Johann Siegmund Mercklein, der Uhrmacher Lehmann sowie zeitweise der im Bereich der Optik geschulte Johann Gottlob Rudolph. Die Löser-Werkstatt erledigte mit der Zeit auch Auftragsarbeiten, allerdings nur in geringem Umfang. Solche kleinen, feinen Werkstätten auf dem Lande wie die von Löser waren eher eine deutsche Besonderheit; in England und Frankreich konzentrierte sich der Instrumentenbau im 18. Jahrhundert auf die Hauptstädte mit ihren enormen Absatzmöglichkeiten: Die Instrumentenbauer passten sich hier den Bedürfnissen und dem Geschmack der wohlhabenden aristokratischen Sammler und der forschenden Naturwissenschaftler – von denen zu jener Zeit viele sowohl das eine wie das andere waren – an.

In Reinharz wurden hervorragende Beispiele all jener neuen Instrumente – Teleskope und Mikroskope, Thermometer und Barometer, Vakuumpumpen und Elektrisiermaschinen sowie Pendeluhren – hergestellt, die für die »wissenschaftli-

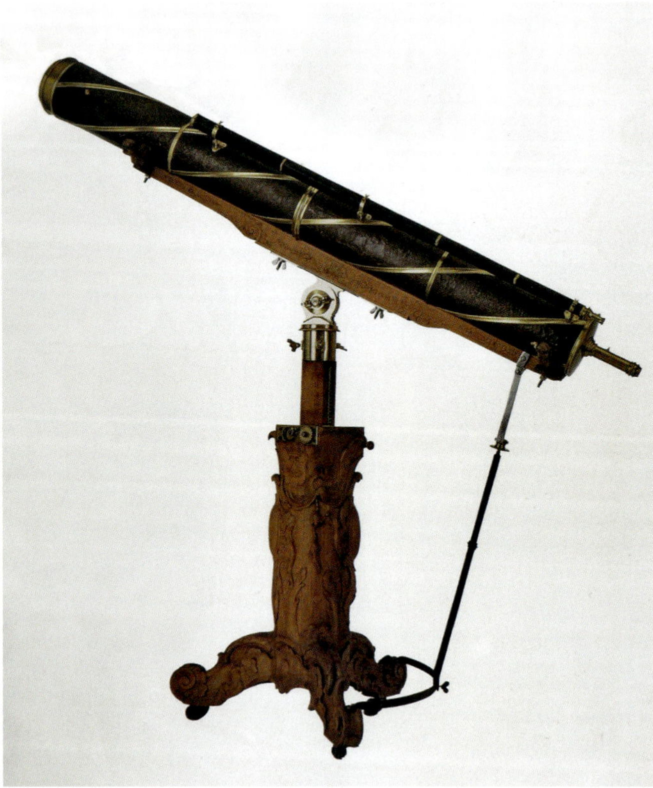

3.16 Spiegelteleskop nach Gregory, Johann Gottfried Zimmer, Johann Siegmund Mercklein, Reinharz, 1742, Eichenholz, Messing, Eisen, Kupfer, Höhe: 350 cm, Länge (Tubus) 255 cm, Inv.-Nr. C I f 9

che Revolution« im Zeitalter der Aufklärung charakteristisch waren. Berühmte Naturforscher, auch aus dem Ausland, nahmen den weiten Umweg über Reinharz in Kauf, um sich die Instrumente Lösers anzuschauen. Nach seinem Tod wurde die Werkstatt aufgelöst. Ein Großteil von Lösers Instrumenten kam nach Dresden, wo sie die Sammlung des Mathematisch-Physikalischen Salons wesentlich erweiterten.

Eines der frühesten in Deutschland hergestellten Spiegelteleskope ist dieses imposante Rokoko-Prunkstück aus der Löser-Werkstatt. Das mit Saffianleder umhüllte Rohr liegt auf dem geschnitzten Eichenstativ, in dem oben das Lösersche Wappen eingeschnitzt ist:, zwei spiegelbildlich zueinander stehende und ineinander verschlungene L (für »Löser«), darüber eine Krone. Der ausgezeichnete Ruf dieses Teleskops, das ehemals mit einem überaus akkuraten Schraubenmikrometer für die Vermessung der Sternenpositionen ausgestattet war, beruht auf seiner reichen und sorgfältigen Gestaltung, aber auch auf der Prominenz seines adligen Auftraggebers. Dementsprechend stellte 1755 der deutsche Übersetzer des bekanntesten Lehrbuchs der Epoche zur Optik, Robert Smiths *A Compleat System of Opticks* (Cambridge 1738), dem englischen Text eine eingehende Beschreibung und Abbildung genau dieses Teleskops voran. Es sei besonders ruhmreich, schrieb er, dass ein solches Instrument in Deutschland entstand, nicht in England, auf »der glücklichen Insel, wo die Gelehrten reich, und die Großen gelehrt sind«, und dass »nicht einem der gemeinen Künstler, sondern einem erhabenen Stattsmanne zu danken« sei (Abb. 3.16).

Das mit Fischhaut überzogene Spiegelteleskop funktioniert nach dem gleichen optischen System wie das große Ledermantelfernrohr: Einfallendes Licht wird durch den Hohlspiegel am unteren Ende des Rohres gebündelt, dann von einem zweiten, kleinen Hohlspiegel am oberen Ende zurückgeworfen. Ein Loch im unteren Spiegel ermöglicht es, das entstandene Bild durch das Okular zu betrachten. Zum Zubehör gehören mehrere Wechselokulare für verschiedene Vergrößerungen sowie ein kegelstumpfförmiger Okularaufsatz mit einer Mattscheibe zur Betrachtung von Sonnen- und Mondfinsternissen (Abb. 3.17).

Die Besonderheit des folgenden Linsenfernrohrs ist der drehbare Revolverkopf. Er enthält drei Objektivlinsen mit unterschiedlichen Brennweiten. Dem ausgewählten Objektiv entsprechend muss die Tubuslänge (mindestens circa 67 cm, höchstens 100 cm) mit Hilfe der Auszüge angepasst werden (Abb. 3.18).

Die in eine Kugel eingebaute Projektionslinse, der sogenannte »Scioptic Ball«, ist ein optisches Instrument, das man in einen Fensterladen einschraubt. Richtet man dann die Sammellinse nach der Sonne aus, kann man das Sonnenlicht bündeln und in einen abgedunkelten Raum lenken. Das gebündelte Licht eignet sich für Prismen-Experimente zur

3.17 Spiegelteleskop nach Gregory, Löser-Werkstatt, Reinharz, um 1750, Messing, Eisen, Fischhaut, Durchmesser (maximal): 15,0 cm, Länge (maximal): 59,9 cm, Inv.-Nr. C I f 18

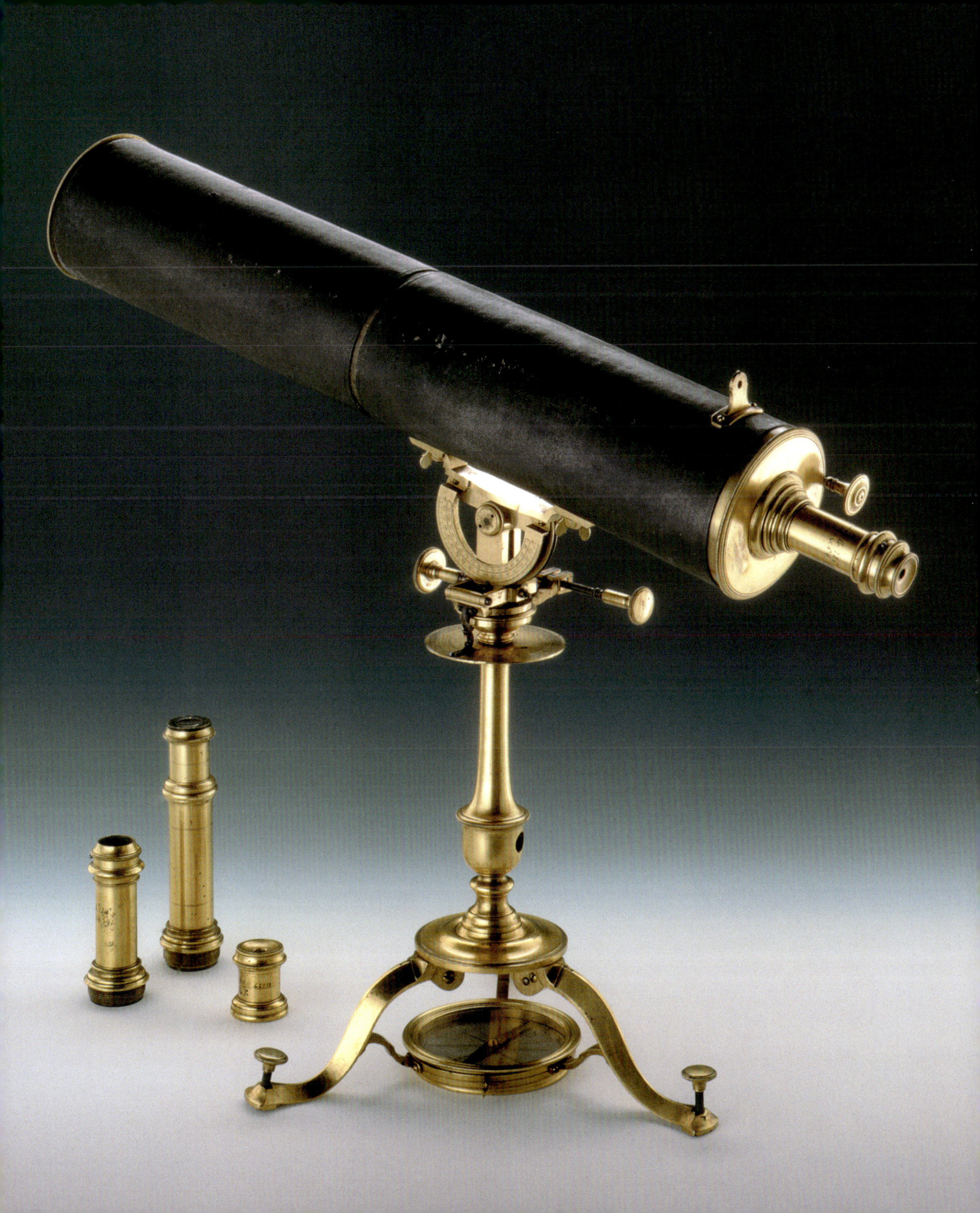

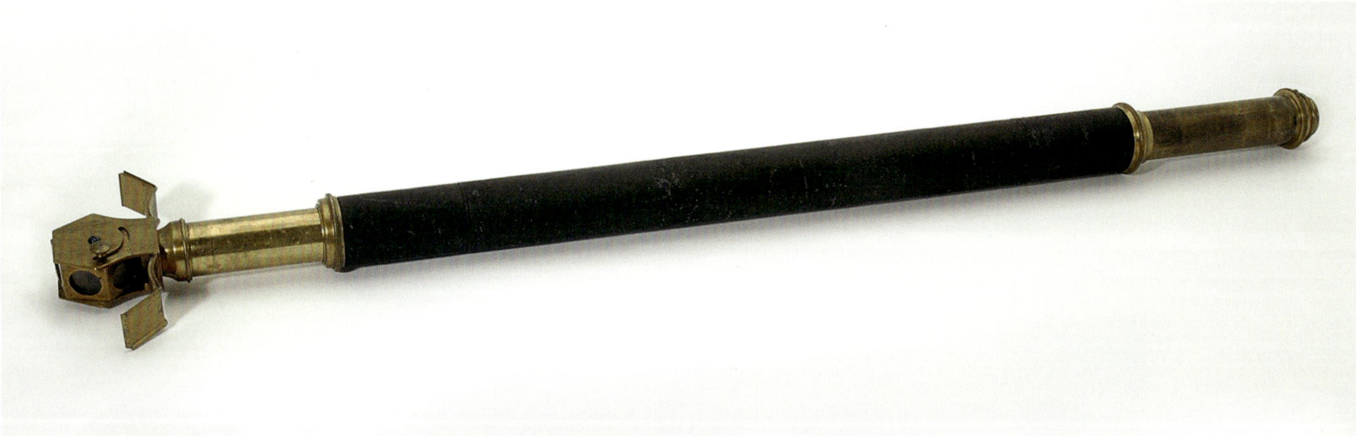

3.18 Auszugsfernrohr, Johann Siegmund Mercklein, Reinharz, 1761, Kupfertubus mit rotem Saffianleder überzogen, Messing, Eisen, Eichenholzstativ, Höhe: ca. 350 cm, Länge: 255 cm, Inv.-Nr. C I f 23

Zerlegung des Lichtes oder – durch Anschluss einer weiteren Linse – zur vergrößerten Projektion von mikroskopischen Präparaten (Abb. 3.19).

Zusammen mit seinen Gegenstücken, einem gleich großen Thermometer im Londoner Science Museum und einem deutlich größeren Gerät mit geschnitztem Stativ, das sich ebenfalls im Mathematisch-Physikalischen Salon befindet, zählt das Metallthermometer von Zimmer zu den weltweit ältesten Instrumenten, die die Temperatur mittels der Ausdehnung eines festen Metalls messen (Abb. 3.20). Im Inneren des Zylinders sind vier Bleistäbe über Hebel so geschickt verbunden, dass selbst die minimale Ausdehnung dieses Metalls – ein Bleistab von 1.000 mm Länge bei 0° C dehnt sich bis 100° C auf nur 1.003 mm aus – genügt, um den blau gefärbten Zeiger hinter der Glasscheibe zu bewegen. Der vergoldete, vor der Glasplatte montierte Zeiger lässt sich manuell drehen, um Referenzwerte einzustellen; kleine Abweichungen werden dadurch leichter erkennbar.

Die Temperatur wird in Grad Delisle (°De) gemessen, einer in Vergessenheit geratenen Temperaturskala aus dem 18. Jahrhundert, die auf den französischen Astronomen Joseph-Nicolas Delisle (1688–1768) zurückgeht. Seine Skala ist konträr zur Celsius-Skala ausgerichtet: 150° entspricht dem Gefrierpunkt von Wasser, 0° dem Siedepunkt. Die Skala auf dem ausgestellten Thermometer verläuft von 80° bis 200° (das entspricht der Spanne von 46,7° C bis -33,3° C). Auf der Messingplatte hinter dem Zifferblatt sind Standardwerte (unter anderem

3.19 Projektionslinse (sogenannter Scioptic Ball), Löser-Werkstatt, Reinharz, 1741, Messing, Glas, Holz mit rotem Lederbezug, Stahl, Kork, Höhe: 12 cm, Breite: 26 cm, Tiefe: 18,5 cm, Inv.-Nr. B V 76

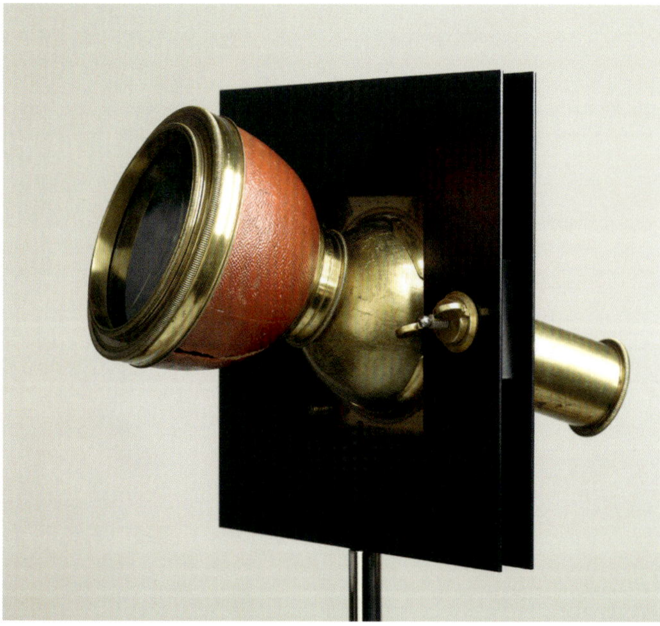

die gewöhnliche Körpertemperatur) und Rekordwerte eingraviert, beispielsweise die wärmsten je gemessenen Temperaturen in Paris und Sachsen.

Heute sind gläserne Thermometer erschwingliche Massenware – das war in der Mitte des 18. Jahrhunderts anders, als noch handgeblasene Glasrohre verwendet wurden. Die sich unvermeidlich daraus ergebenden Schwankungen des Rohrdurchmessers erschwerten die Kalibrierung, wie man durch einen Skalenvergleich mehrerer in der Löser-Werkstatt produzierter Exemplare sehen kann (Abb. 3.21).

In der Mitte der zierlichen Elfenbeinspirale des Hygrometers, einem Instrument zur Messung der Luftfeuchtigkeit, steht ein dünnes, durchlöchertes Metallrohr. In dessen Zentrum ist eine Darmsaite senkrecht aufgespannt. Diese dehnt sich oder zieht sich zusammen, je nach der aktuellen Luftfeuchte, deren Wert an der oberen Scheibe mit einem Zeiger angezeigt wird (Abb. 3.22).

Ein Hydrometer dient zur Messung der Dichte von Flüssigkeiten. Gemäß dem archimedischen Prinzip taucht der gewichtete, kugelförmige Auftriebskörper nur so weit in eine Flüssigkeit hinein, bis die Gewichtskraft der verdrängten Flüssigkeit seinem Gewicht gleicht (Abb. 3.23).

Kutschenuhren sehen aus wie überdimensionierte Taschenuhren, ausgestattet mit einem Schlagwerk mit Repetition und gelegentlich auch einem Wecker. Die hier abgebildete Uhr verfügt über ein Vollplatinenwerk mit Federhaus, Schnecke, Kette, Spindelhemmung und Unruh (Abb. 3.24). Die Viertelstundenrepetition, die Wiederholung der Anzahl der letzten Viertelstundenschläge, wird durch einen Schnurzug ausgelöst, die Glocke sitzt im Gehäuseboden. Solche Kutschenuhren wurden vor allem in Augsburg und im benachbarten Friedberg seit der Mitte des 17. Jahrhunderts hergestellt. Während die süddeutschen Uhrmacher ihre Kutschenuhren in meisterhaft gearbeitete Silbergehäuse einbauten, entschied sich Johann Andreas Lehmann für ein emailliertes

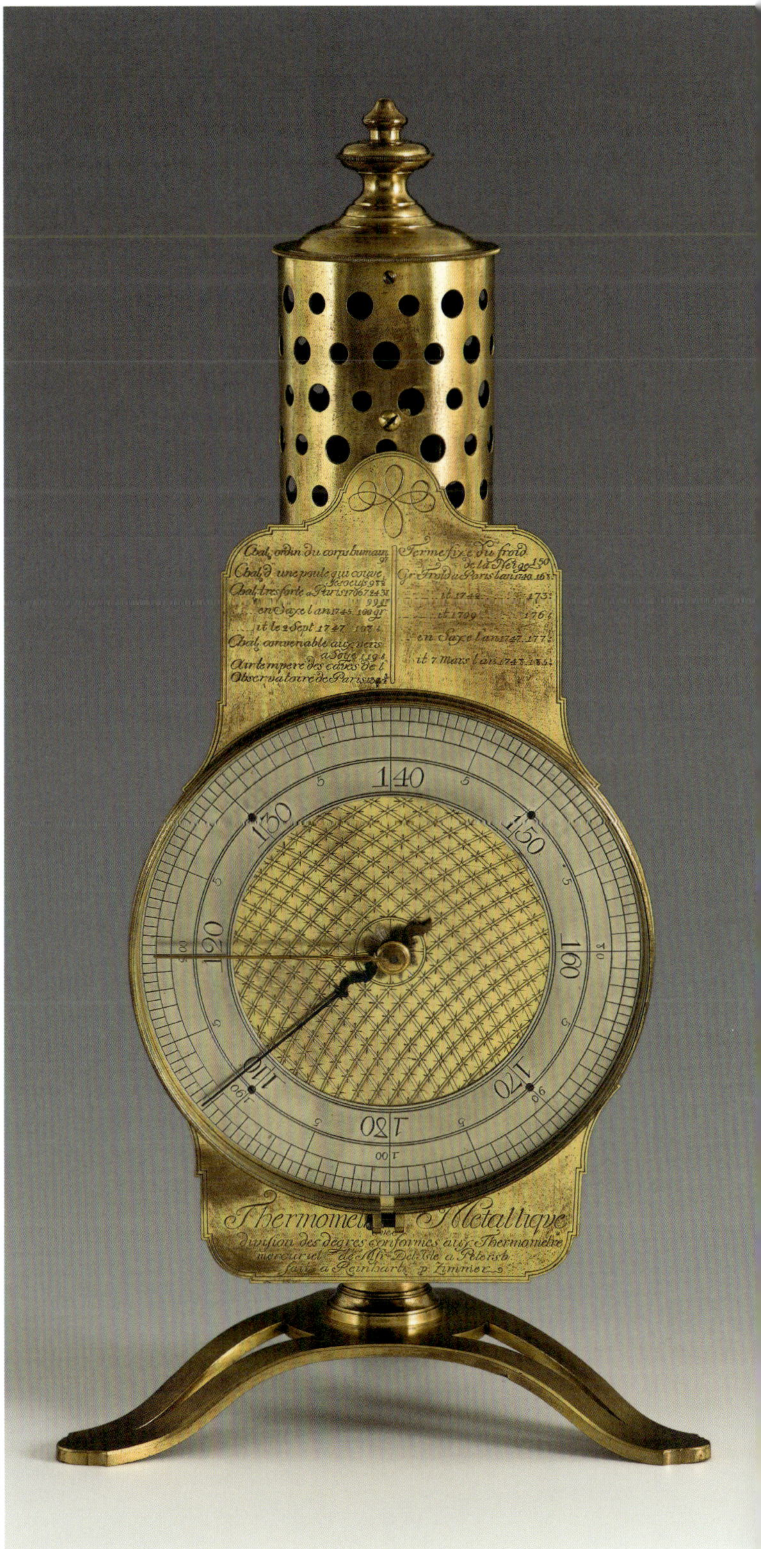

3.20 Metallthermometer, Johann Gottfried Zimmer, Reinharz, um 1748, Messing, teils vergoldet und versilbert, Glas, Blei, Eisen, Höhe: 45,5 cm, Durchmesser (Zifferblatt): 17,5 cm, Inv.-Nr. B III 16

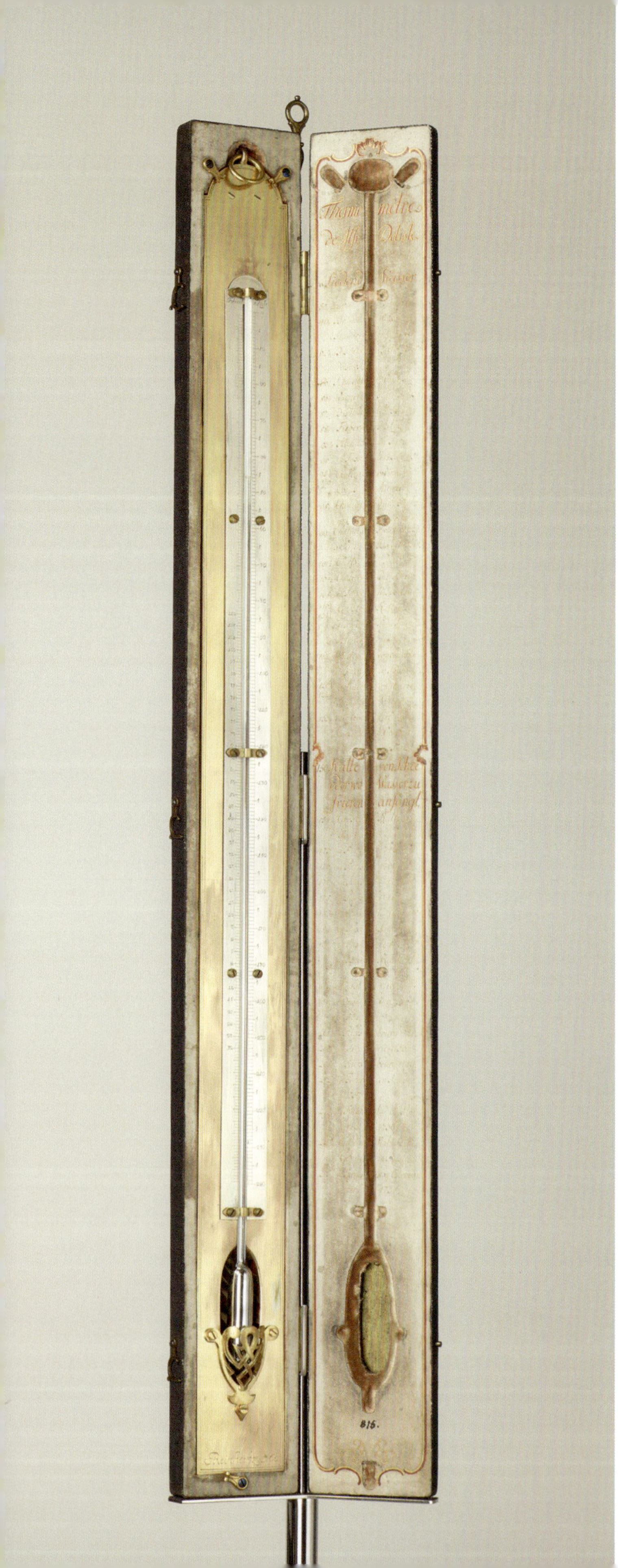

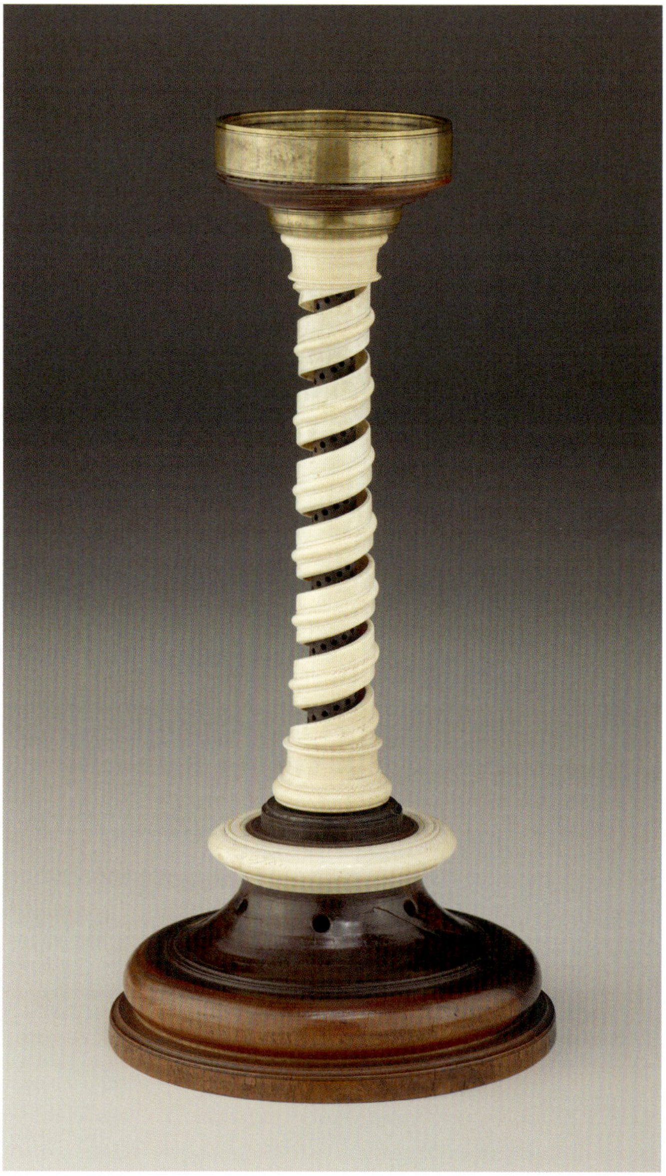

3.22 Hygrometer, Löser-Werkstatt, Reinharz, um 1750, Holz, Elfenbein, gedreht, Messing, graviert, gefasst, Glas, Darmsaite, Stahl, gebläut, Durchmesser: 17,4 cm, Höhe: 37,8 cm, Inv.-Nr. C VII 1

3.21 Reisethermometer, Johann Siegmund Mercklein, Reinharz, 1760, Messing, vergoldet, graviert, Silber, graviert, Stahl, gebläut, Glas, Quecksilber, Holzetui mit Fischhaut, Höhe: 58,2 cm, Breite: 4,2 cm, Etui: Höhe: 60,8 cm, Breite: 6,2 cm, Tiefe: 2,8 cm, Inv.-Nr. B III 6

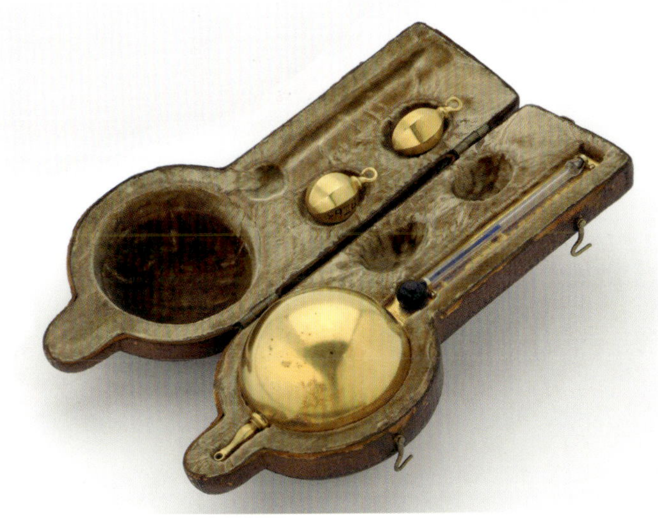

3.23 Hydrometer, Löser-Werkstatt, Reinharz, um 1750, Messing, vergoldet, Glas, Länge: 16,5 cm, Durchmesser (Kugel): 5,2 cm, Inv.-Nr. B II b 3

Schmuckgehäuse. Auf der Außenfläche des Übergehäuses ist, umrahmt von einer Blumengirlande, eine Landschaft mit einer Ruine dargestellt. Es sind nur wenige von Lehmann produzierte Uhren bekannt.

3.24 Kutschenuhr mit Email-Übergehäuse, Johann Andreas Lehmann, Reinharz, 1755, Durchmesser: 9,2 cm, Durchmesser (Übergehäuse): 10,9 cm, Dicke: 6,4 cm, Inv.-Nr. D IV c 12

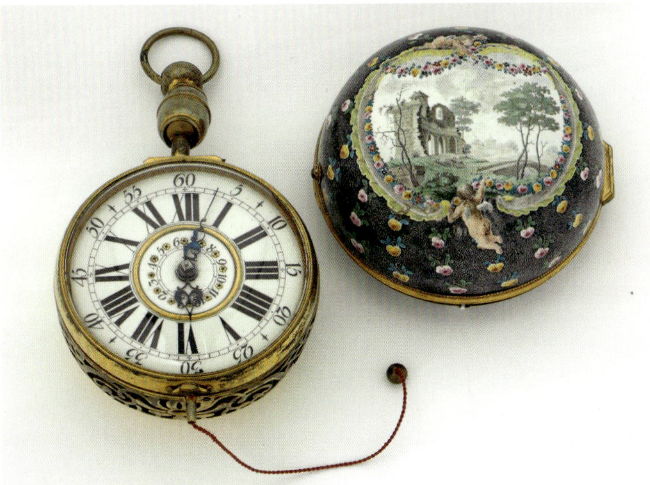

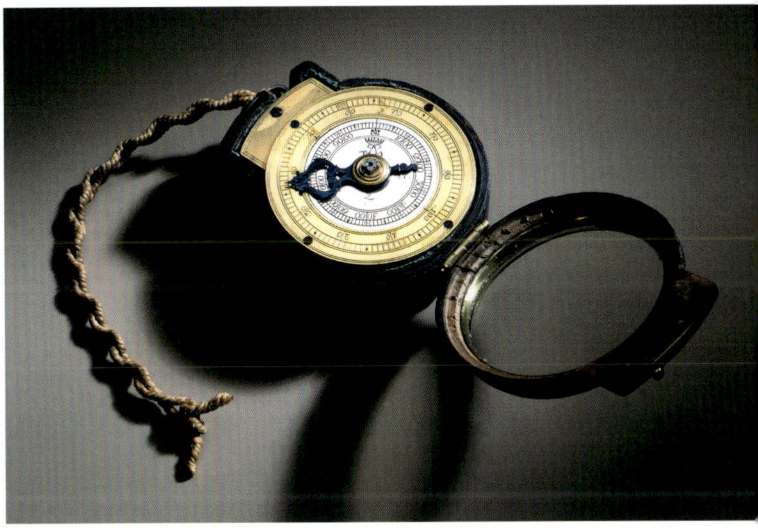

3.25 Schrittzähler, Johann Gottfried Zimmer, Reinharz, 1741, Messing, graviert, vergoldet, Silber, Birnbaumholzgehäuse, Chagrinleder, Durchmesser: 6,7 cm, Höhe: 1,5 cm, Inv.-Nr. C III a 5

Auf dem Zifferblatt dieses Schrittzählers können bis zu 10.000 Doppelschritte abgelesen werden. Das Instrument lässt sich mithilfe zweier Haken, die sich auf seiner Rückseite befinden, in einen Gürtel einhängen. Die Auslösung des Schaltwerkes erfolgt durch den Zug an einer Verbindungsschnur zwischen Auslösehebel und Ferse. Ein hölzernes Übergehäuse mit einem Lederüberzug schützt das Instrument (Abb. 3.25).

Um die Sonnenuhr von Zimmer (Abb. 3.26) verwenden zu können, muss sie zuerst waagerecht aufgestellt und nach Süden ausgerichtet werden; außerdem muss ihr silbernes Zifferblatt entsprechend der geographischen Breite des Aufstellungsorts so geneigt werden, dass es parallel zum Äquator verläuft. Das kleine Minutenzifferblatt wird danach so weit gedreht, bis ein Sonnenstrahl durch den oberen Schlitz fällt. Ähnlich wie bei einer mechanischen Uhr können nun die Stunden auf dem großen und die Minuten auf dem kleinen Zifferblatt abgelesen werden.

Als Graf Hans von Löser 1763 starb, fanden sich in seinem Nachlass auch mehrere große Etuis mit chirurgischen Instrumenten, die aus seiner Werkstatt stammten und zur Behandlung damals weit verbreiteter Leiden wie Nierensteine dienten. Nur einzelne Instrumente daraus haben sich erhalten.

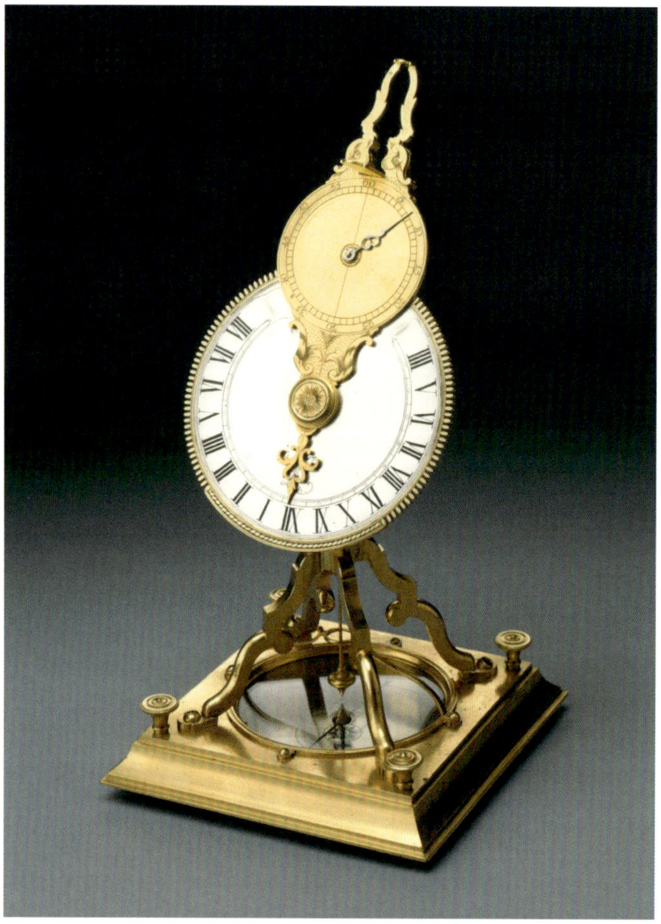

3.26 Äquatoriale Sonnenuhr, Johann Gottfried Zimmer, Reinharz, um 1760, Messing, vergoldet, geprägt, versilbert, Glas, Stahl, gebläut, Höhe (maximal): 22,7 cm, Breite: 11,2 cm, Tiefe: 1,2 cm, Inv.-Nr. D I 9

Erst vor wenigen Jahren tauchte auf dem Kunstmarkt eine Pendeluhr auf, die die Signatur »anno. J. G. Zimmer AReinhartz:1744« trägt. Bei ihr handelt es sich um eine der frühesten deutschen Pendeluhren, die für astronomische Beobachtungen gebaut wurden. Mit hoher Wahrscheinlichkeit wurde sie zusammen mit dem Spiegelteleskop von Zimmer und Mercklein (vgl. S. 64, Abb. 3.16) auf dem im jenen Jahr erhöhten Turm von Schloss Reinharz genutzt. Die Uhr verfügt über

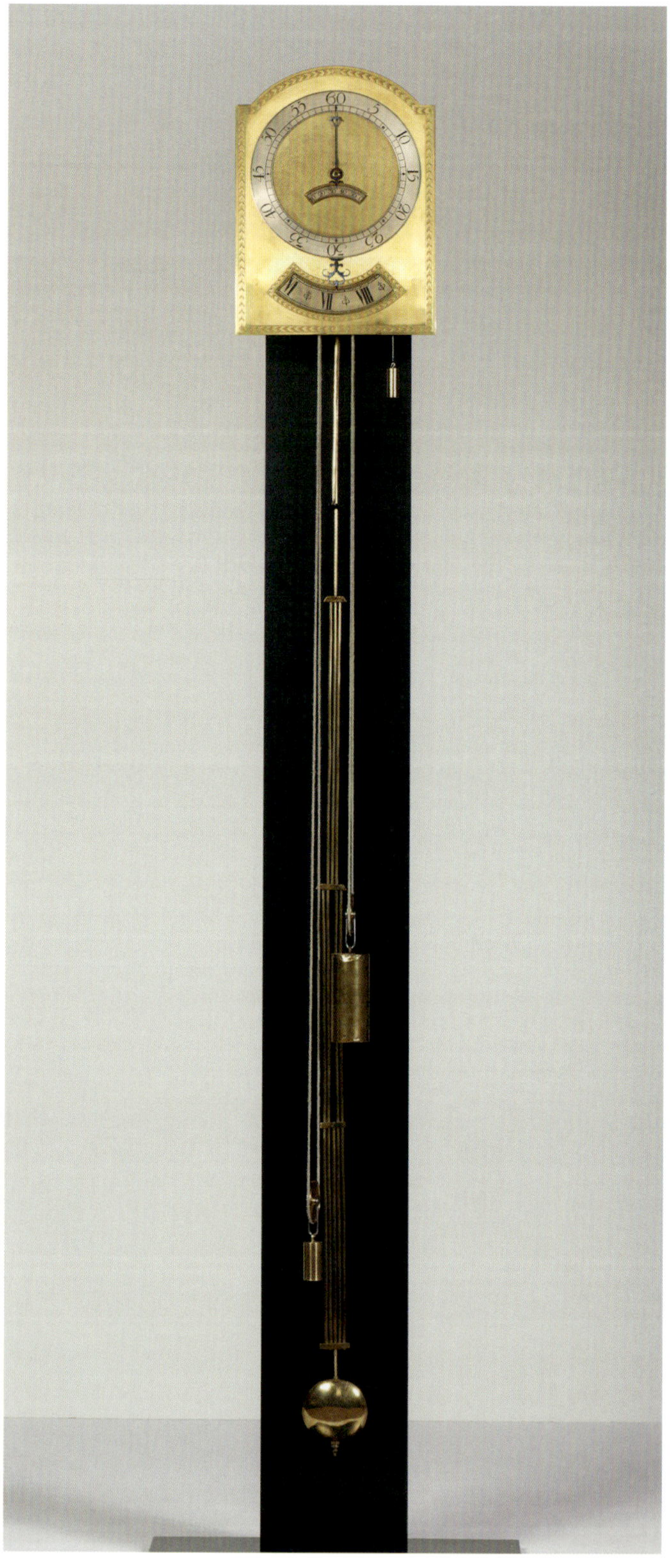

3.27 Astronomische Pendeluhr, Johann Gottfried Zimmer, Reinharz, 1744, Messing, vergoldet und versilbert, Blei, Stahl, Breite: 20,7 cm, Höhe (Zifferblatt): 28,2 cm, Pendel (Länge): 123,3 cm, Inv.-Nr. D III 24 (Geschenk, 2016)

ein Minutenpendel und über ein Werk in gestürzter Bauweise mit einem Huygens'schen Endlosaufzug, einer Erfindung des niederländischen Mathematikers Christiaan Huygens (1629–1695), und einem wegweisenden Zifferblatt. Innerhalb des dominierenden Minutenrings befindet sich ein Fenster, hinter dem sich die Sekundenscheibe, deren Skala viermal die Zahlenfolge von 1 bis 60 umfasst, dreht. Unter dem Minutenring werden durch ein weiteres Fenster die Stunden in römischen Ziffern angezeigt. Die Uhr ist zum Ablesen kleinster Zeiteinheiten – Sekunde und Minute – konstruiert worden (Abb. 3.27).

Der Zeitdienst im Zwinger. Der Salon als Behörde

150 Jahre lang war der Mathematisch-Physikalische Salon der Hort der Dresdener Zeit.

Diese Funktion übernahm der Salon nach 1777, als der engagierte Astronom Johann Gottfried Köhler (1745–1800) zu dessen Inspektor bestellt wurde und hier sofort mit Himmelsbeobachtungen begann, für die eine präzise Feststellung der Zeit erforderlich war. Mittags verglich er daher den Höchststand der Sonne über einem durch den Mathematisch-Physikalischen Salon verlaufenden Meridian mit dem Gang einer Präzisionspendeluhr, um die Ortszeit für Dresden zu ermitteln: Er hat geschaut, ob die Pendeluhr in dem Moment, in dem die Sonne im Zenit steht, 12 Uhr anzeigt. Wilhelm Gotthelf Lohrmann (1796–1840), Inspektor seit 1827, ließ für astronomische Forschungen und den Zeitdienst 1829 einen gemauerten Anbau auf den Zwingerterrassen errichten, der bis 1928 bestand. Er ersetzte ein Holzgebäude von 1819 (Abb. 3.28).

Die hier ermittelte Zeit wurde die amtliche Referenzzeit Dresdens. Köhlers Tätigkeit und die rege Publikation der vom Zwinger aus beobachteten Himmelsereignisse sicherten dem Salon einen festen Platz im Netzwerk europäischer Sternwarten.

Das Passageinstrument steht genau über einem Meridian, einem durch Nord- und Südpol verlaufenden Längenkreis, und war ursprünglich zwischen massiven, in tiefen Fundamenten ruhenden Sandsteinsäulen montiert, um Erschütterungen zu vermeiden. Sein Fernrohr ist nur vertikal kippbar, nicht horizontal drehbar, sodass es stets über der Meridianlinie bleibt und nach Süden zeigt. Durch ein Fadenkreuz im Okular des Fernrohrs kann man exakt den Augenblick bestimmen, wann ein Himmelskörper die Linie durchschreitet – wann dieser also seinen höchsten Punkt über dem Horizont erreicht. Für die Sonne ist es dann 12 Uhr »wahrer Ortszeit« (Abb. 3.29).

Köhlers Präzisionspendeluhr war die erste Uhr in der Zeitdienststelle des Salons, wo sie mehr als 100 Jahre lang lief, und überhaupt eine der ersten Präzisionsuhren, die in Sachsen hergestellt wurden. Ihr etwa ein Meter langes Pendel schwingt einmal in der Sekunde. Die Minute wird auf dem großen Zifferblatt, Sekunde und Stunde werden auf den klei-

3.28 Anbau (Meridianhaus) von Süden (Aufnahme vor 1927)

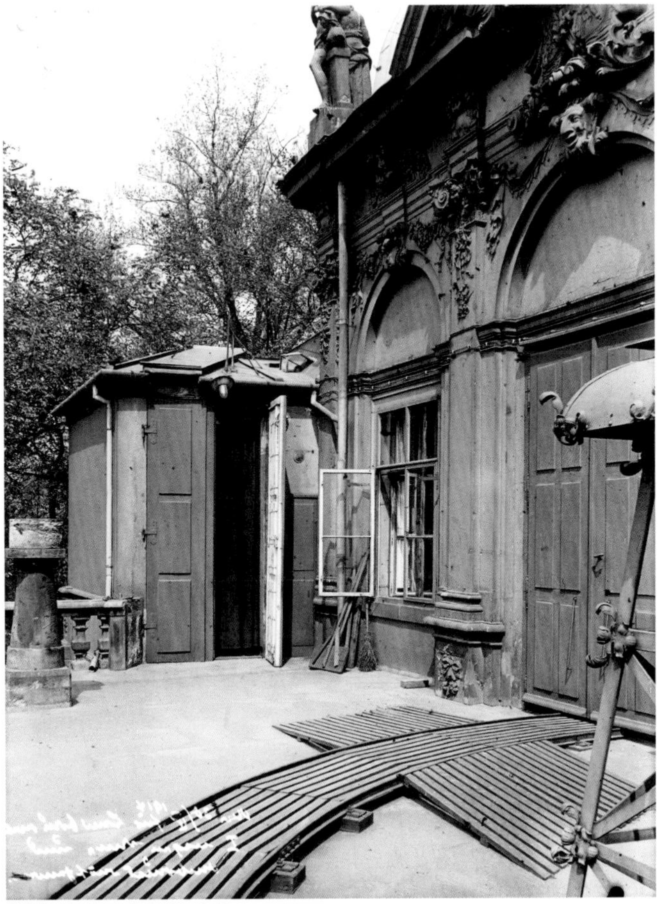

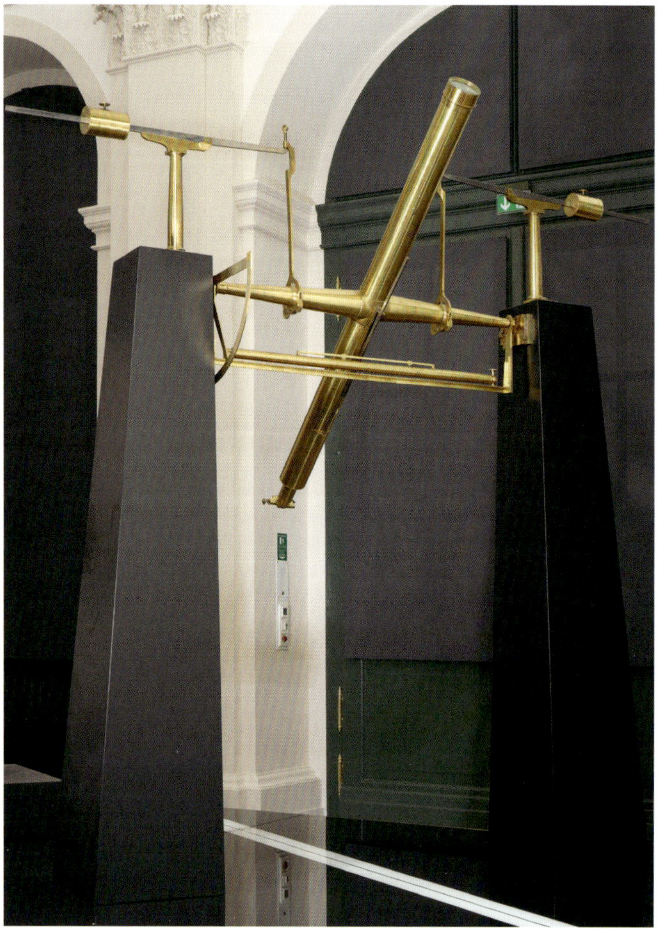

3.29 Passageinstrument, William Cary, London, um 1800, Messing, Stahl, Glas, Höhe: 138,5 cm, Breite (maximal): 208 cm, Inv.-Nr. C II 8

nen Zifferblättern oben und unten angezeigt (Abb. 3.30). Köhler war als Uhrmacher Autodidakt.

Diese Pendeluhr, ein sogenannter Sekundenzähler von nur kurzer Gangdauer, tickt im Sekundentakt. Zu jeder Minute erfolgt ein Glockenschlag. Das eröffnete die Möglichkeit, den Durchgang der Sonne oder eines Sterns durch das Passageinstrument zu beobachten und gleichzeitig die Sekunden seit

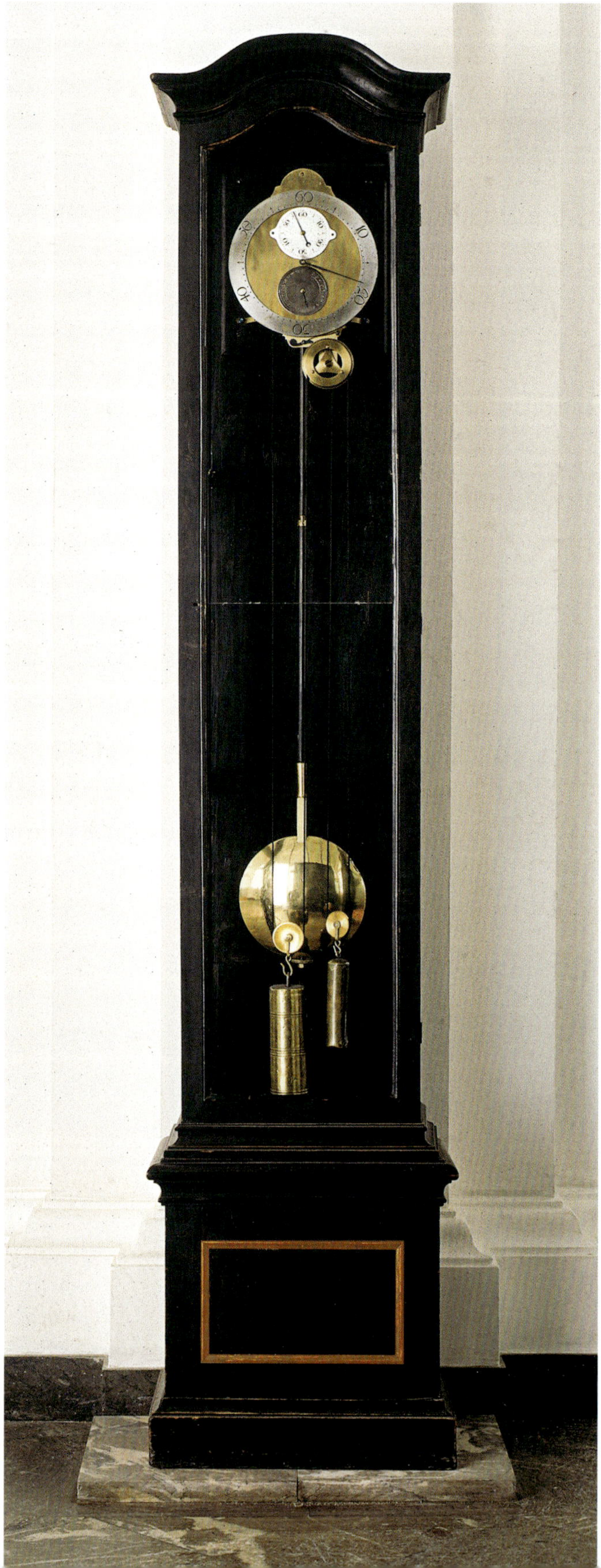

3.30 Präzisionspendeluhr, Johann Gottfried Köhler, Dresden, vor 1777, Fichtenholz, Messing, Eisen, Glas, Gehäuse: Birnbaumholz, Höhe: 199 cm, Breite: 42,5 cm, Tiefe: 25,5 cm, Inv.-Nr. D III 12

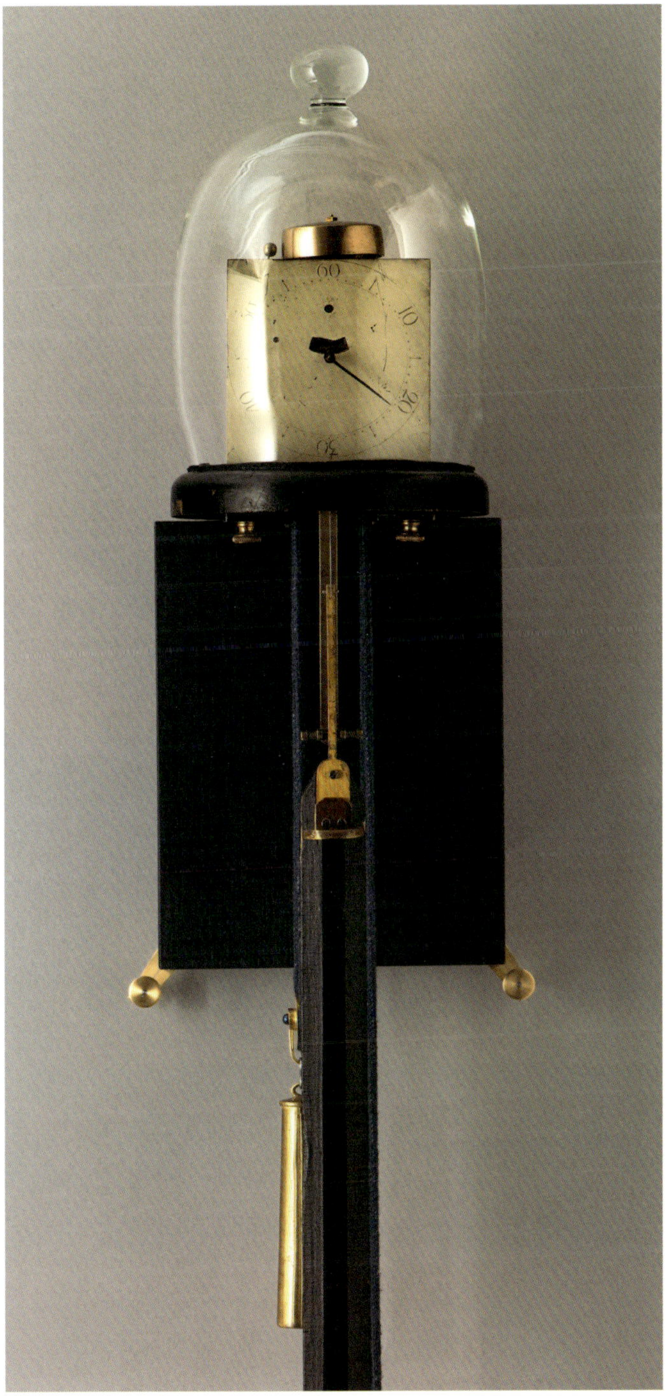

3.31 Sekundenzähler, Johann Gottfried Köhler, Dresden, um 1790, Messing, teils versilbert, Pendelstange aus Fichtenholz, Uhrwerk: Höhe: 22,8 cm, Breite: 8,5 cm, Tiefe: 5,5 cm, Pendelstange: Länge: 86 cm, Pendellinse: Durchmesser: 22,1 cm, Inv.-Nr. D III 23

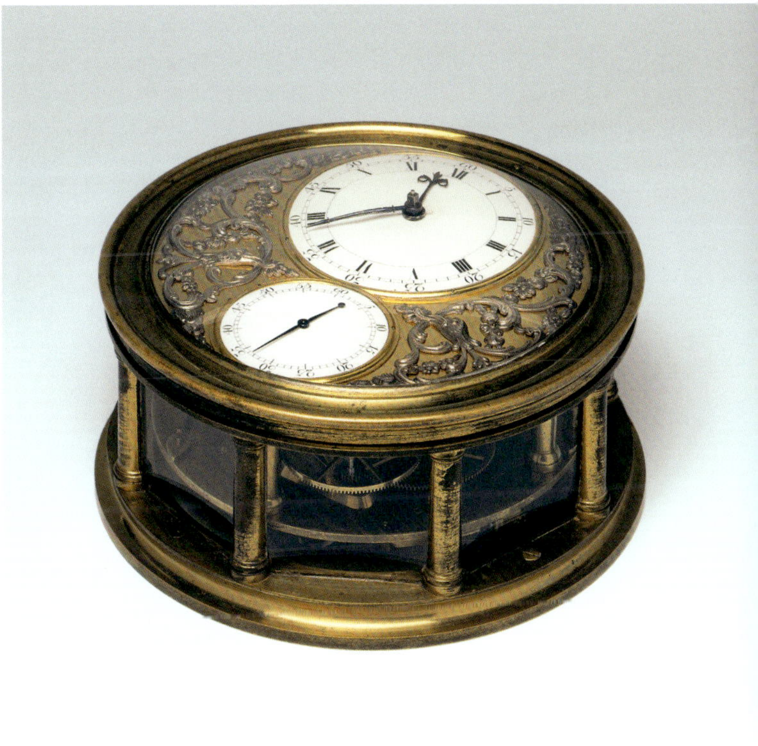

3.32 Seechronometer »COPIE No. 18«, Thomas Mudge jun., Robert Pennington, Richard Pendleton u. a., London, 1796, Messing, vergoldet, Email, Glas, Silber, Durchmesser: 12,5 cm, Höhe: 6,7 cm, Inv.-Nr. D IV b 12

dem letzten Blick auf die Präzisionspendeluhr zu zählen, um deren Gang zu kontrollieren. Diese »Augen-Ohr«-Methode fand besonders an Sternwarten wie in Dresden Verwendung, wo nur eine Person die Beobachtungen durchführte (Abb. 3.31).

Thomas Mudge jun. (1760–1843), Sohn des berühmten gleichnamigen Uhrmachers, stellte um 1800 Seechronometer her, die seinerzeit zu den genauesten weltweit gehörten. 1803 kam diese Uhr als Geschenk des Grafen Brühl in den Salon und wurde bei der astronomischen Zeitbestimmung eingesetzt. Da das Chronometer leicht zu transportieren und gut gegen Außeneinwirkungen geschützt ist, konnte man auf ihm die Zeit einstellen, welche die im sicheren Innenraum stehende Präzisionspendeluhr Köhlers zeigte, und diese dann am Beobachtungsort im Freien anhand des Chronometers kontrollieren (Abb. 3.32).

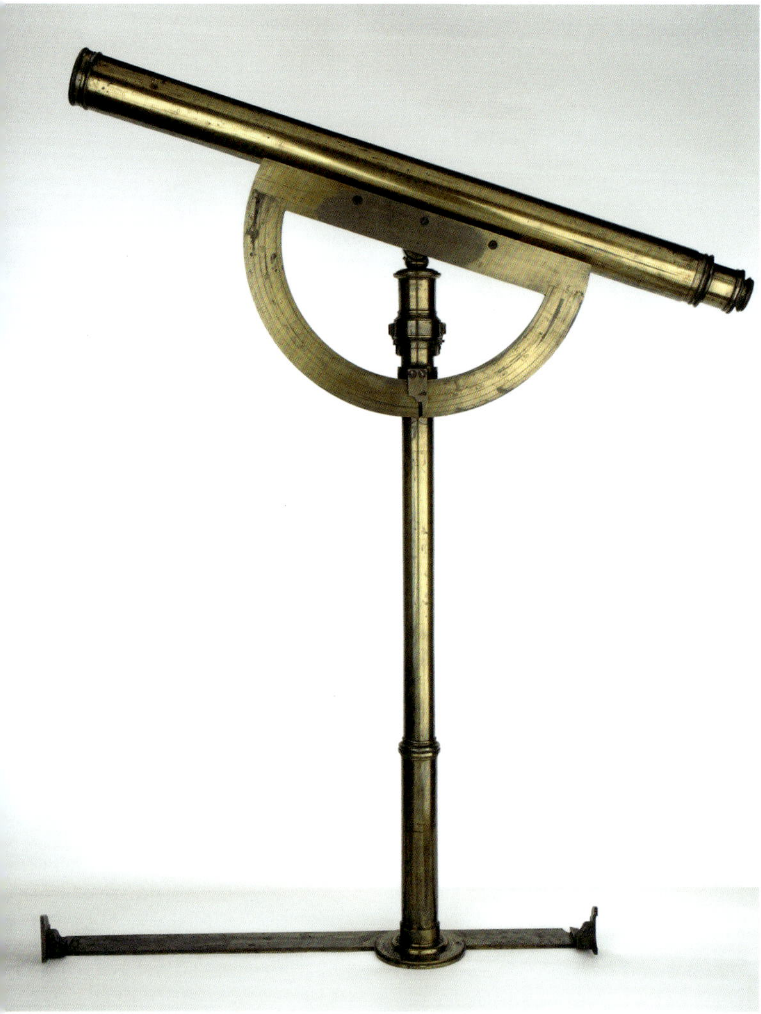

3.33 Fernrohr zur Bestimmung des Ortsmeridians, vermutlich Dresden, um 1780, Messing, lackiert, Glas, Rohr: Länge (minimal): 68,5 cm, Durchmesser: 5,6 cm, Stativ: Höhe: 81,5 cm, Tiefe: 13,3 cm, Länge (Diopterlineal) 57,5 cm, Inv.-Nr. C II 11

Wie findet ein Beobachter überhaupt die Nord-Süd-Richtung? Dieses besonders montierte Fernrohr erleichtert die Suche. Der Beobachter peilt zuerst einen Stern im südöstlichen Himmelsbereich an, schraubt den Tubus am Halbkreis fest und markiert die angepeilte Richtung längs des unteren Lineals. Dann dreht er das Fernrohr und wartet, bis derselbe Stern in gleicher Höhe im südwestlichen Himmel durch sein Fernrohr erscheint und zeichnet auch diese Richtung am Lineal. Süden ist dann die Mitte der zwei angepeilten Richtungen (Abb. 3.33).

Denkbar ist, dass das zerlegbare und daher leicht zu transportierende Instrument für die lokale Bestimmung des Ortsmeridians und damit der Ortszeit an anderen Orten verwendet wurde. Nachweislich musste Köhler zum Beispiel in den Sommermonaten regelmäßig von Dresden nach Pillnitz fahren, um dem naturwissenschaftlich interessierten Kurfürsten dort zur Verfügung zu stehen.

Präzisionsinstrumente zur Positionsbestimmung der Sterne

Obwohl Fernrohre schon 1613 in die Kunstkammer gelangten, liegen für die folgenden eineinhalb Jahrhunderte Informationen nur über ihren Einsatz zur Beobachtung von einzelnen Himmelsphänomenen – insbesondere von Kometen und Sonnen- oder Mondfinsternissen – vor. Die Verwendung von Teleskopen am Dresdener Hof zur regelmäßigen Beobachtung und systematischen Vermessung des Himmels ist erst im letzten Drittel des 18. Jahrhunderts nachweisbar. Das in jener Zeit starke Interesse an der Astronomie teilten Kurfürst Friedrich August III. (1750–1827) und die Inspektoren des Salons mit Graf Hans Moritz von Brühl. Besonders Brühl, sächsischer Gesandter am englischen Königshof, war leidenschaftlicher Astronom. In seinem Londoner Umfeld initiierte er zahlreiche Verbesserungen an wissenschaftlichen Instrumenten. Aus eigenem Besitz schenkte er 1803 das hier abgebildete Vollkreisinstrument der Leipziger Universitätssternwarte und das oben beschriebene Chronometer von Mudge jun. (vgl. S. 73, Abb. 3.32) dem sächsischen Kurfürsten für die Sternwarte im Zwinger.

Dank der präzisen Einteilung seiner Skalen und den darüber angebrachten Lupen ließen sich mit dem Vollkreisinstrument Sternpositionen bis auf 10 Winkelsekunden, also den 360. Teil eines Grades, genau ablesen. Das einst »schönste und vollendeteste Instrument« (Möbius 1823, S. 14) der Leipzi-

3.34 Vollkreisinstrument, Edward Troughton, London, 1793, Messing, Glas, Stahl, Mahagoniholz, Höhe: 175,5 cm, Breite: 105 cm, Tiefe: 90 cm, Inv.-Nr. C III c 33

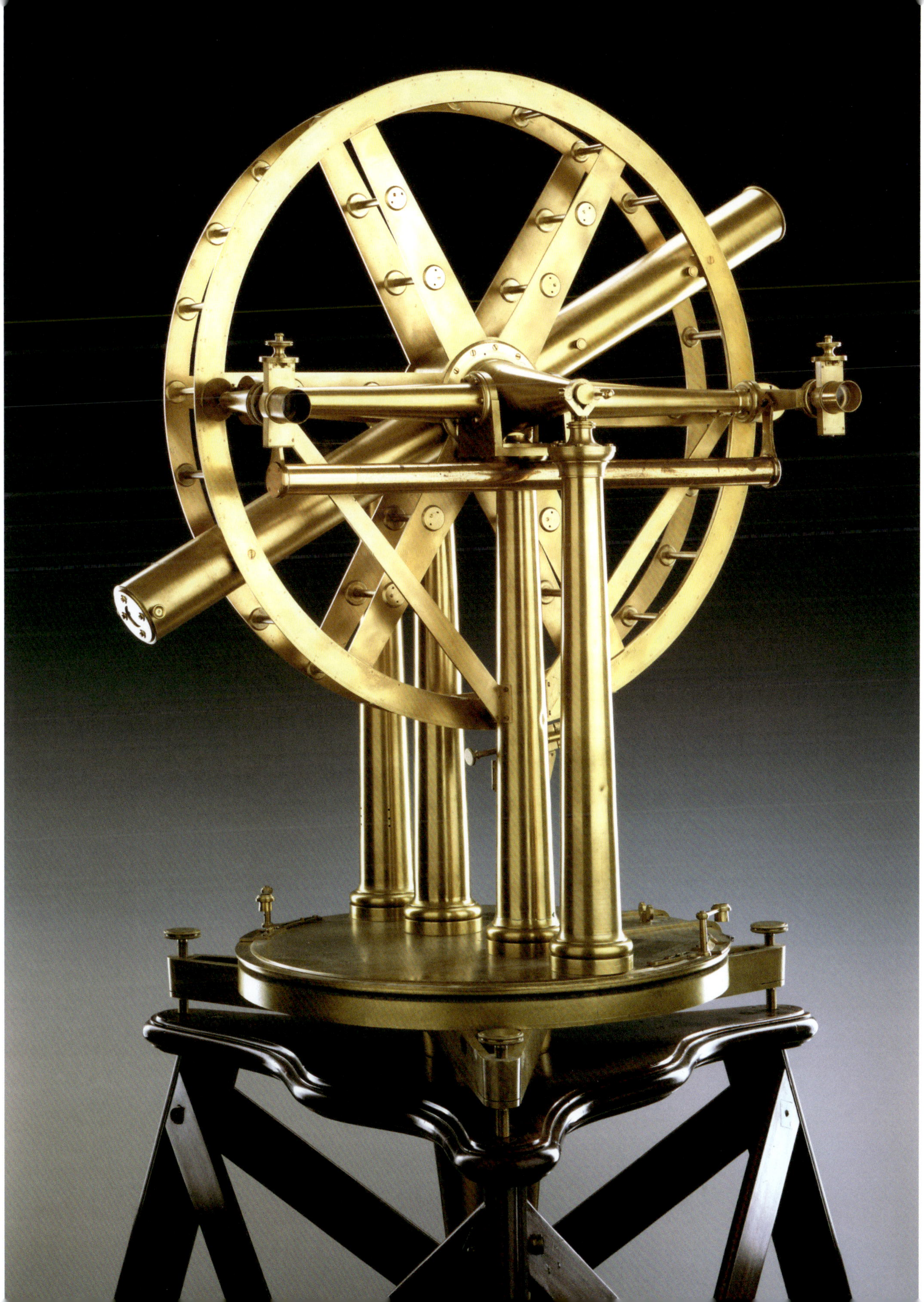

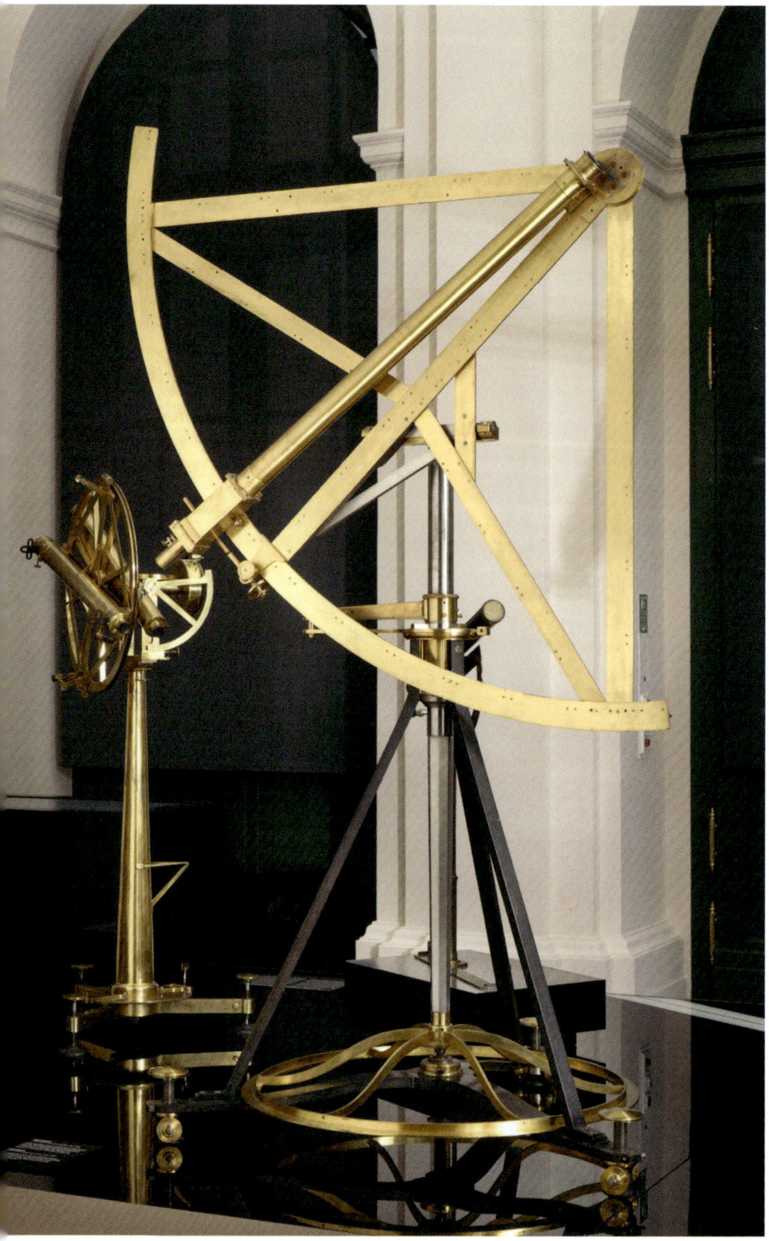

3.35 Quadrant, Johann Jacob Schöberlein, Dresden, Messing, Eisen, Stativ, teilweise schwarz lackiert, Höhe: 202 cm, Inv.-Nr. C III c 32

ger Sternwarte auf der Pleißenburg befindet sich seit 1905 in Dresden (Abb. 3.34).

Quadranten, die wichtigsten astronomischen Geräte vor Erfindung des Fernrohrs, dienten dazu, die Position von Sternen zu bestimmen. Johann Gottlieb Köhler gab den Bau dieses Quadranten in Auftrag, um den Bestand an astronomischen Messinstrumenten im Salon zu erweitern. Mit diesem Gerät hätte man nicht nur die Höhe eines Gestirns über dem Horizont, sondern auch den Azimutwinkel (Winkel zwischen der Meridian- und der Vertikalebene) ermitteln können; das Instrument blieb aber unvollendet (Abb. 3.35). Solche Bestellungen musste Köhler in der Regel aus der eigenen Tasche bezahlen. Als er starb, war er hoch verschuldet.

3.36 Repetitionskreis nach Borda, Étienne Lenoir, Paris, um 1790, Messing, Eisen, Glas, Holz, Elfenbein, Höhe: 143,5 cm, Breite: 67,7 cm, Tiefe: 50,5 cm, Inv.-Nr. C III c 35

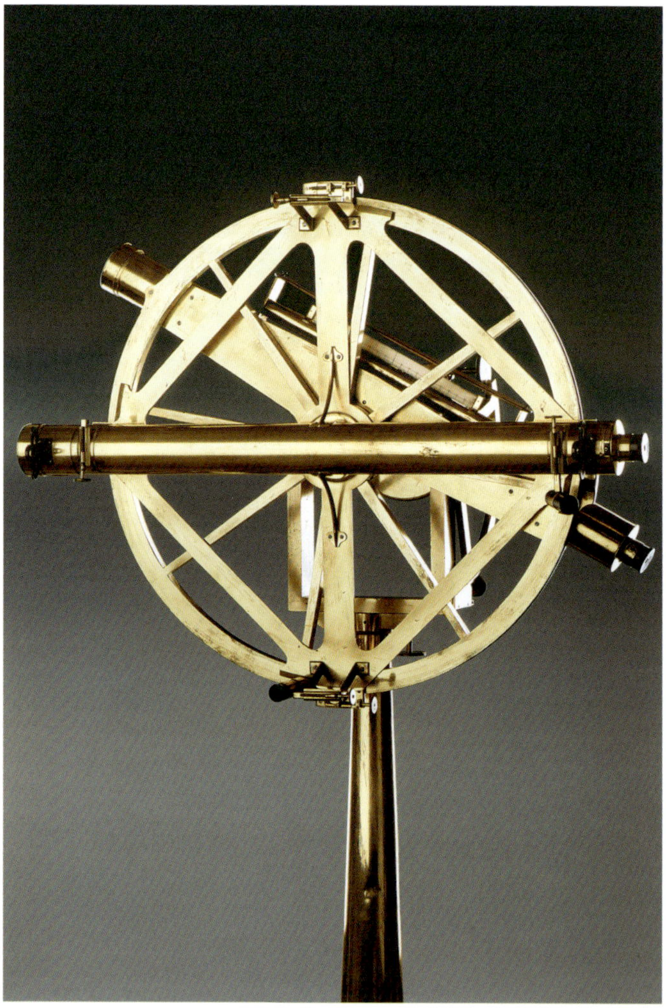

Die spezielle Konstruktion des mit zwei Fernrohren ausgestatteten Repetitionskreises erleichtert das wiederholte Anpeilen (»Repetition«) von Zielen und damit das Messen von Winkeln. Das Instrument lässt sich sowohl für die präzise Winkelmessung bei Aufgaben in der Landesvermessung als auch in der Astronomie verwenden, dieses Exemplar wurde an der Leipziger Sternwarte eingesetzt (Abb. 3.36).

Mit einem berühmten Verwandten dieses Geräts wurde in Frankreich ab 1792 die Länge einer Nord-Süd-Linie zwischen Dünkirchen und Barcelona bestimmt; aus dem daraus ermittelten Erdumfang wurde die Längeneinheit »Meter« (als ein 10.000.000 Teil des Viertelkreisbogens zwischen Äquator und Nordpol) abgeleitet.

Meteorologische Beobachtungen im Zwinger

Neben ihren regelmäßigen astronomischen Beobachtungen zur Zeitbestimmung begannen die Inspektoren des Mathematisch-Physikalischen Salons 1828 damit, das Wetter systematisch aufzuzeichnen. Sechsmal täglich wurden im Zwinger die Temperatur und der Luftdruck gemessen, dazu Windstärke, Niederschlag und der Pegelstand der Elbe notiert. Die zusammengestellten Daten nutzten Ministerien und Landwirte für ihre Planungen und Entscheidungen und sogar einmal ein Gericht in einem Mordprozess. Die verwendeten Messinstrumente sind nicht mehr vorhanden. Erhalten hat sich dagegen ein großformatiges, gebundenes Buch, in dem die Messwerte der ersten 25 Jahre (1828–1852) handschriftlich verzeichnet sind (Abb. 3.37). Diese Einträge wurden digital erfasst, die riesige Datenmenge lässt sich auf einem Bildschirm in der Ausstellung interaktiv erschließen.

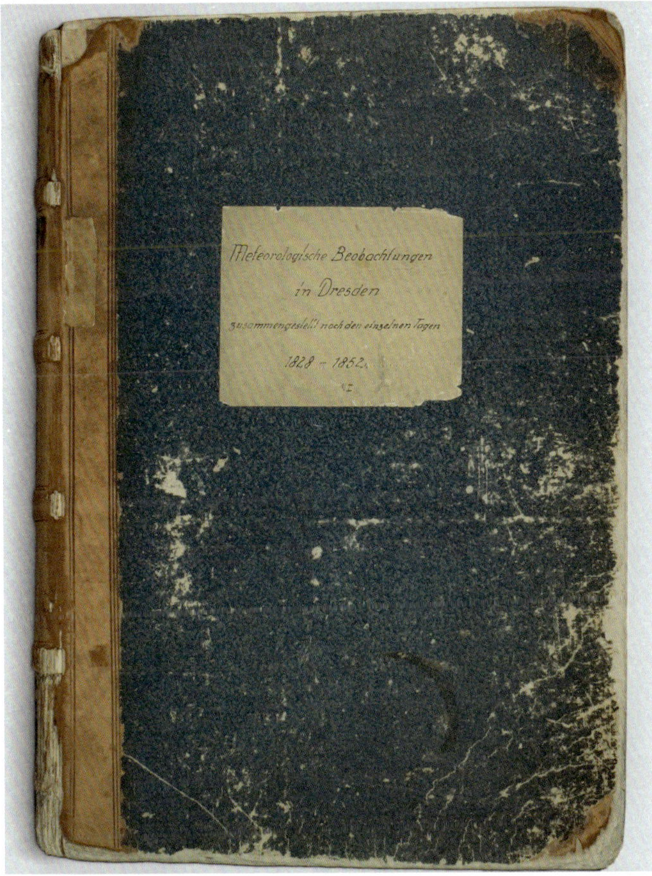

3.37 Einband der Handschrift mit Wetterdaten für Dresden der Jahre 1828 bis 1852

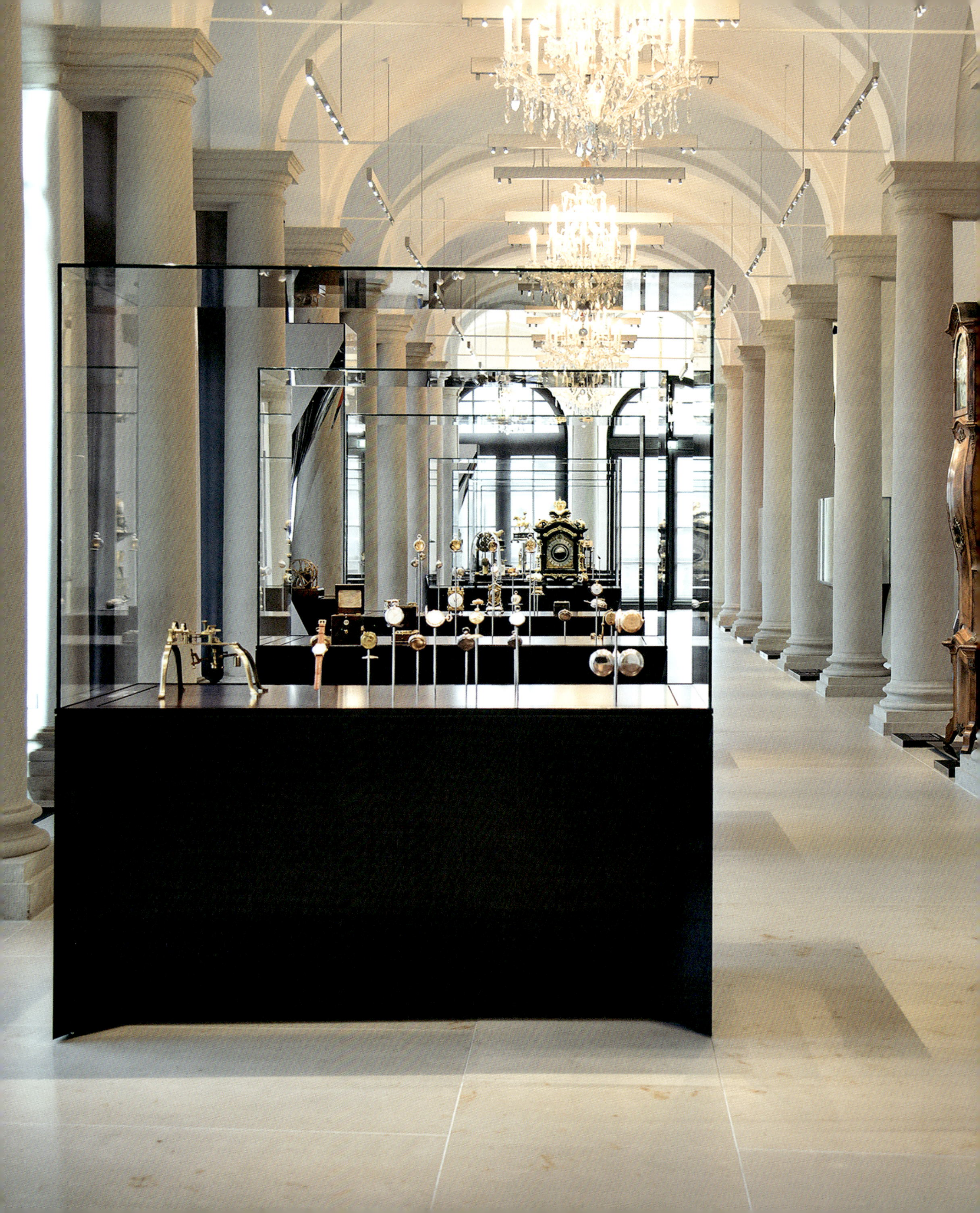

PETER PLASSMEYER

BOGENGALERIE
Der Lauf der Zeit

Die Geschichte der mechanischen Uhr beginnt in Europa, im Mittelalter mit großen, gewichtsgetriebenen Turmuhren an Rathäusern und Kirchen. Sie gliederten mit ihrem Stundenschlag das Leben der Gemeinde und mahnten zum Gebet. Oft waren es komplexe Apparate, die nicht nur die Stunden anzeigten, sondern die göttliche Schöpfung als Ganzes demonstrierten. Dazu zählte der Lauf der Gestirne ebenso wie die Kreaturen, zum Beispiel der jeweils zur vollen Stunde krähende Hahn.

Die Erfindung der Aufzugsfeder ermöglichte ab dem 16. Jahrhundert den Bau kleinerer Uhren, die als Tischuhren oder als tragbare Hals- und später Taschenuhren auch in den privaten Bereich Einzug hielten. Kostbare Gehäuse schützten das Uhrwerk vor Staub und Schmutz. Diese frühen Uhren gingen nach heutigen Ansprüchen nicht sonderlich genau. Erst mit der Einführung des Pendels in der Mitte des 17. Jahrhunderts wurde die Uhr zu einem Präzisionsinstrument.

In den Mathematisch-Physikalischen Salon gelangten Uhren zunächst als notwendige Hilfsapparaturen für das nach 1777 eingerichtete Observatorium (vgl. Kap. 3, S. 71). Mit der endgültigen Auflösung der Kunstkammer im Jahr 1832 kamen Renaissanceuhren und -automaten aus höfischem Besitz hinzu. Ein systematischer Ausbau der Uhrensammlung begann 1909, als der Inspektor des Salons Max Engelmann (1874–1928) einen bedeutenden Teil der Kleinuhrensammlung des Dresdener Uhrmachers Robert Pleißner für das Museum erwarb. Auf einen Schlag gingen 95 Uhren in den Besitz des Salons über, von der Halsuhr des 16. bis zum Taschenchronometer des ausgehenden 19. Jahrhunderts.

Herausragende Beispiele aus der Sammlung zeigen die Geschichte der Uhr von ihren Anfängen bis zum Beginn der Uhrmacherei im erzgebirgischen Glashütte, wo seit etwa Mitte des 19. Jahrhunderts bis heute erfolgreich Kleinuhren gebaut werden, die zu den besten der Welt gehören. Dabei stehen Meilensteine der Uhrentechnik neben prächtigen Schmuckstücken und Kuriositäten.

Am Anfang dieser Geschichte steht eine sogenannte gotische Stuhluhr. Diese gewichtsgetriebene Wanduhr, die auf einer stuhlförmigen Konsole sitzt, ist eine der ältesten überlieferten Uhren des häuslichen Gebrauchs. Bereits auf Gemälden der Florentiner Maler Fra Angelico (1387–1455) und Sandro Botticelli (1445–1510) sind ähnliche Uhren zu finden; vom 15. bis ins späte 17. Jahrhundert fanden sie Verwendung. Dass einzelne solcher Uhren mitunter mehrere Jahrhunderte lang benutzt wurden, zeigt auch diese Uhr. Die wohl schon in der ersten Hälfte des 16. Jahrhunderts hergestellte Wanduhr besaß ursprünglich eine Unrast, die nach 1657 durch ein Pendel ersetzt wurde – in jenem Jahr war das erste Mal ein Pendel in eine Uhr eingebaut worden. Der Umbau »auf Pendel« ist ein wichtiger Hinweis darauf, dass diese frühen Uhren über sehr lange Zeit funktionstüchtig gehalten wurden.

Auffallend ist die einfache Bauweise ohne Gehäuse. Dafür gibt die Uhr den Blick auf das Gehwerk und das Schlagwerk frei. Der Dekoration diente einzig ein bemaltes Zifferblatt, das verloren gegangen und hier durch eines aus Plexiglas ersetzt worden ist. Die polierten Edelstahlteile und die beiden Glocken sind Ergänzungen zu dieser Uhr, die als Fragment in die Sammlung gelangte (Abb. 4.1).

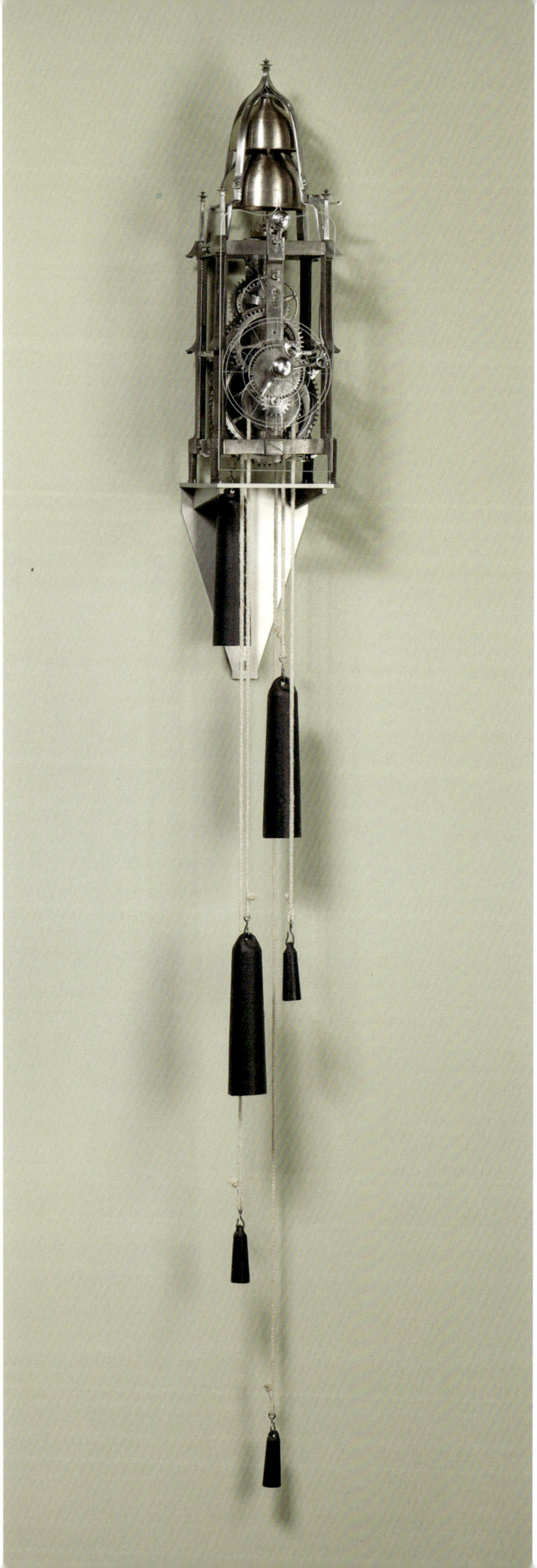

Uhren des 16. und frühen 17. Jahrhunderts

Mit der Einführung der Aufzugsfeder im 16. Jahrhundert konnten kleinere Uhren und Uhrwerke gebaut werden. Tischuhren in Form von Türmchen oder Monstranzen und solche mit einem waagerechten Zifferblatt erfreuten sich großer Beliebtheit. Die Herausforderung bestand nun auf der einen Seite darin, immer kleinere Uhrwerke zu bauen, und auf der anderen Seite, die technische Komplexität zu erhöhen, also möglichst viele Anzeigen und Automatenfunktionen in einem Gehäuse zu vereinen. Die wichtigsten Zentren des Uhrmacherhandwerks waren damals die Freien Reichstätte Augsburg, Nürnberg und Straßburg.

Typisch für die Zeit um 1600 waren Tischuhren in Form eines vergoldeten Türmchens, die wie die Miniaturausgabe mittelalterlicher Uhrtürme wirken. Zu den besonders schönen Exemplaren gehört eine Türmchenuhr des Nürnberger Uhrmachers Paulus Schuster (1587 Meister –1624). Sie ist sein Meisterstück und stammt aus dem Jahr 1587. In den Besitz der sächsischen Kurfürsten gelangte sie, weil Kurfürstin Sophia (1568–1622) sie als Weihnachtsgeschenk für ihren Mann, den Kurfürsten Christian I. (1560–1591), erwarb. Das Türmchen besticht durch seine filigrane Gestaltung mit wunderbaren Tiefenschnittemails. Kleine und große Zifferblätter geben vielfältige astronomische, astrologische und mechanische Informationen (Abb. 4.2).

Auf der Vorderseite zeigt das Hauptzifferblatt ein Astrolabium (vgl. Kap. 2, S. 51) und einen Sonnenzeiger für die Stundenanzeige (zweimal die Ziffernfolge I–XII), ergänzt durch zwei silberne Mond- und Drachenzeiger. Ist der Drachenzeiger mit dem Mond- und dem Sonnenzeiger deckungsgleich, tritt eine Sonnen- oder eine Mondfinsternis ein. Unten links gibt ein kleines Zifferblatt die Viertelstunden und Minuten an, unten rechts befinden sich ein Zifferblatt für die »Hal-

4.1 Gotische Wanduhr, süddeutsch (?), Mitte 16. Jahrhundert, später auf Pendel umgebaut, Eisen (mit neuen Ergänzungen, u. a. Glocken, Gewichte und Hämmer), Höhe (ohne Gewichte): 49 cm, Breite: 15 cm, Tiefe: 16 cm, Inv.-Nr. D IV b 183

be Uhr« (mit den römischen Ziffern I–XII) und die Weckereinstellung

Auf der Rückseite ist ein Jahreskalender und ein Zeiger für die »Große Uhr« (mit den arabischen Ziffern 1–24) zu sehen. In ihrem Zentrum geben verschiebbare Segmentscheiben Auskunft über die Anzahl der hellen Tag- und der dunklen Nachtstunden. Unten links werden die Wochentage mit den Planetengöttern angezeigt, und unten rechts kann das Schlagwerk eingestellt werden. Die vier silbernen Neptunfiguren an den Ecken des Sockels bewegen jede Minute ihre Köpfe abwechselnd für jeweils 15 Sekunden, und im oberen Teil des Turmes kräht der Hahn zur vollen Stunde, während zwei Männer die Glocken schlagen. Die Bronzereliefs am Sockel stellen die Taten des Herkules dar. Insgesamt acht Triebwerke bewegen die Zifferblätter, die Schlagwerke und die Automaten.

Neben den Türmchenuhren waren auch Tischuhren in der Form von Monstranzen, Spiegeln oder Tabernakeln weit verbreitet. Das Besondere an der Uhr von Caspar III Buschmann (1563–1629) ist ihr Ebenholzgehäuse (Abb. 4.3a). Ebenholz war in Europa ein rares Material. Es gelangte aus der im Westen Indiens gelegenen Stadt Goa durch das Handelsunternehmen der Fugger, das dort eine Niederlassung hatte, nach Augsburg. Exponate aus Ebenholz wurden »gemarkt«, das heißt, sie wurden mit Punzen markiert, wie das zum Beispiel bei Silberarbeiten üblich ist. Damit garantierten die Hersteller dieser Objekte, dass es sich nicht um schwarz gebeiztes Obstholz handelt.

Aufwendig gestaltet ist auch die Rückplatine, auf der die Hämmer des Schlagwerks die Form von Delfinen haben – jedenfalls stellte man sich damals Delfine so vor (Abb. 4.3b).

Von den vielen erhaltenen Uhren mit einem horizontalen Zifferblatt trägt diese Tischuhr mit aufgesetztem Wecker (Abb. 4.4) eine besonders frühe Signatur. Auf dem Federhaus des Uhrwerks ist zu lesen, dass sie 1527 von Jakob Zech (gest. 1540) in Prag gebaut wurde. Den Wecker ergänzte man etwa 100 Jahre später; er wird so auf das Zifferblatt gesetzt, dass sich der Haken unter dem Weckerwerk über der Weckzeit befindet. Wenn der Stundenzeiger diesen Haken zur Seite schiebt, wird der Wecker ausgelöst und beginnt zu klingeln.

Ende des 16. Jahrhunderts erfreuten sich von Uhrwerken angetriebene Automaten großer Beliebtheit, zumal dann,

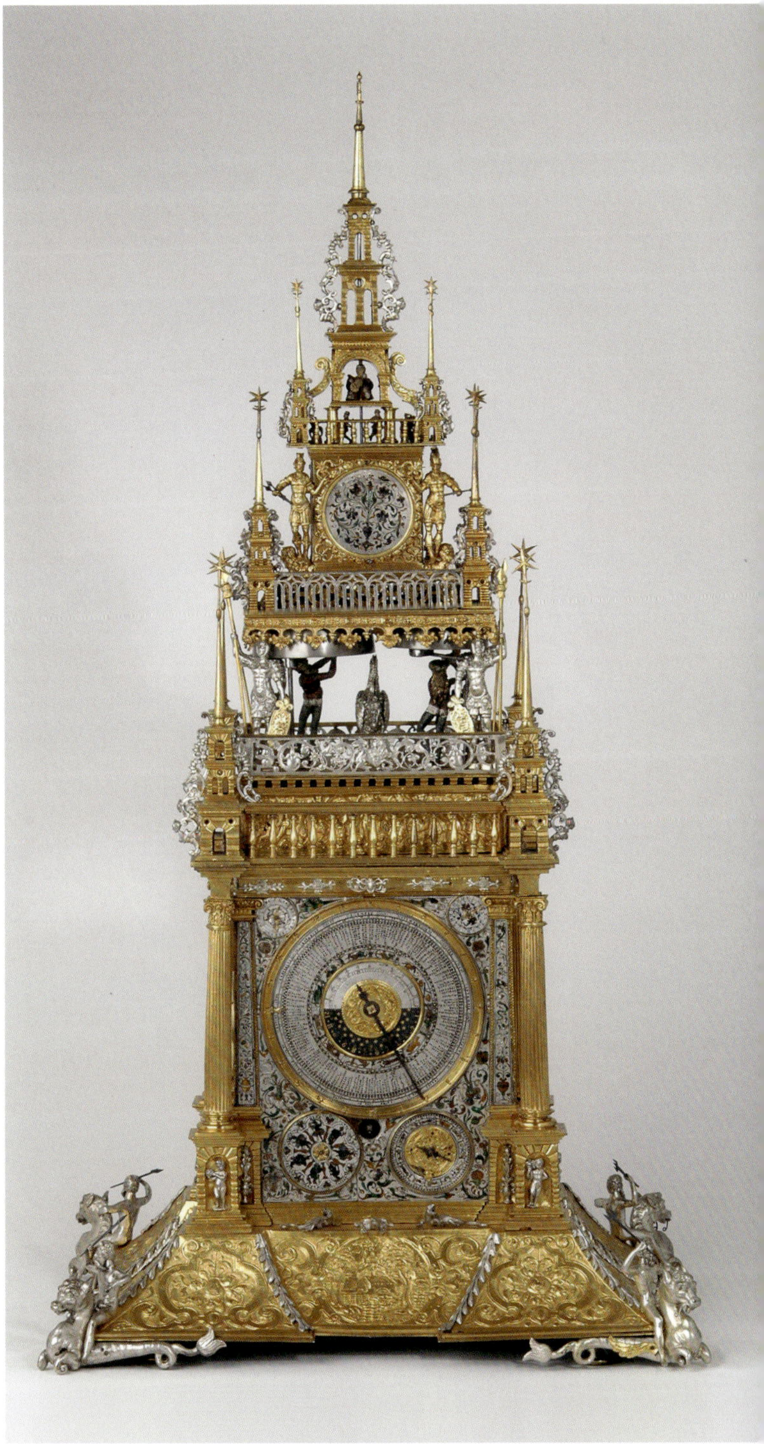

4.2 Türmchenuhr, Paulus Schuster, Nürnberg, 1587, Bronze, Messing, Silber, Glas, Holz, Höhe: 78 cm, Breite: 36 cm, Tiefe: 30 cm, Inv.-Nr. D V 8

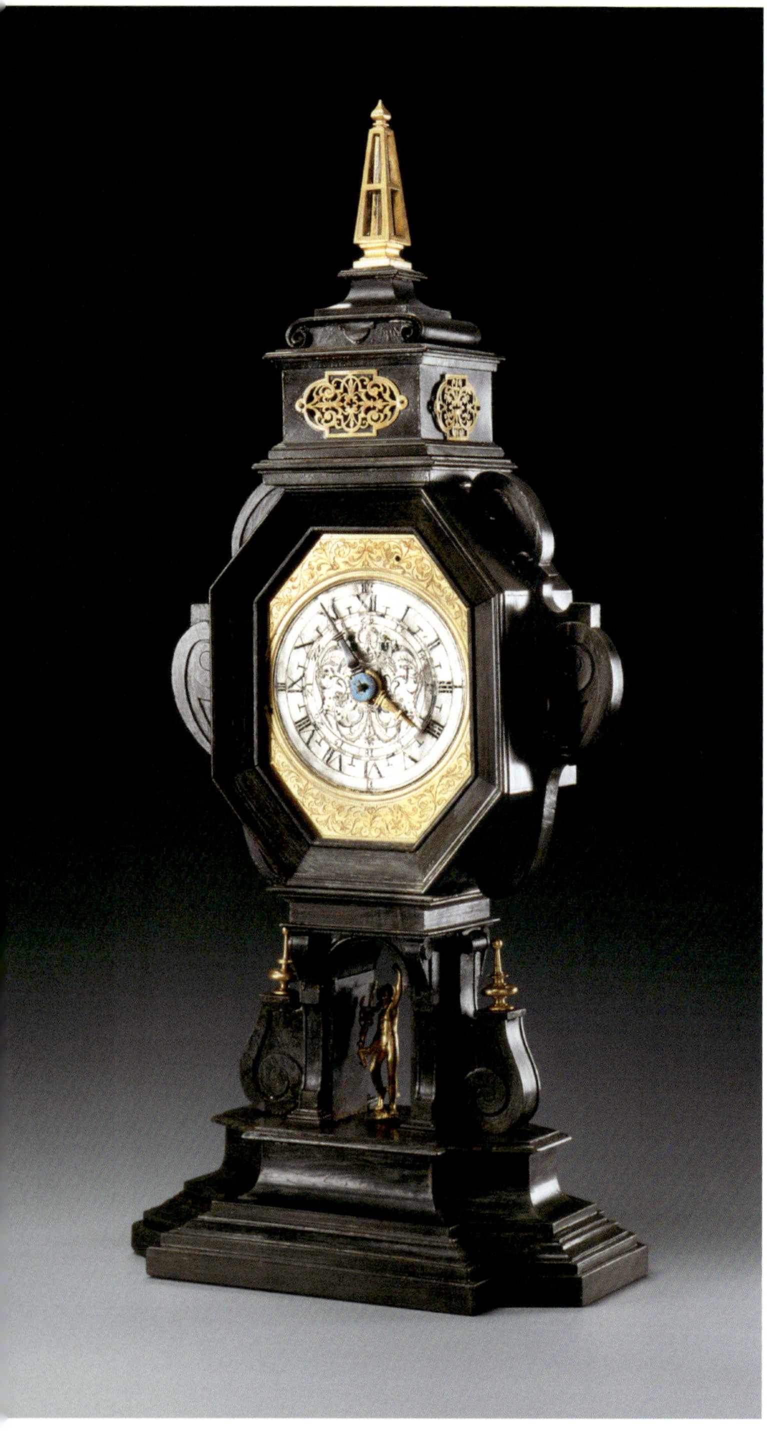

4.3a Spiegeluhr, Caspar III Buschmann, Augsburg, um 1625, Gehäuse: Ebenholz, furniert, Werk: Messing, vergoldet, Uhr: Höhe: 55 cm, Breite: 23,5 cm, Tiefe: 16,5 cm, Inv.-Nr. D IV b 17

wenn sie technisch komplex und prächtig gestaltet waren. Herausragende Beispiele der Sammlung werden in Kapitel 2 (vgl. S. 19) vorgestellt. In ihrer Nachfolge entstanden in großer Stückzahl einfachere Automaten, bei denen sich die Augen im Takt der Unruh bewegen – sie sind über ein Gestänge mit dieser verbunden und bewegen sich, solange die Uhr aufgezogen ist. Deshalb werden solche Automaten auch als »Augenwender« bezeichnet.

Etliche Automaten im Besitz des Salons stellen Tiere dar, einen Adler, einen Hund, einen Löwen. Ein besonders schönes Exemplar ist der »türkische Reiter«. Bei ihm werden die Stunden nicht nur auf einer Glocke unter dem Sockel angeschlagen, sondern er neigt auch bei jedem Stundenschlag sein Haupt und hebt das Zepter (Abb. 4.5).

4.3b Spiegeluhr, Caspar III Buschmann, Detail: Rückplatine, Inv.-Nr. D IV b 17

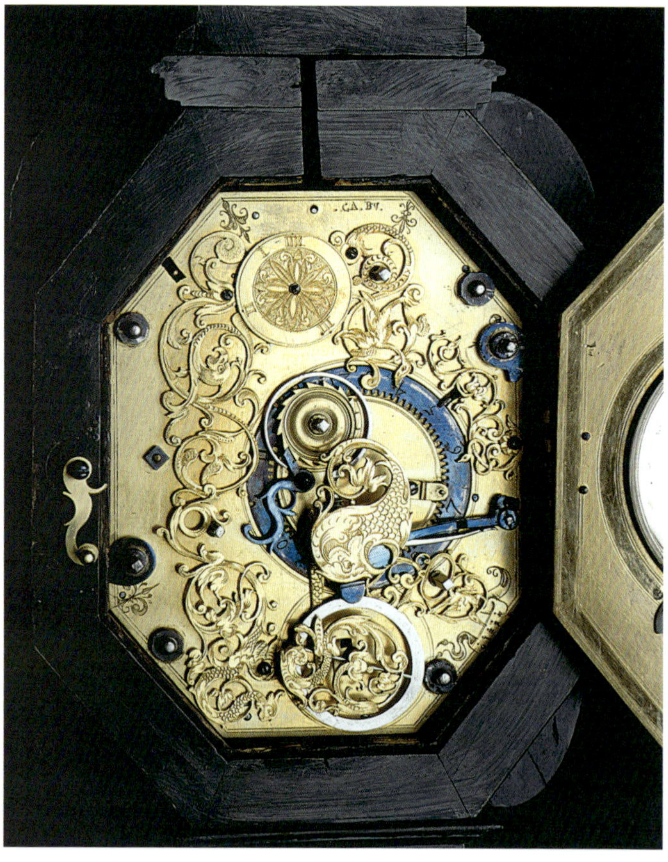

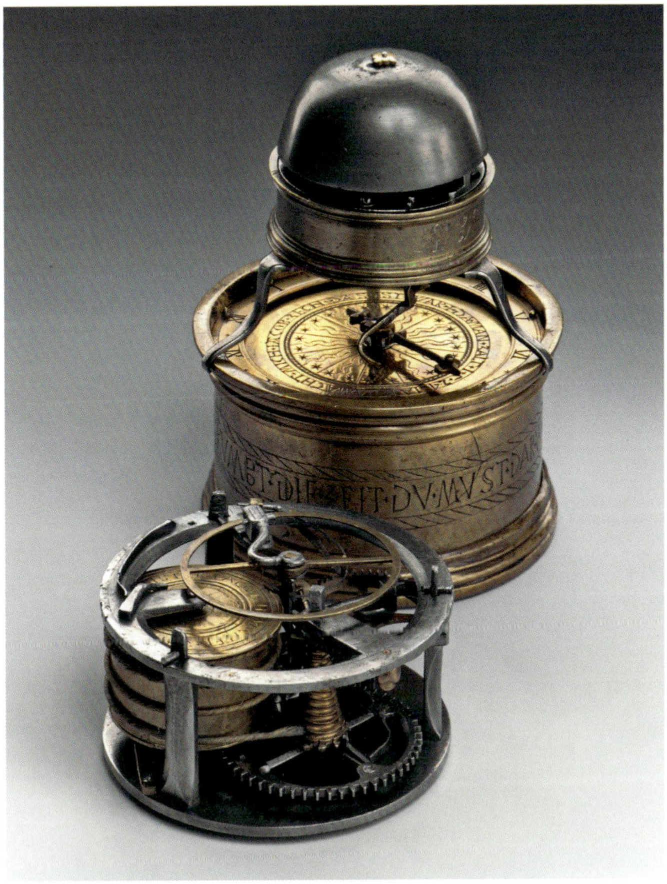

4.4 Tischuhr mit Wecker, Jakob Zech, Prag, 1527, Messing, Eisen, Durchmesser: 10 cm, Höhe (mit Wecker): 15 cm, Inv.-Nr. D IV b 153

Bemerkenswert ist, dass bei diesen Automaten die Zifferblätter sehr klein sind und zunächst gesucht werden müssen. Sie sind kaum mehr als ein Hinweis auf den Antriebsmechanismus; die Funktion als Uhr ist hier nebensächlich. Einem Krebsautomat, der einem Flusskrebs nachgebildet ist, fehlt das Zifferblatt (Abb. 4.6a). Er war einst Teilstück eines Paares von zwei Krebsautomaten, von denen der eine vorwärts und andere rückwärts kriechen konnte. Der rückwärts kriechende Krebs ging im Zweiten Weltkrieg verloren. Der Automat kann seine Scheren, die Beine und den Schwanz bewegen. Vorwärts bewegt wird er durch zwei Zahnräder, die aus dem Brustkorb herauskommen, und durch ein weiteres Stützrad – die Beine bewegen sich frei in der Luft (Abb. 4.6b).

Neben den bislang vorgestellten Großuhren bilden die Kleinuhren die zweite große Gruppe mechanischer Uhren. Bevor sie in die Hosentasche und ans Handgelenk wanderten, wurden sie in der Regel an einer Kette um den Hals getragen und deshalb auch als »Halsuhr« bezeichnet. Diese Uhren waren sehr empfindlich, die Feder war oft schon nach dem ersten Sturz gebrochen und nicht mehr zu gebrauchen. Auch die Zeiger – es war zunächst nur ein Stundenzeiger – mussten geschützt sein, denn die Gefahr, dass man mit dem Gewand an

4.5 Automatenuhr »Reitender Türke«, vermutlich Augsburg, Ende 16. Jahrhundert, Messing, vergoldet, Eisen, Ebenholz, Länge: 33,5 cm, Breite: 22,5 cm, Höhe: 42 cm, Inv.-Nr. D V 1

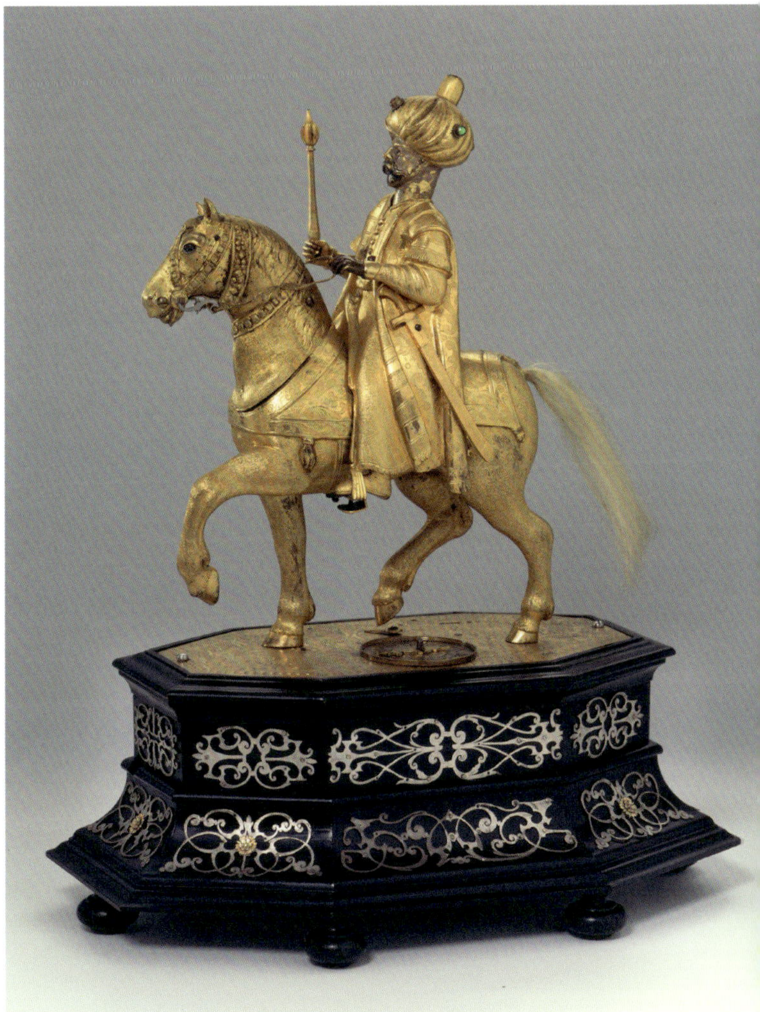

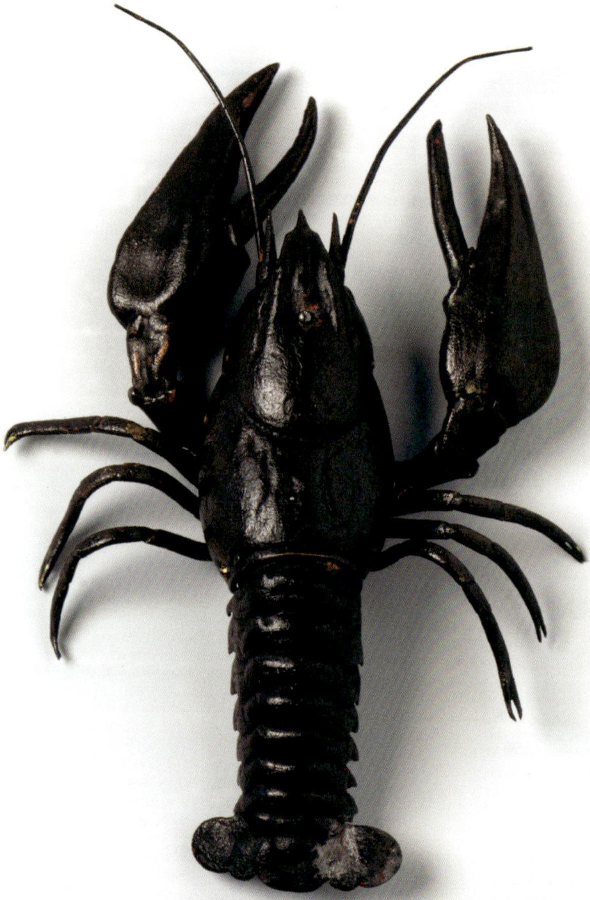

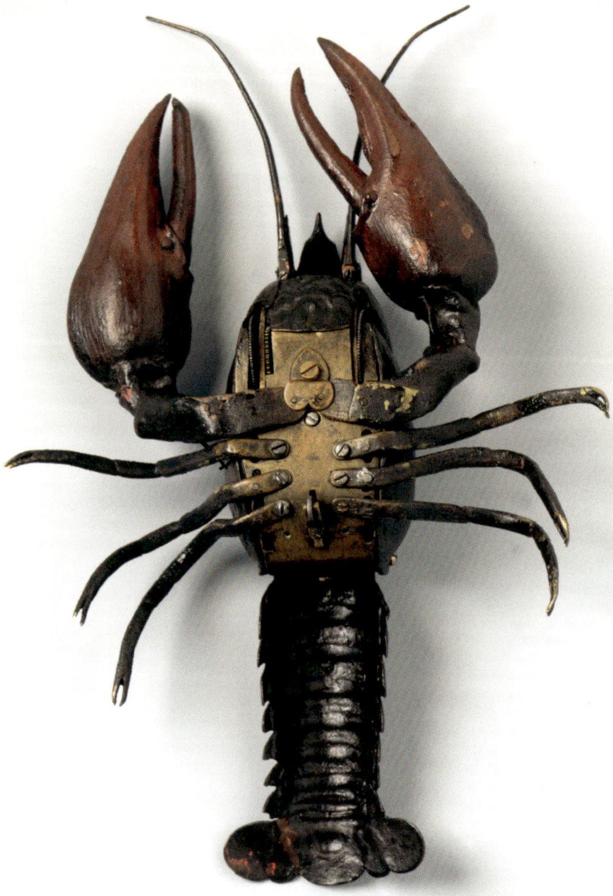

4.6a Automat »Krebs«, Vorderseite, Augsburg, 1589, Kupfer, Messing, Stahl, Länge: 20, 5 cm, Breite: 13 cm, Höhe: 3 cm, Inv.-Nr. D VII 3

4.6b Automat »Krebs«, Rückseite, Inv.-Nr. D VII 3

ihnen hängen blieb, war groß. Deshalb wurde der Zeiger abgedeckt, entweder mit einem Glas- oder einem Metalldeckel, der nicht nur aus ästhetischen Gründen fein durchbrochen war. Vielmehr gaben die Löcher den Blick auf die Stundenziffern und die Spitze des Zeigers frei, sodass auch bei geschlossenem Deckel die Uhrzeit abgelesen werden konnte (Abb. 4.7).

Diese ovale Halsuhr entspricht jenen perfekt gearbeiteten Stücken, wie sie von 1577 bis etwa 1732 in Augsburg neben einer Tischuhr für die Meisterprüfung vorgelegt werden mussten. Auf dem Zifferblatt werden die Stunden (1–12), das Datum (1–31), der Wochentag sowie Mondphase (Vollmond – abnehmender Mond – Neumond – zunehmender Mond) und Mondalter, das heißt die Unterteilung in 29 ½ Tage, die der Zyklus jeweils dauert (1–29 ½), angezeigt. Manchmal befindet sich auch noch ein Schlagwerk in dem kleinen Gehäuse (Abb. 4.8).

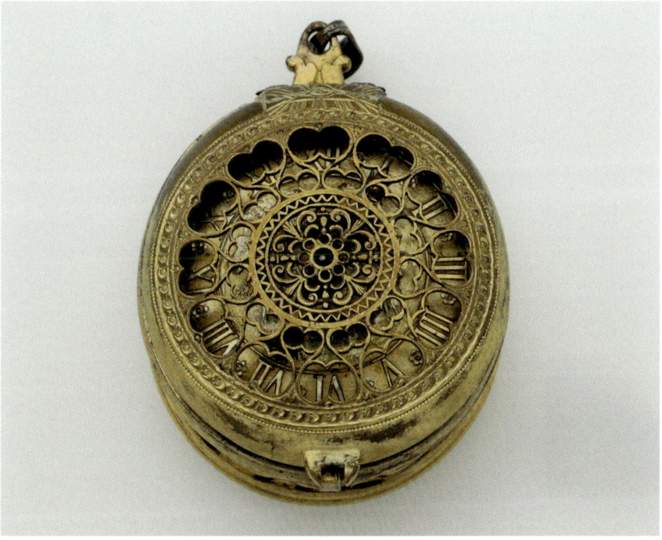

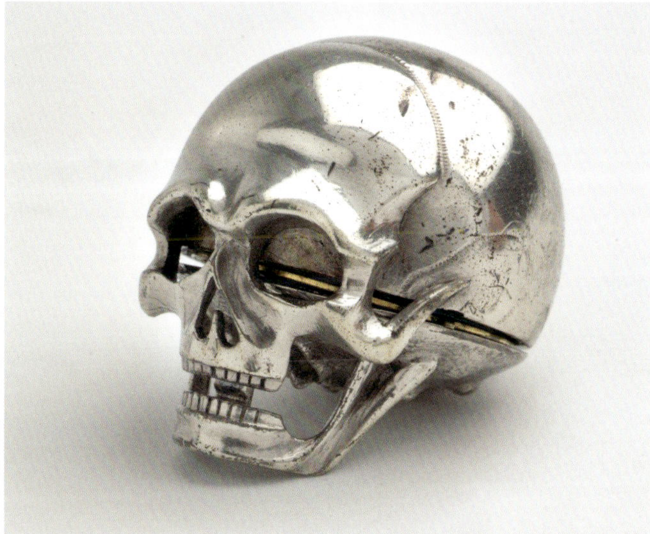

4.7 Halsuhr, Jean Baptiste Deboule, Genf, um 1630, Messing, Stahl, Durchmesser: 3,9 cm, Höhe: 7,3 cm, Breite: 5,3 cm, Inv.-Nr. D IV a 133

4.8 Halsuhr, Martin Zoller (?), Augsburg, um 1630, Silber, Messing, Stahl, Durchmesser: 2,9 cm, Höhe: 4,78 cm, Breite: 3,66 cm, Inv.-Nr. D IV a 425

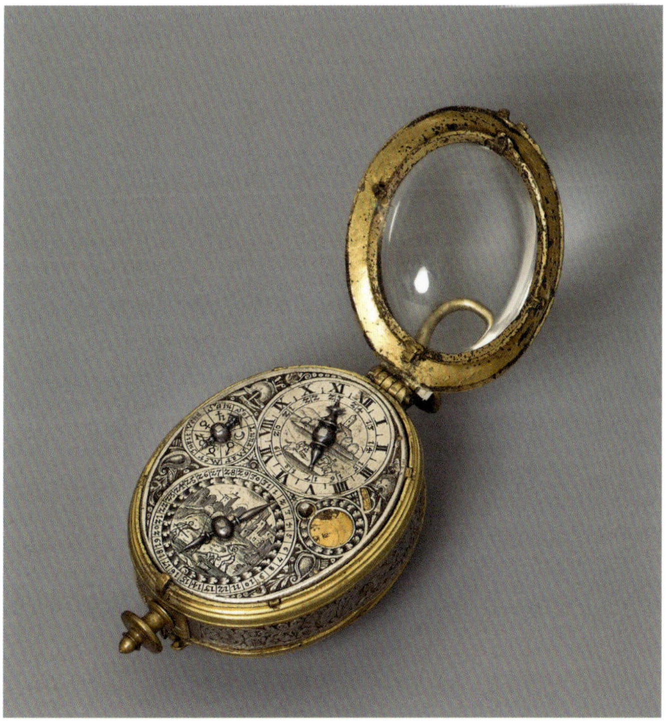

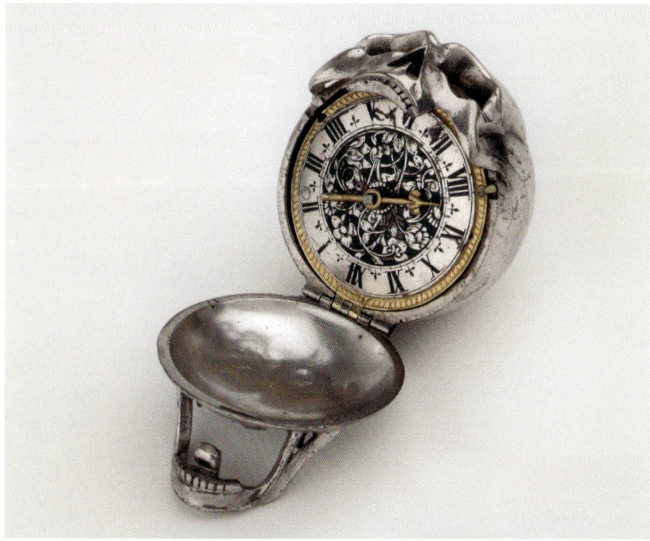

4.9a, b Totenkopf-Anhängeruhr, Jaques Joly, Genf, um 1630, Silber, Messing, Stahl, Höhe: 3,7 cm, Breite: 3,4 cm, Tiefe: 4,4 cm, Inv.-Nr. D IV a 255

Tragbare Uhren wurden in nahezu unbegrenzter Formenvielfalt hergestellt, sei es in Gestalt eines Kreuzes, einer Tulpe oder eines Totenkopfes. Häufig entstanden bei der Suche nach ausgefallenen Motiven virtuose Kabinettstückchen. Das Uhrwerk befindet sich bei diesem Exemplar in der Schädelkalotte. Zum Zifferblatt gelangt man, wenn der Unterkiefer aufgeklappt wird (Abb. 4.9a, b).

Frühe Wege der Präzision

Im 16. und 17. Jahrhundert ließ die Genauigkeit der Uhren oft zu wünschen übrig, auch aufwendige und teure Uhren gingen oft eine Viertelstunde und mehr zu früh oder zu spät. Dies war zunächst ein Konstruktionsproblem. Anders als bei einem Gewichtsantrieb führt der Antrieb über eine Aufzugsfeder zu einer ungleichmäßigen Kraftabgabe. Je weiter die Feder sich entspannte, umso weniger Kraft gab sie ab. Es wurden immer wieder Versuche unternommen, dieses Problems Herr zu werden. Hierzu gehörten zum Beispiel die Kugellaufuhren. Bei ihnen wird der Gang der Uhr durch den Lauf einer Kugel über eine schiefe Ebene geregelt.

Anfang des 17. Jahrhunderts stellte Galileo Galilei fest, dass eine Kugel über eine geneigte Ebene eine Strecke von gleicher Länge immer in der gleichen Geschwindigkeit zurücklegt. Dieses Prinzip machte sich Matthäus Halleicher (1643/44–1704) beim Bau seiner Uhr zunutze (Abb. 4.10): Der Kugellauf befindet sich in der auf zwei balusterförmigen Füßen ruhenden Brücke. Sie wird auf beiden Seiten von Türmchen flankiert; in der Mitte erhebt sich der Aufbau mit dem Zifferblatt. Innerhalb der Brücke läuft, hinter einer Glasscheibe, eine Kugel auf zwei gespannten Drähten zunächst von links nach rechts und dann wieder zurück an das linke Ende der Brücke. Das Gewicht der Kugel löst unterhalb des linken Türmchens über verborgene Verbindungswellen das Trieb- und Zeigerwerk im Mittelbau aus, wobei die Kugel gleichzeitig mithilfe des Schöpfers (einer Art Lift) wieder auf die hintere obere Laufbahn gehoben wird und den nächsten Umlauf beginnt. Ein Umlauf der Kugel auf den doppelt gespannten und geneigten Stahlseilen im Laufkas-

4.10 Kugellaufuhr, Matthäus Halleicher, Augsburg, 1674, Birnenholz, Kiefernholz, Messing, Stahl, Glas, Silber, Höhe: 89,5 cm, Breite: 141 cm, Tiefe: 27 cm, Inv.-Nr. D IV b 30

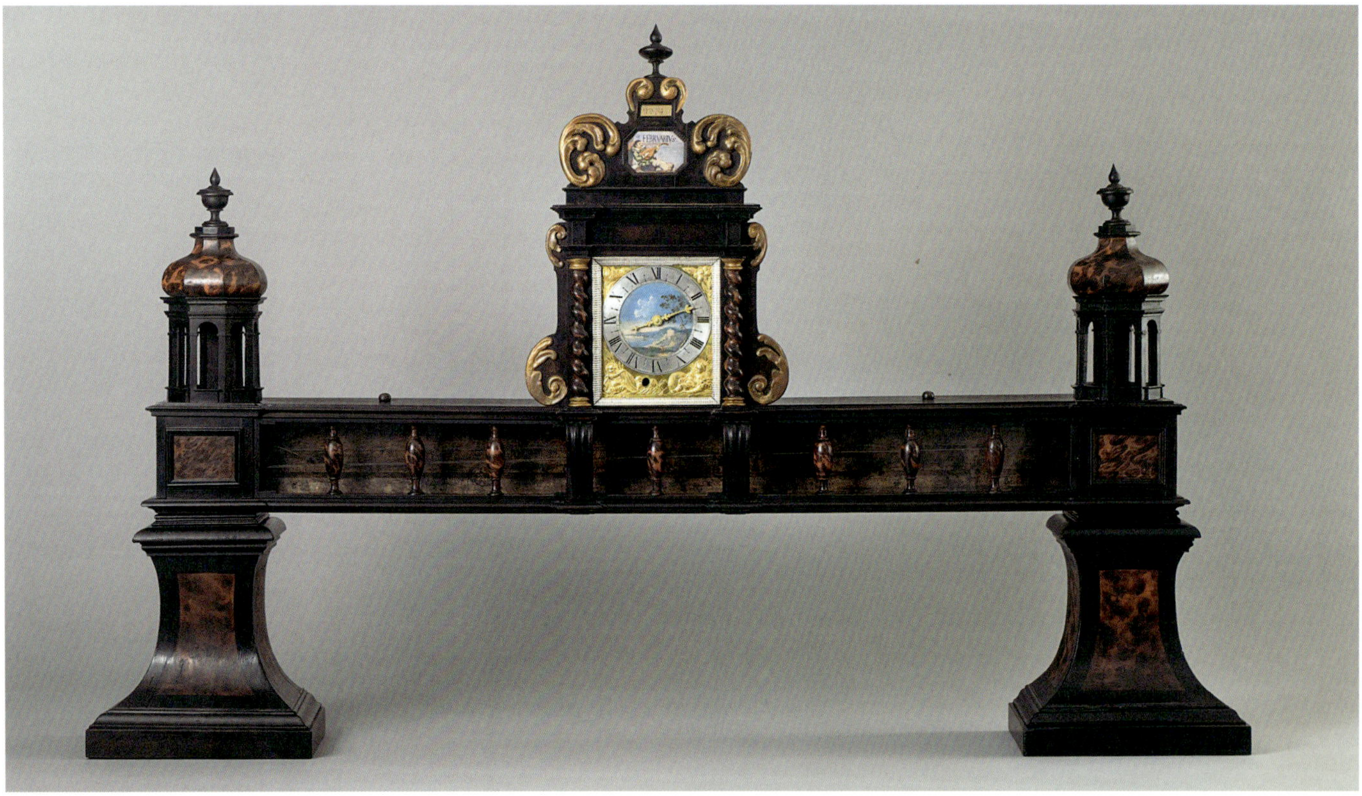

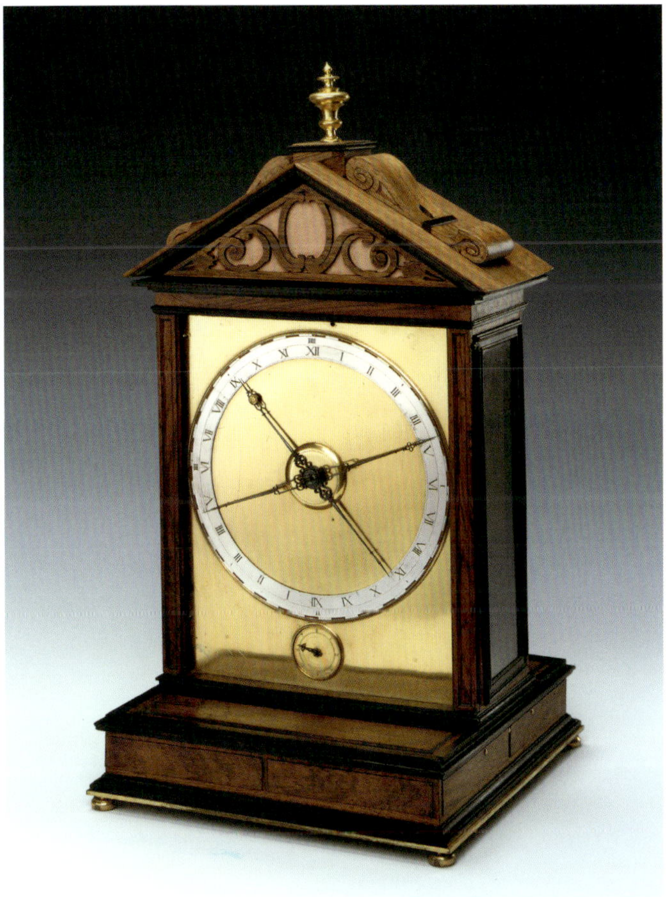

4.11a Tischuhr mit Kreuzschlaghemmung, Vorderseite, Jost Bürgi zugeschrieben, Prag, um 1625, Holz, Silber, Messing, Stahl, Glas, Höhe: 50,5 cm, Breite (Giebel): 27,5 cm, Tiefe (Sockel): 26,5 cm, Inv.-Nr. D IV b 24

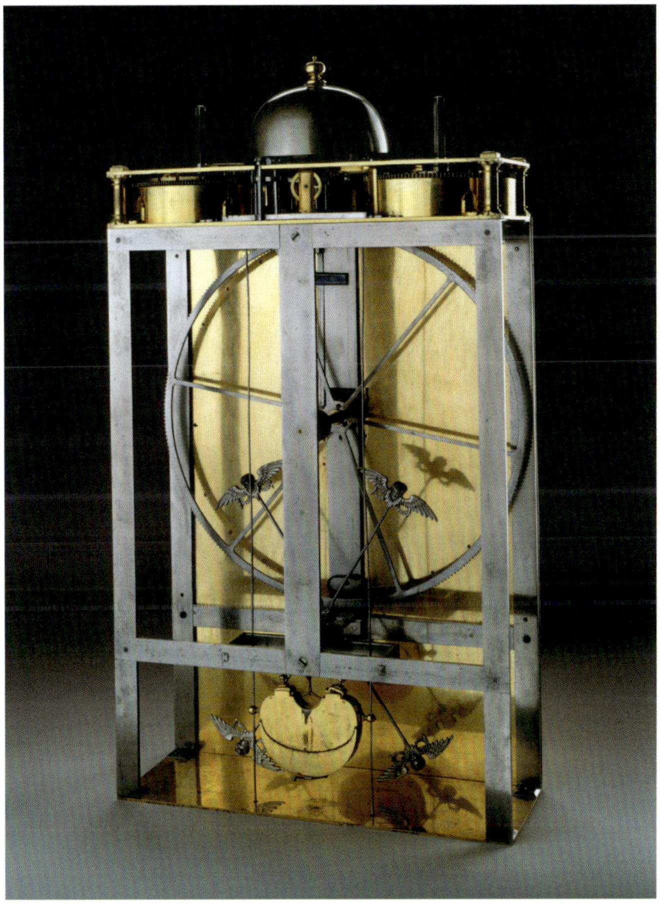

4.11b Tischuhr mit Kreuzschlaghemmung, Uhrwerk von der Rückseite, Inv.-Nr. D IV b 24

ten dauert 12 Sekunden – und damit beträgt die Schrittzeit des Uhrzeigers ebenfalls exakt 12 Sekunden. Das bedeutet, dass der Stundenzeiger in einer Minute fünfmal vorwärtsbewegt wird. Auch hier kann auf ein Gehwerk mit einer Spindelhemmung nicht verzichtet werden, aber es bewegt ausschließlich den Lift, um die Kugel wieder in die Ausgangsposition zu befördern.

Das an sich überzeugende Prinzip scheiterte vor allem daran, dass die Kugel bereits nach kurzer Zeit aus der Laufbahn fallen konnte. Der theoretische Vorteil der Ganggenauigkeit der Uhr wird dadurch in der Praxis aufgehoben.

Ein anderer Mechanismus wirkt in einer dem Schweizer Jost Bürgi (1552–1632) zugeschriebenen Tischuhr (Abb. 4.11a).

Diese Uhr besitzt eine sogenannte Kreuzschlaghemmung und einen Zwischenaufzug (Remontoire). Über das zweimal die Stunden von I bis XII zählende und über eine Minuteneinteilung verfügende Zifferblatt drehen sich ein Stunden- und ein Minutenzeiger, beide ungewöhnlich dünn gestaltet. Das kleine Zifferblatt unterhalb des Ziffernrings dient der Gangregulierung. Durch die seitliche Verglasung sieht man das große Gangrad mit dem Kreuzschlagmechanismus und das Antriebsgewicht. Hier sind einige raffinierte Details eingebaut, die helfen sollten, den Gleichlauf bei Tischuhren zu verbessern. Normalerweise haben Tischuhren keinen Gewichtsantrieb, weil die dafür nötige Fallhöhe fehlt – man hätte das Ge-

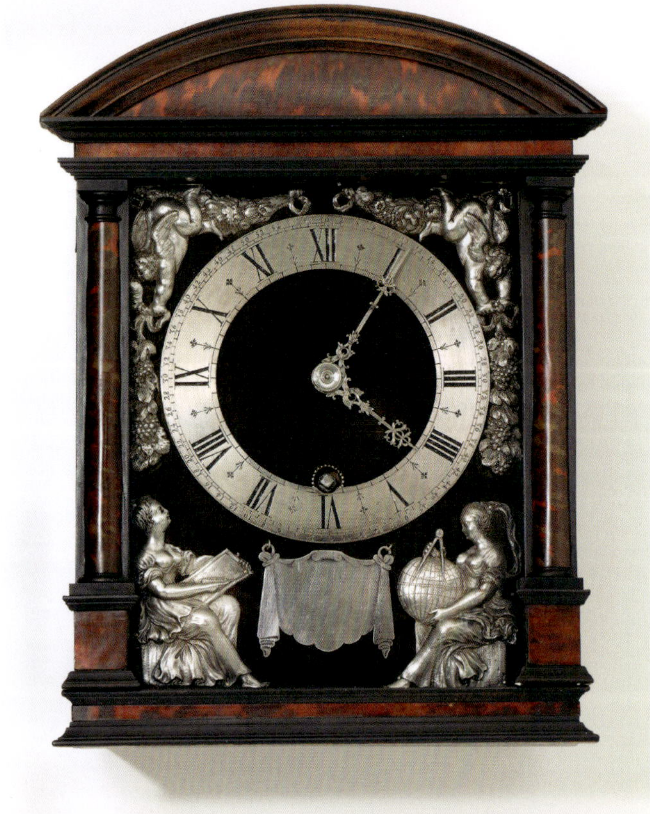

4.12 Wanduhr mit Pendel, Johannes Steffens, Den Haag, vor 1674, Silber, Ebenholz, Schildpatt, Messing, Stahl, Textil, Höhe: 32,5 cm, Breite: 24,6 cm, Tiefe: 12,5 cm, Inv.-Nr. D IV b 21

wicht ständig hochziehen müssen. Genau das wird hier mit einem Federzugwerk erreicht, welches das Gewicht stündlich hinaufzieht. Bei diesem Modell wird die kompakte Bauweise von Federzugwerken mit der hohen Präzision von Gewichtsantrieben kombiniert. Ihren Namen erhielt diese Uhr durch die Kreuzschlaghemmung, die von Jost Bürgi erstmals um 1595 in Kassel angefertigt wurde. Sie ist durch die Seitenscheiben gut zu erkennen. Das Gehwerk wird in seinem Ablauf durch zwei auf getrennten Wellen sitzende, abwechselnd in die Zähne des Gangrades eingreifende Spindellappen gehemmt und nur schrittweise im Takt der beiden mit den Spindelwellen gegenläufig senkrecht hin- und herschwingenden Waagarme freigegeben (Abb. 4.11b).

Die Gangdifferenz dieser Kreuzschlaguhren soll unter einer Minute am Tag liegen. Sie wären damit die am genauesten gehenden Uhren vor Einführung des Pendels. Die Zuschreibung dieser Uhr an Jost Bürgi erfolgte in den 1970er Jahren durch Hans von Bertele (1903–1984). Eine in der Herzog August Bibliothek in Wolfenbüttel aufbewahrte Zeichnung von Hans Buschmann (1600–1662) aus der Mitte des 16. Jahrhunderts, die eine nahezu identische Uhr zeigt, nähren aber Zweifel an dieser Version.

Das Pendel bedeutete eine Zäsur im Uhrenbau. 1657 erteilte der Gelehrte Christiaan Huygens (1629–1695) dem Den Haager Uhrmacher Salomon Coster (1622–1659) den Auftrag, eine typische holländische Wanduhr mit einem Kurzpendel zu versehen: Das war die Geburtsstunde der Pendeluhr. Das Pendel wurde starr an der verlängerten Spindel befestigt und bewegte sich auf der Rückseite des Uhrwerks. Costers Uhren hatten eine Genauigkeitsdifferenz von lediglich etwa 10 Sekunden pro Tag – ein Wert, der erst etwa 100 Jahre später unterboten werden konnte.

Die Wanduhr von Johannes Steffens aus Den Haag wurde 1674 dem sächsischen Kurfürsten Johann Georg II. (1613–1680) von seinem Sohn Johann Georg (1647–1691) geschenkt. Sie gehört von ihrer Form her zu den ganz frühen Pendeluhren. Das edle Gehäuse besteht aus Schildpatt, Ebenholz und Silberapplikationen (Abb. 4.12).

Die Uhr als Möbel

Im Barock und Rokoko wurden Uhren zum festen Bestandteil von Einrichtungen und somit in repräsentative Raumkonzepte eingebunden. Stilbildend für ganz Europa waren die »Pendulen«, also Pendeluhren, die im Umfeld des französischen Hofes in Paris beziehungsweise Versailles entstanden. Sie zeichneten sich durch aufwendige Gehäuse aus, die mit Einlegearbeiten in der sogenannten Boulle-Technik (benannt

4.13 Pendule mit einem Gehäuse in Boulle-Technik, Signatur: BALTHAZAR A PARIS, Paris, um 1720, Werk vermutlich Mitte 19. Jahrhundert, Bronze, Eiche, Email, Glas, Holz, Messing, Schildpatt, Stahl, Höhe: 100 cm, Breite: 55 cm, Tiefe: 26 cm, Inv.-Nr. D IV b 131

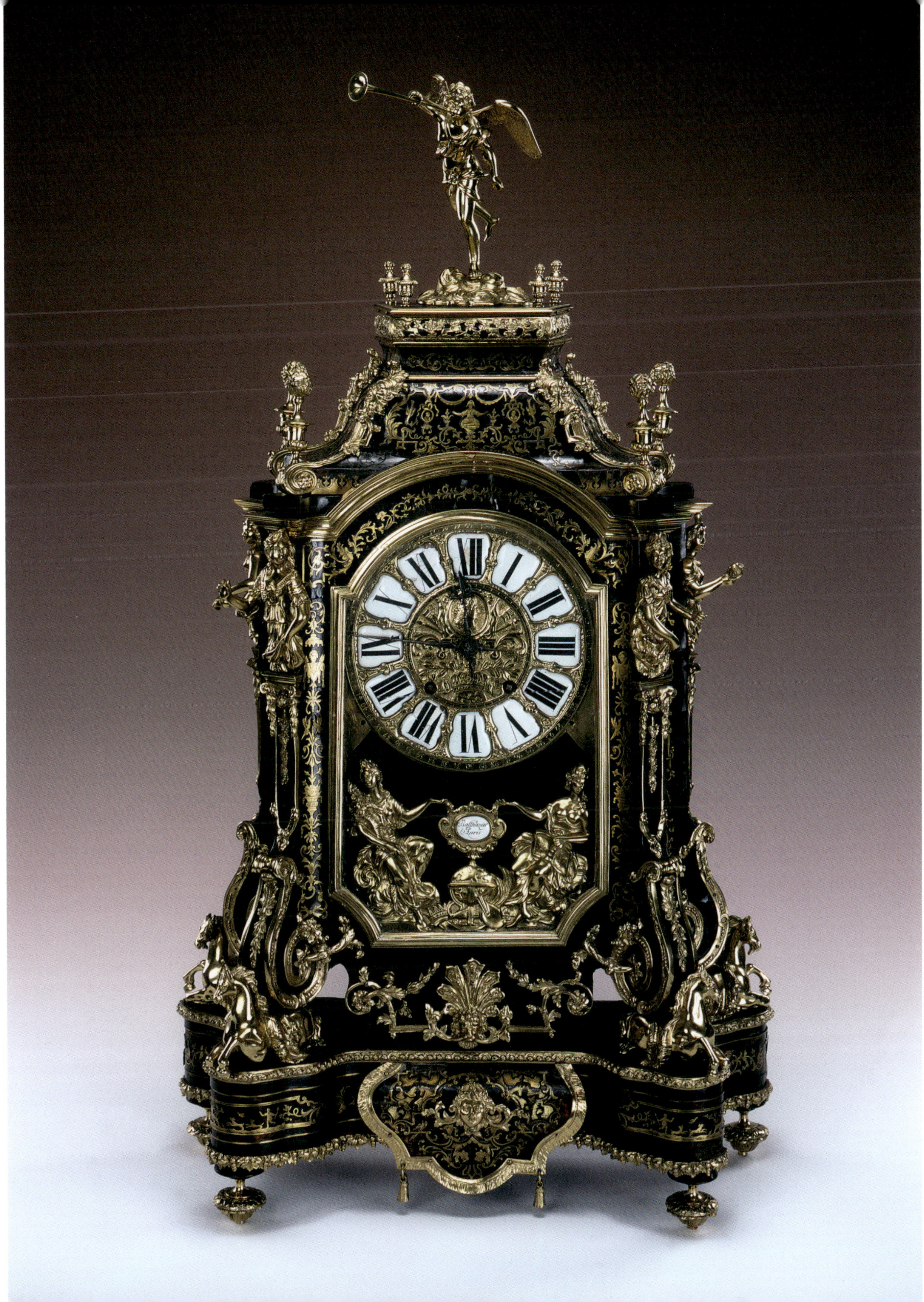

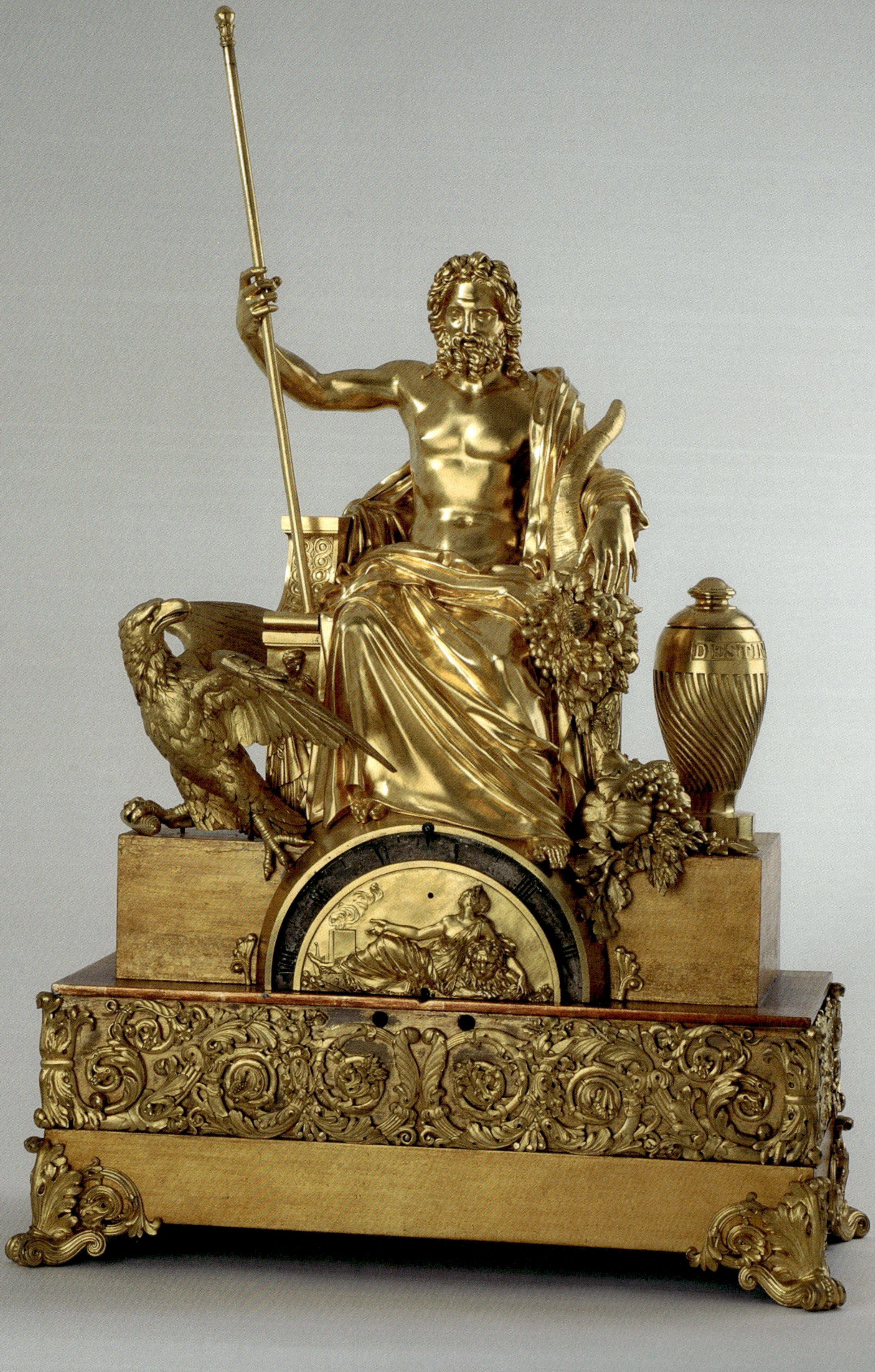

nach dem Möbeltischler André-Charles Boulle (1642–1732) mit Schildpatt- und Messingmarketerie sowie mit applizierten Bronzegüssen versehen waren (Abb. 4.13).

Hervorzuheben ist, dass im Laufe des 18. Jahrhunderts auf den Zifferblättern zunächst die Kartuschen mit den Stundenziffern emailliert wurden und später das gesamte Zifferblatt.

Die Gestaltung der französischen Pendulen veränderte sich kontinuierlich. Während zunächst die seitliche Wandung unterhalb des Zifferblattes eingeschnürt wurde, löste sich das Gehäuse Ende des 18. Jahrhunderts vollends zur Skulptur oder zu einer Skulpturengruppe auf. Ein bewundernswertes Beispiel dafür ist der »Thronende Zeus«. Der griechische Gott sitzt hier auf einem Thron und hält in seiner rechten Hand einen Stab, in seiner linken ein Füllhorn. Flankiert wird der Thron von einem Adler und von einer Urne. Das rotierende Zifferblatt ist in einem Kreissegment unter den Figuren sichtbar, die Zeit wird durch einen Pfeil angezeigt. Von dieser Pendule wurden mehrere Versionen hergestellt, bei diesem Exemplar sind die Holzteile des Sockels eine spätere Ergänzung; ursprünglich dürfte der Sockel aus Stein gewesen sein (Abb. 4.14).

Tragbare Uhren

Taschenuhren waren repräsentative Schmuckstücke mit teilweise prächtigen Gehäusen. Als Ende des 17. Jahrhunderts Taschenuhren aus England und der Schweiz Uhren aus Süddeutschland und Frankreich zu verdrängen begannen, spezialisierten sich einige Uhrmacher – vor allem in Augsburg und Paris – auf den Bau von Reisesonnenuhren, die rasch große Popularität gewannen. Sie wurden ein beliebtes Reisehilfsmittel, denn mit dem Kompass ließ sich die Himmelsrichtung und mit dem Schattenwerfer die verbleibende Zeit bis zum Einbruch der Dunkelheit feststellen.

Diese prächtige Taschenuhr hat ein allseitig emailliertes Goldgehäuse, das auf der Rückseite ein Motiv aus der griechischen Mythologie (Atalante, Meleager und der kalydonische Eber) zeigt, auf dem Rand vier Landschaftsszenerien und als Contre-Email im Inneren des Gehäuses das Wappen einer französischen Adelsfamilie. Eine Kartusche am Gehäuserand verkündet, dass diese herausragenden kleinen Bildwerke von den berühmtesten Emailmalern ihrer Zeit, den »Frère Huaut« stammt. Dass sich im Gehäuse ein Uhrwerk des Londoners James Leroux befindet, ist nicht ungewöhnlich, denn viele Uhrmacher schickten ihre Gehäuse zum Emaillieren und Bemalen nach Genf (Abb. 4.15).

4.14 Pendule »Thronender Zeus«, Paris, Anfang 19. Jahrhundert, Messing, Bronze, Holz, Stahl, Höhe: 102 cm, Breite: 67 cm, Tiefe: 32 cm, Inv.-Nr. D IV b 180

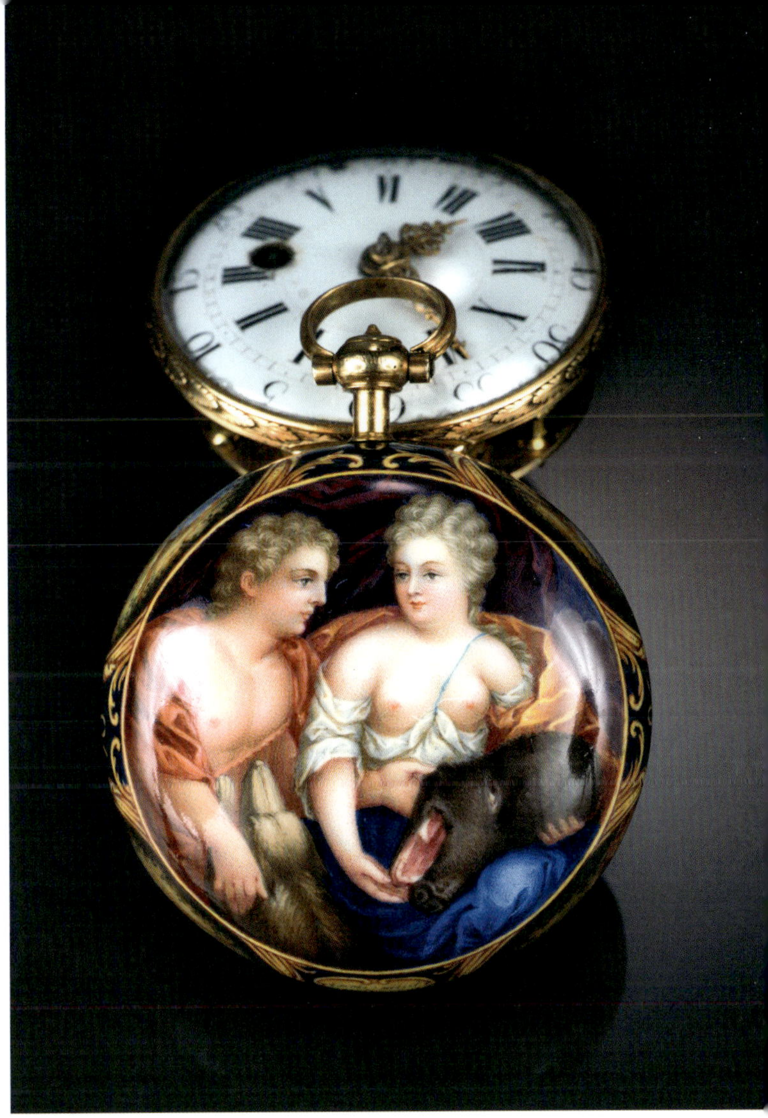

4.15 Taschenuhr mit Goldemailgehäuse, Uhrwerk: James Leroux, London, Ende 18. Jahrhundert, Gehäuse: Jean Pierre und Ami Huaut, Genf, nach 1700, emailliertes Goldgehäuse, Emailzifferblatt, vergoldetes Vollplatinenwerk, Durchmesser: 4,6 cm, Höhe: 2,6 cm, Inv.-Nr. D IV a 293

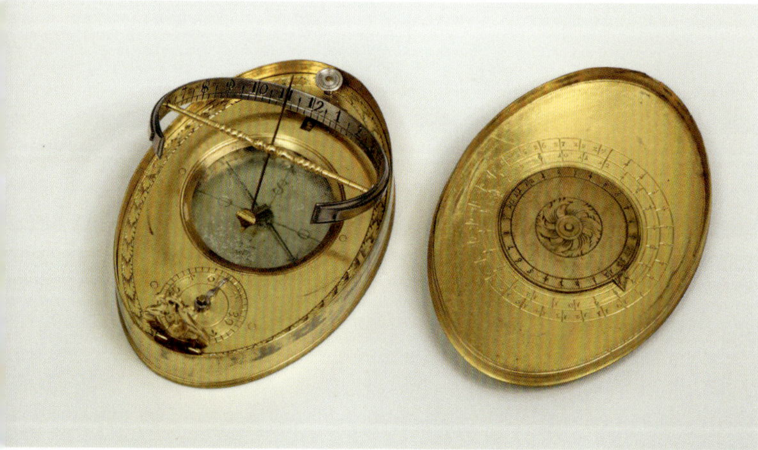

4.16 Äquatorialsonnenuhr, Salomon Krigner, Warschau oder Marienburg, um 1710, Messing, Glas, Stahl, Silber, Höhe: 1,4 cm, Breite: 8,0 cm, Tiefe: 5,5 cm, Höhe (aufgeklappt): 3,5 cm, Inv.-Nr. D I 80

Eindrucksvoll ist auch Salomon Krigners (1691?–1745?) kleine, in einer ovalen Dose verborgene Reisesonnenuhr. Sie besteht aus einem Ziffernring, dem Schattenwerfer, einem Lotpendel und einem Kompass. Diese Bestandteile müssen, nachdem man die Dose geöffnet hat, erst eingerichtet werden, damit sie ihre Funktion erfüllen können: Das Lotpendel wird aufgeklappt, um die Uhr in eine waagerechte Position zu bringen. Die Ausrichtung nach Norden erfolgt mithilfe des Kompasses. Jetzt muss noch der Stundenring auf die richtige geographische Breite eingestellt werden. Das geschieht hier auf eine sehr raffinierte Weise: Ein kleiner Zeiger wird auf einer kreisrunden Skala auf die geographische Breite des Standortes, zum Beispiel 51° für Dresden, eingestellt. Wenn man nun auf die Taste drückt, springt der Stundenring unverzüglich in die gewählte Position. Jetzt muss nur noch der Polstab aufgerichtet werden – und die Sonne scheinen (Abb. 4.16).

Die kleine Sonnenuhr des Augsburger Uhrmachers Johann Martin (1642–1721) funktioniert nach einem anderen Prin-

4.17 Horizontalsonnen- und Monduhr, Johann Martin, Augsburg, Ende 17. Jahrhundert, Messing, Stahl, Silber, Etui aus Holz und Leder, Grundplatte: Breite: 6,5 cm, Tiefe: 6,9 cm, Kompass: Durchmesser: 2,8 cm, Höhe (mit aufgestelltem Lotpendel): 5,0 cm, Etui: Höhe: 1,6 cm, Breite: 7,9 cm, Tiefe: 7,45 cm, Inv.-Nr. D I 146

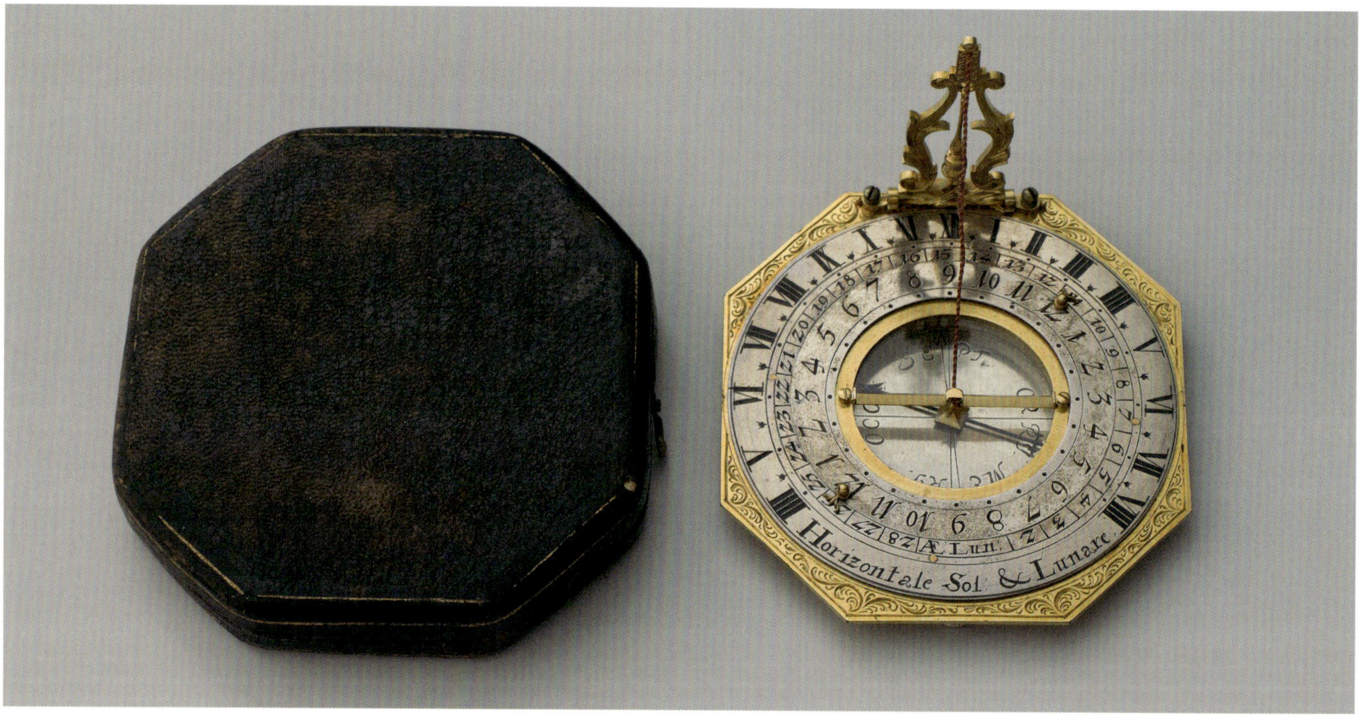

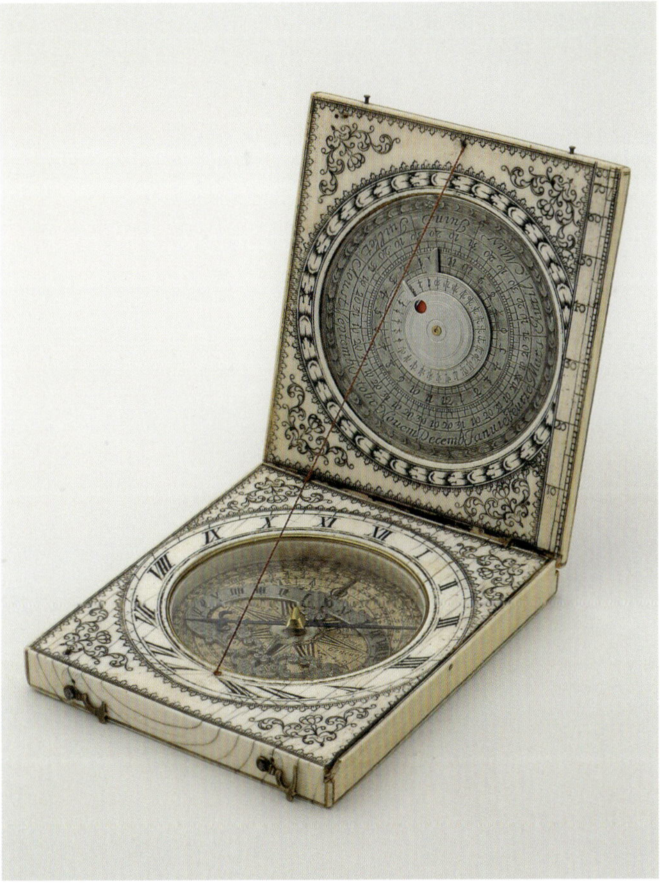

4.18 Klappsonnenuhr, Charles Bloud, Dieppe, nach 1650, Elfenbein, Silber, Glas, Messing, Stahl, Papier, Höhe (min./max.): 1,8/11,6 cm, Breite: 9,1 cm, Tiefe: 10,7 cm, Inv.-Nr. D I 142

zip. Hier ist der Ziffernring nicht parallel zum Äquator ausgerichtet, sondern liegt in der waagerechten Ebene; deshalb spricht man in diesem Fall von einer Horizontalsonnenuhr. Der Schattenwerfer, der rote Faden, wird dabei so befestigt, dass der mit der Grundplatte gebildete Winkel der geographischen Breite des Standortes entspricht. Dazu sind in der Verlängerung der Lotwaage, also dem Teil, in dem das Lotpendel hängt, mehrere Bohrungen für unterschiedliche Breitengrade angebracht, in die der Polfaden eingefädelt werden muss.

Bei dieser Uhr kann außerdem mit dem vom Vollmond geworfenen Schatten die Uhrzeit abgelesen werden, wozu der Ziffernring mit dem Datum synchronisiert werden muss. Die Uhr wird in einem mit Leder bezogenen Etui aufbewahrt (Abb. 4.17).

Ein weiteres Zentrum der Herstellung von Sonnenuhren war die französische Hafenstadt Dieppe, wo sich insbesondere Charles Bloud (nachweisbar zwischen 1650 und 1685) mit seinen Klappsonnenuhren aus Elfenbein einen Namen machte. In die Deckeloberseite ist eine äquatoriale Sonnenuhr eingelassen, klappt man die Sonnenuhr auf, findet man eine vertikale und eine horizontale Sonnenuhr kombiniert auf den Innenseiten. Der Schattenstab steckt für den Transport in einer Bohrung auf der Seite, die von einer Bronzeplakette verschlossen wird. Nur für den Gebrauch wird er auf der Sonnenuhr befestigt (Abb. 4.18).

Kreative Uhrmacher suchten natürlich auch nach Lösungen, bei Nacht die Uhrzeit zu ermitteln. Die Nutzung des Mondschattens hierfür wurde bereits erwähnt (vgl. S. 92, Abb. 4.17). Weit verbreitet und nicht zuletzt in der Seefahrt eingesetzt waren Sternuhren, sogenannte Nokturnale (vgl. S. 34–35, Abb. 2.25, 2.26). Sie nutzten den Umstand, dass der

4.19 Nokturnal, Johann Michael Hager, Braunschweig, nach 1707, Messing, Silber, Holzetui: außen Leder, innen Samt, Höhe: 0,7 cm, Breite: 5,5 cm, Tiefe: 11,6 cm, Inv.-Nr. D I 144

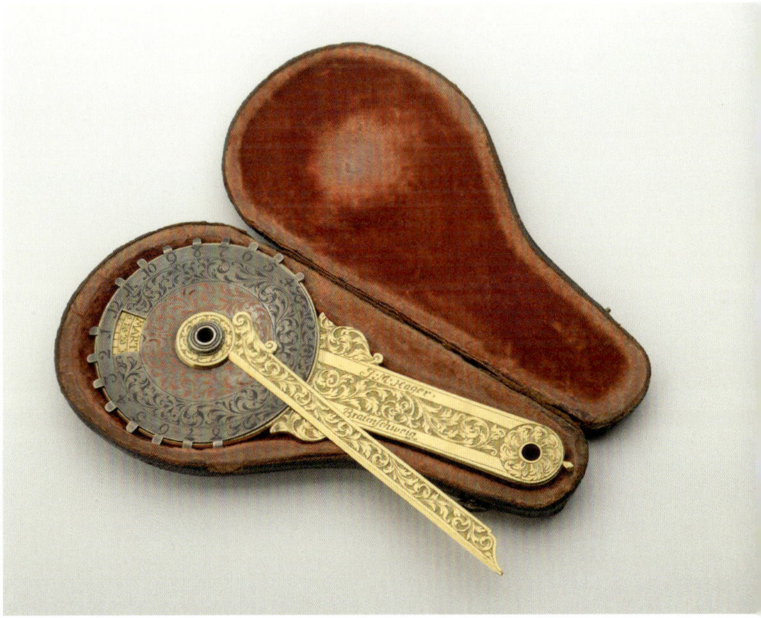

Sternenhimmel Nacht für Nacht um den Polarstern zu kreisen scheint, und zwar einmal in 23 Stunden und 56 Minuten. Die Sterne sind also etwas schneller unterwegs, als die Sonne – vermeintlich – um die Erde kreist. Die Differenz beträgt in etwa eine Himmelsrotation zusätzlich im Jahr, was dem Verhältnis von 365 (Sonne) zu 366 (Sterne) entspricht. Um diese Differenz zu berücksichtigen, wird der Stundenring auf das Tagesdatum eingestellt. Nun konnte man über das Loch in der Mitte den Polarstern anpeilen und den Zeiger (auch Regel genannt) so lange bewegen, bis er auf den letzten beiden Sternen des großen Wagens aufliegt. Die Zeit kann jetzt an der Schnittstelle des Zeigers mit dem Stundenring ertastet werden (Abb. 4.19).

Priestermechaniker

Das 18. Jahrhundert ist von heftigen Auseinandersetzungen über die Frage bestimmt, wie der rasche Fortschritt in den Naturwissenschaften zu bewerten und wie mit ihm umzugehen ist. Auch Theologen beider christlichen Konfessionen widmeten sich immer wieder dem Bau astronomischer Uhren und mechanischer Modelle und erweiterten so ihr Bild von Gottes Schöpfung und den in ihr waltenden Gesetzen. Man spricht bei diesen Kirchenmännern von »Priestermechanikern«. Erstaunlich ist ihre große Nähe zu den Instrumentenbauern des 16. Jahrhunderts, die ebenfalls versuchten, die göttliche Schöpfung mit der astronomischen Beobachtung in Einklang zu bringen.

Zu den berühmtesten Priestermechanikern zählen der in Prag wirkende Jesuitenpater Johannes Klein (1684–1762) sowie der Stuttgarter Hofmechaniker Philipp Matthäus Hahn (1739–1790) mit seinen Schülern Jacob Auch (1765–1842) und Johann Christoph Schuster (1759–1823).

Kleins prächtige Uhr, auf deren Aufsatz oben die polnische Königskrone ruht, zeigt auf der einen Seite ein Zifferblatt mit Stunden- und Minutenanzeige (Abb. 4.20a). Auf der anderen Seite sieht man ein 24-Stunden-Zifferblatt, das gleichzeitig als Äquator für einen Erdglobus dient. Eine Nachtkalotte simuliert, wo auf der Nordhalbkugel gerade Tag und wo Nacht ist (Abb. 4.20b).

Weitere astronomische Uhren von ihm, mit Darstellungen des tychonischen (benannt nach dem dänischen Astronomen Tycho Brahe, 1546–1601) und des kopernikanischen Weltbildes, befinden sich im Klementinum in Prag. Darüber hinaus schuf Klein Uhren für den Hof des Kaisers von China in Peking.

Etwa zeitgleich mit der Französischen Revolution entstanden sogenannte Skelettuhren, das sind Uhren, deren Mechanik nicht mehr durch ein Gehäuse verdeckt war. Um das Uhrwerk trotzdem vor Staub zu schützen, stellte man die Uhr unter eine Glasglocke. Joseph Köstler (geb. 1777, 1814 Meister

4.20a Astronomisch-geographische Stutzuhr, Johannes Klein, Prag, 1738, Messing, Bronze, Email, Glas, Holz, Silber, Stahl, Höhe: 87,5 cm, Breite: 57,5 cm, Tiefe: 41,5 cm, Inv.-Nr. D IV d 3

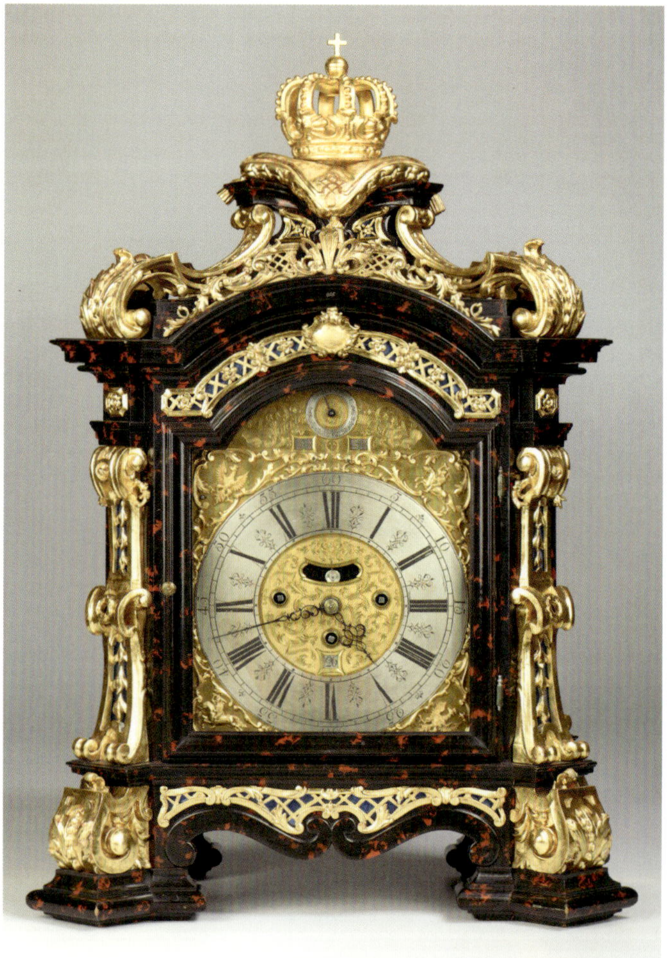

in Eisenstadt) schuf im burgenländischen Eisenstadt eine bestechend elegante Uhr mit einem skelettierten Zifferblatt, auf dessen äußerem Ring Stunden, Minuten und Monate (Tierkreiszeichen) abzulesen sind. In der Mitte sind drei kleine Zifferblätter platziert, das obere gibt die Sekunden, das links darunter befindliche den Wochentag an; auf dem Zifferblatt unten rechts wird die Zeit für 24 Städte beziehungsweise Länder angezeigt (Abb. 4.21).

Die fürstliche Familie der Esterházy ließ Anfang des 19. Jahrhunderts ihr Schloss in Eisenstadt nach Plänen von

4.20b Astronomisch-geographische Stutzuhr, Gegenseite, Inv.-Nr. D IV d 3

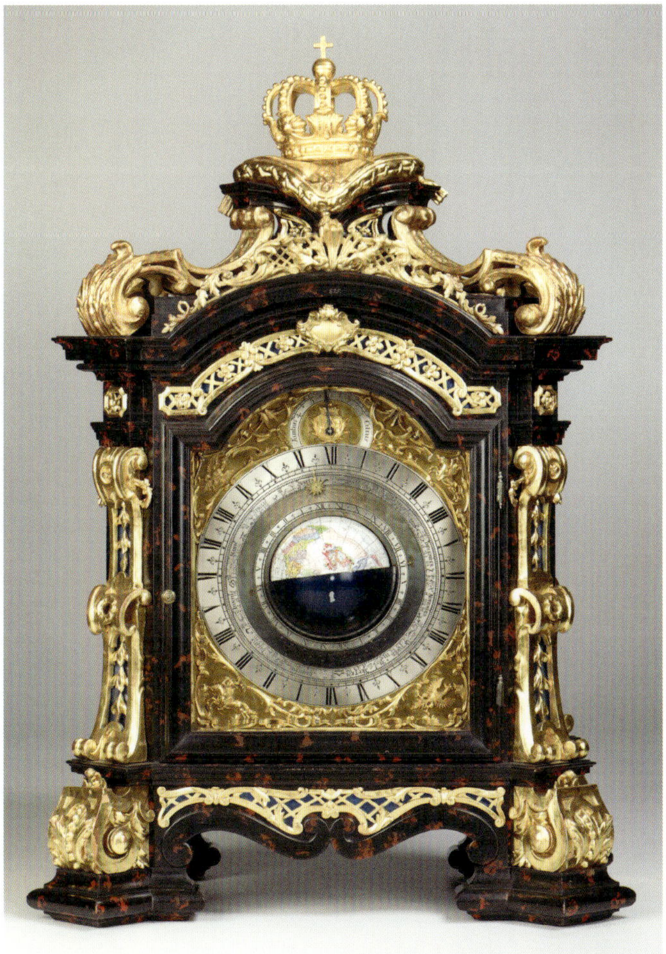

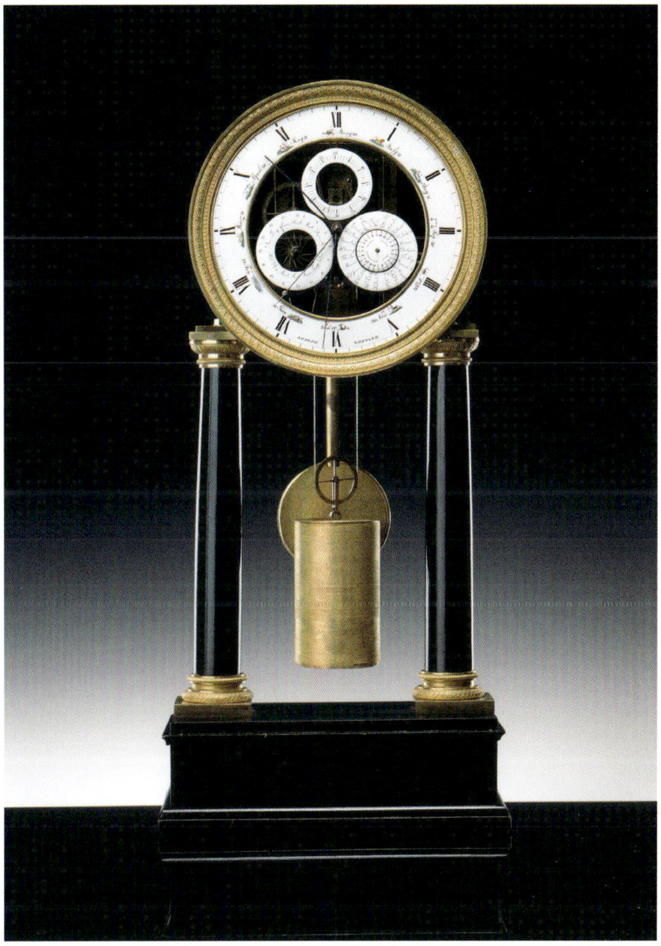

4.21 Skelettuhr, Joseph Köstler, Eisenstadt (Österreich), um 1815, Birnenholz, Email, Glas, Messing, vergoldet, Stahl, Höhe: 47,5 cm, Breite: 22 cm, Tiefe: 13,5 cm, Inv.-Nr. D IV b 119

Charles de Moreau (1758–1840) umbauen. Er integrierte Elemente eines monumentalen Klassizismus, der von der französischen Revolutionsarchitektur inspiriert war. In Köstlers Gestaltung der Uhr sind deutlich die Einflüsse dieses Stils zu erkennen.

Im schwäbischen Esslingen wirkte Philipp Matthäus Hahn, der vor allem mit Weltmaschinen und Rechenmaschinen Aufsehen erregte und vom württembergischen Herzog Carl Eugen (1728–1793) gefördert wurde. In seiner Werkstatt beschäftigte er Familienangehörige und weitere Mitarbeiter. Dort entstand auch eine komplexe Taschenuhr, die wahrscheinlich von seinem Sohn Christoph Matthäus Hahn (1767–1833) ausgeführt wurde. Das zweimal zwölf Stunden zählende Zifferblatt weist auf der linken Seite rote und auf der rechten Seite schwarze Ziffern (jeweils I bis XII) auf, es besitzt darüber hinaus eine Minutenteilung und arabische Ziffern für die Viertelstunden. Vier Nebenzifferblätter zeigen oben den Wochentag, unten das Mondalter und die Mondphase, rechts das Datum und links die Sekunde an (Abb. 4.22).

Hahn beschäftigte sich ab 1770 auch mit dem Bau von Rechenmaschinen, die er etwa zehn Jahre später vorstellte. Sie zählen zu den ersten voll funktionsfähigen Vier-Spezies-Rechenmaschinen, die für alle vier Grundrechenarten zu benutzen sind. In seiner Werkstatt lernte auch der spätere Hofuhrmacher und Hofmechaniker des Herzogs von Weimar, Jacob Auch, dessen hier gezeigte Rechenmaschine eine Rechenkapazität von acht Stellen hat, mit zwei Stellen für die Geldrechnung in Kreuzern (gemäß dem Dezimalsystem: 1 und 10) und sechs Stellen für Gulden (1, 10, 100, 1000, 10.000, 100.000). Zwischen der unteren und der mittleren der drei Platinen liegt ein achtstelliges Getriebe aus Zahnrädern und Übertragungsklinken, das als Rechenwerk fungiert. Auch diese Rechenmaschine beherrscht alle vier Grundrechenarten (Abb. 4.23).

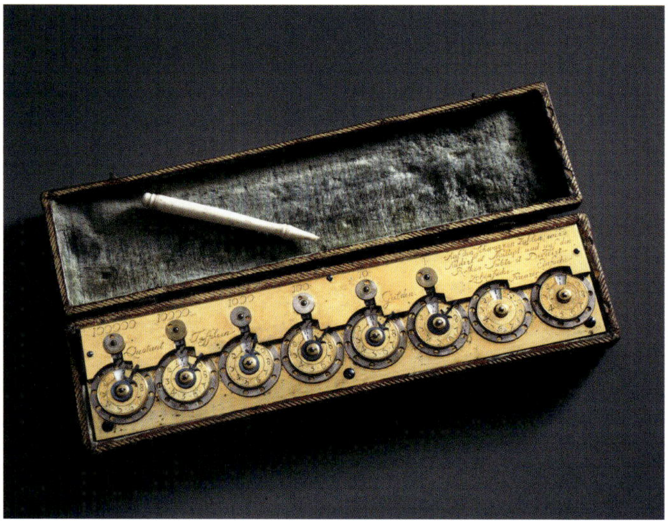

4.23 Rechenmaschine, Jacob Auch, Vaihingen an der Enz, 1790, Messing, Elfenbein, Email, Holz, Leder, Stahl, Etui: Höhe: 7,4 cm, Breite: 23,4 cm, Tiefe: 6,5 cm, Maschine: Höhe: 1,7 cm, Breite: 22,3 cm, Tiefe: 5,1 cm, Inv.-Nr. A II 66

4.22 Taschenuhr, Christoph Matthäus (?) Hahn, Stuttgart, um 1790, Email, Messing, Stahl, Durchmesser: 5,6 cm, Dicke: 2,5 cm, Inv.-Nr. D IV a 210

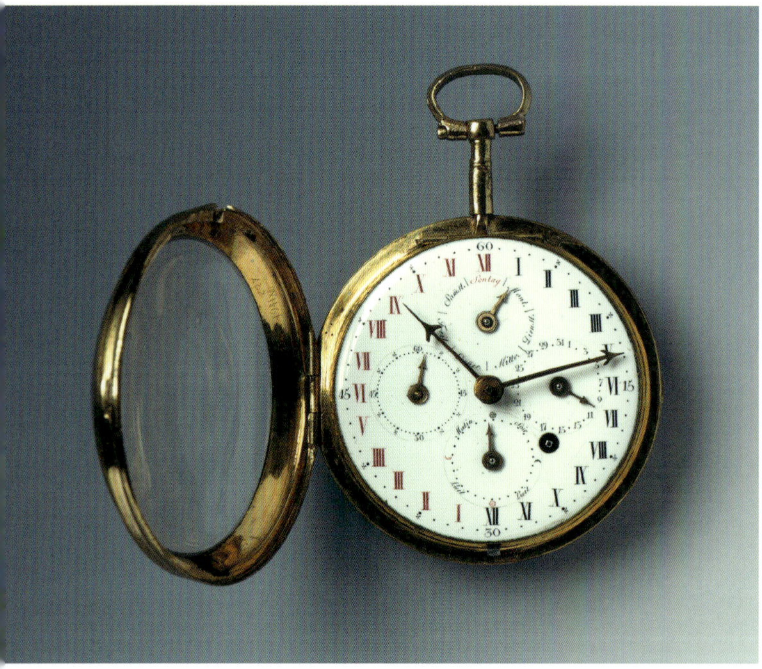

Eine Bühne für die Zeit

Das 1896 gebaute Modell der 5-Minuten-Uhr in der Semperoper befindet sich seit 1980 in der Uhrensammlung des Salons. Das Vorbild entstand im ersten Semper'schen Opernhaus, das 1841 als Hoftheater eröffnet wurde. Dem Zuschauer in der Semperoper wird, einzigartig für ein Opernhaus, in zwei Fenstern über dem Bühnenportal die Uhrzeit mitgeteilt: Im linken Fenster werden in römischen Ziffern die Stunden und im rechten Fenster in arabischen Ziffern und Fünf-Minuten-Schritten die Minuten angezeigt. Mit der Konstruktion der Uhr beauftragte man Johann Christian Friedrich Gutkaes (1785–1845), der damals die Uhren im Mathematisch-Physikalischen Salon wartete und Lehrmeister von Ferdinand Adolph Lange (1815–1875) wurde. Nachdem Gutkaes die Uhr im Opernhaus realisiert hatte, wurde er zum Hofuhrmacher ernannt. Zu diesem Zeitpunkt war er bereits hochbetagt und hatte sich längst bis weit über Dresden hinaus einen Namen gemacht.

Diese erste 5-Minuten-Uhr wurde 1869 beim Brand des Hoftheaters zerstört. Als 1878 das zweite Semper'sche Hoftheater fertiggestellt war, befand sich über dem Bühnenportal wiederum eine Uhr, gestaltet nach dem zerstörten Vorbild, aber um der besseren Lesbarkeit der Ziffern willen etwas größer ausgeführt. Diese Uhr wurde von Ludwig Teubner (1825–1907) konzipiert, der einst Geselle bei Gutkaes war und in dessen Werkstatt 1896 auch das hier gezeigte Modell entstand, mit dem er auf verschiedenen Messen in Dresden und Magdeburg für seine Werkstatt warb (Abb. 4.24).

4.24 Modell der 5-Minuten-Uhr der Semperoper, Ludwig Teubner, Dresden, 1896, Holz, Glas, Gold, Messing, Textil, Höhe: 31 cm, Breite: 40 cm, Tiefe: 35 cm, Inv.-Nr. D IV b 148

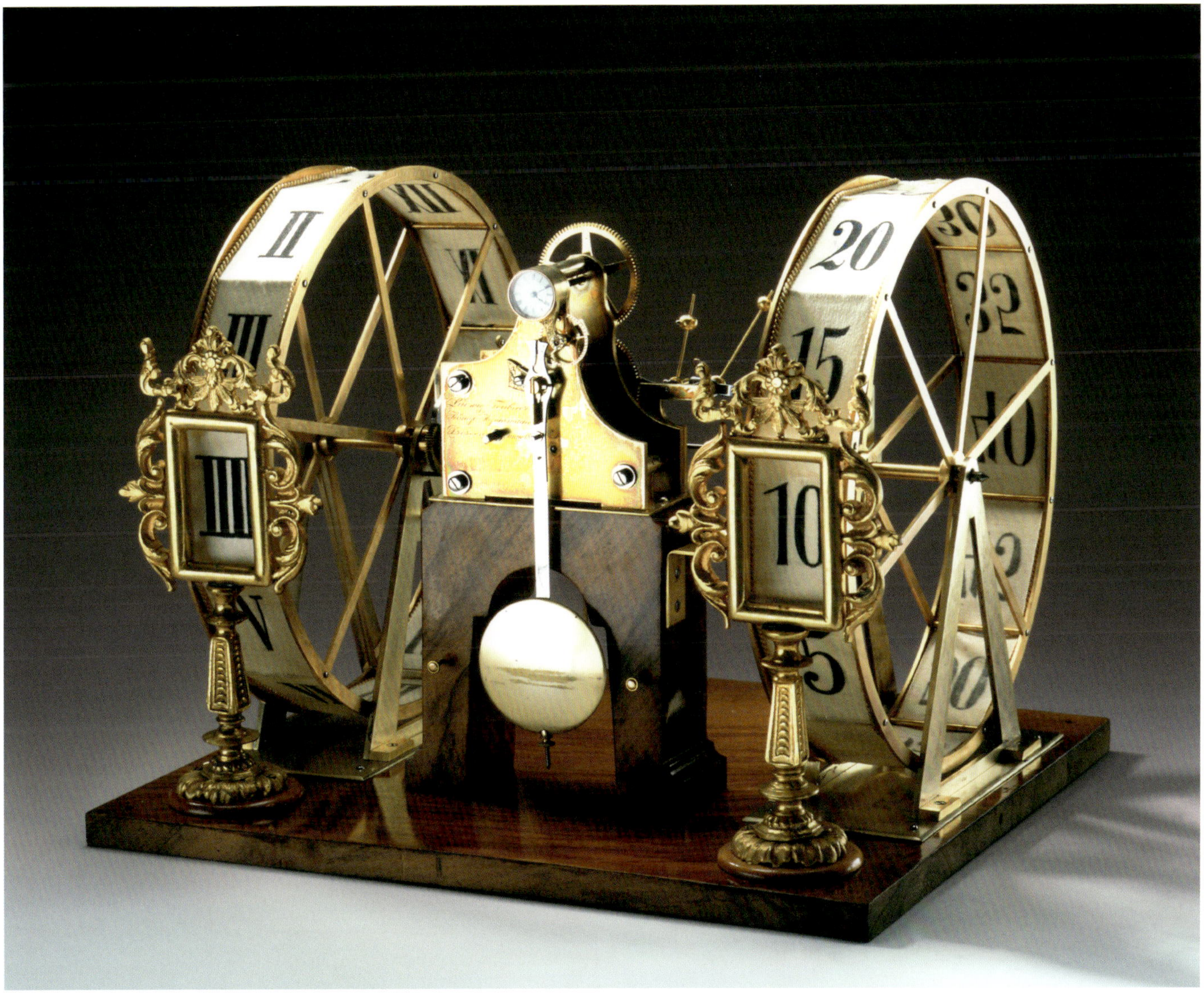

Konkurrenzen

Von Jean François Poncet (1714–1804), der 1739 Hofuhrmacher in Dresden wurde, sind zahlreiche Uhren überliefert. Es ist bekannt, dass er für seine Arbeiten auf Rohwerke aus Augsburg und Friedberg sowie aus England zurückgriff. Hervorzuheben sind vor allem seine Taschen- und Kutschenuhren mit teilweise künstlerisch sehr anspruchsvollen, getriebenen Silbergehäusen, die figürliche Szenen darstellen. Die hier abgebildete Kutschenuhr ist im Durchmesser doppelt so groß wie eine geläufige Taschenuhr und verfügt über ein Schlagwerk mit Repetition (Abb. 4.25).

Lange Zeit konkurrierten in Dresden die Hofuhrmacher mit den in der Zunft organisierten Uhrmachern. Letztere waren durch die Zunftordnung in ein enges Korsett aus vielen Regeln eingebunden, das zwar ein Mindestmaß an Qualität sicherte, aber auch Innovationen erschwerte. Im Unterschied

4.25 Kutschenuhr, Jean François Ponçet, Dresden, um 1765, Silber, Messing, Stahl, Gehäuse: Dicke: 4,5 cm, Durchmesser: 10,6 cm, Höhe (mit Pedant): 14,95 cm, Inv.-Nr. D IV c 5

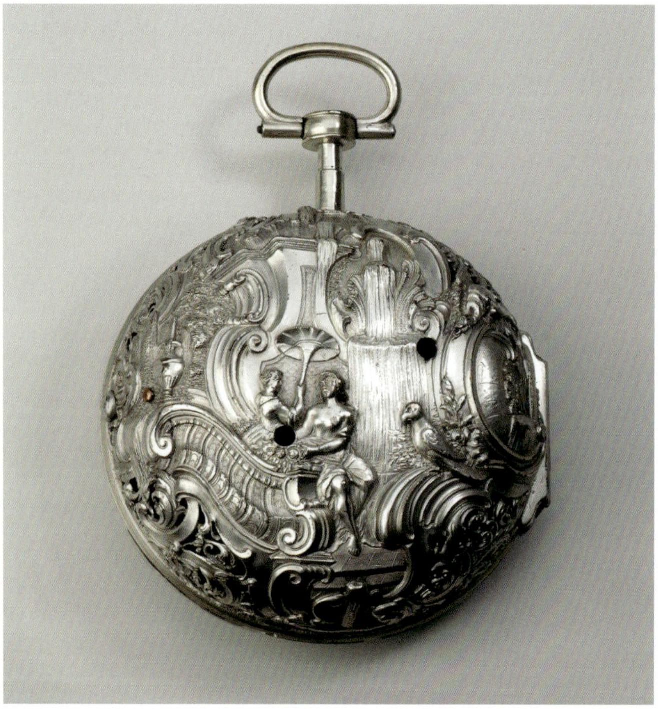

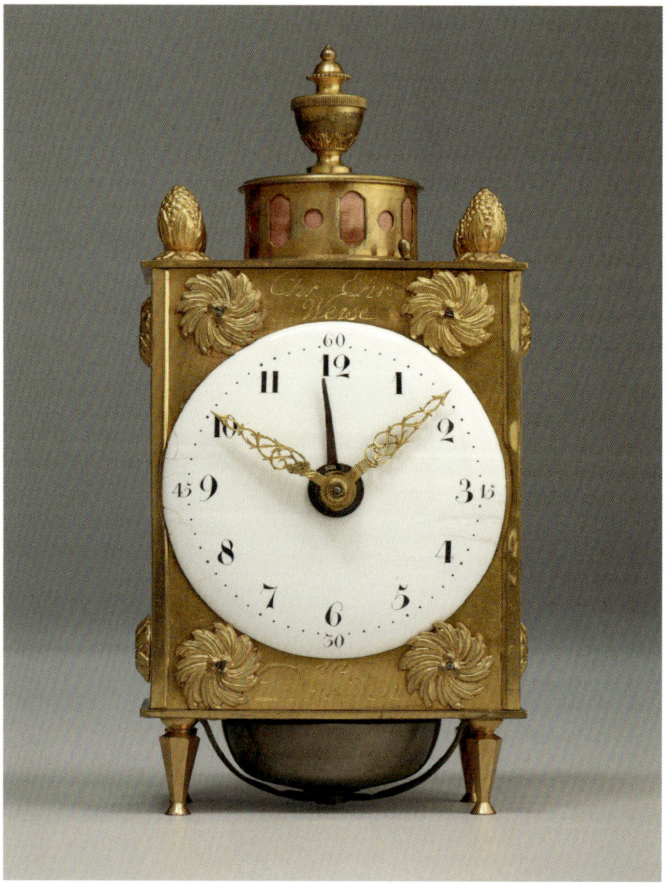

4.26 Reisewecker, Christian Ehregott Weise, Dresden, um 1785, Messing, vergoldet und graviert, Email, Glas, Höhe: 20,5 cm, Breite: 10 cm, Tiefe: 6 cm, Inv.-Nr. D IV b 129

zu den Hofuhrmachern versorgten die in der Zunft organisierten Uhrmacher den lokalen Markt mit Bodenstanduhren, Wand- und Stutzuhren, Taschenuhren und den im 18. Jahrhundert populären Reiseuhren. Auch Poncets Kutschenuhr (Abb. 4.25) ist eine Version der Reiseuhr. In der zweiten Hälfte des 18. Jahrhunderts wurden solche Kutschenuhren vom Reisewecker verdrängt. Ein Beispiel dafür ist Christian Ehregott Weises (1763–1811) Reiseuhr. Auf der oberen Gehäuseplatte dieser Uhr ließen sich das Repetierwerk (R = repetieren, N = nicht repetieren) und das Schlagwerk (S = schlagen, N = nicht schlagen) ein- und ausschalten (Abb. 4.26).

Bei Johann Gottfried Kriedels (1702–1757) Reiseuhr wird die Repetition durch Zug, also mit Hilfe einer Schnur, an der

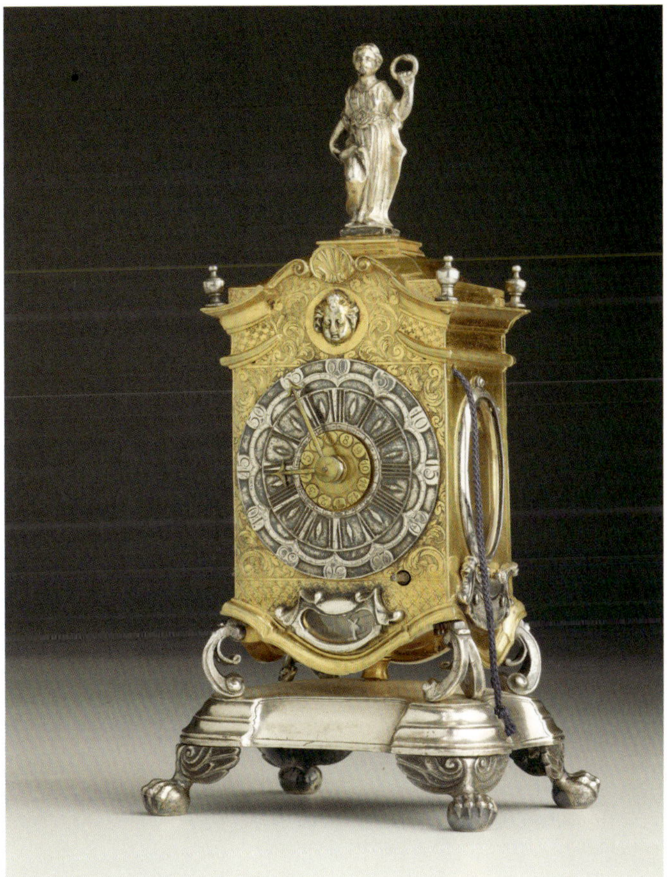

4.27 Reisewecker, Johann Gottfried Kriedel, Bautzen, um 1749, Messing, vergoldet, Bronze, versilbert, Stahl, Glas, Höhe: 25 cm, Breite: 12 cm, Tiefe: 10,5 cm, Inv.-Nr. D IV b 275

man ziehen konnte, ausgelöst. Da Kriedel sich 1751 in Cottbus niederließ, muss seine Uhr vorher entstanden sein (Abb. 4.27).

Die mit »Munier« signierte Reiseuhr aus Bautzen funktioniert nach einem anderen Prinzip: Hier wird die Repetition, das mechanische Läutwerk, durch einen Druck auf die aus dem Gehäuse hervorstehende Taste in Gang gesetzt. Dabei ist der Drücker so lang ausgelegt, dass sich die Repetition auch dann auslösen lässt, wenn sich die Uhr in ihrem Etui befindet. Die Form dieser Uhr orientiert sich an der im 16. und 17. Jahrhundert beliebten horizontalen Tischuhr (Abb. 4.28).

Ein spätes Exemplar der im 17. Jahrhundert populären horizontalen Tischuhren stammt von Johann Gottlieb Graupner (um 1690–1759). An ihm wird augenfällig, dass nicht nur die

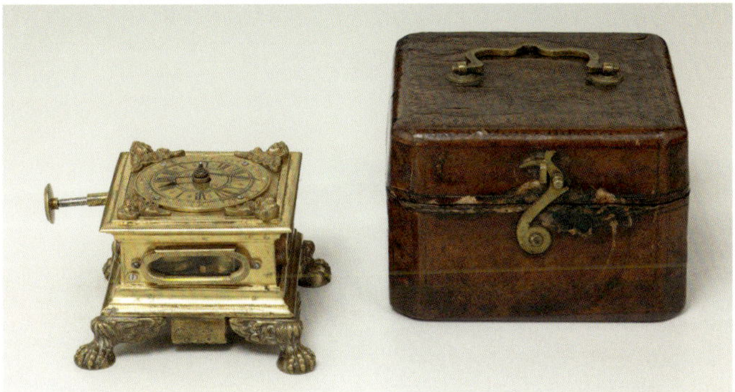

4.28 Reiseuhr mit Etui, signiert »Munier«, Bautzen, 3. Viertel des 18. Jahrhunderts, Messing, vergoldet, Bronze, Stahl, Glas, Holz, Ziegenleder, Höhe: 5,5 cm, Breite: 6,1 cm, Tiefe: 6,1 cm, Inv.-Nr. D IV b 276

Gehäuse, sondern auch die in der Regel dem Betrachter nicht zugänglichen Uhrwerke bis ins kleinste Detail finisiert – das heißt, ein Rohwerk mit Schliffen, Gravuren und Polituren zu versehen – und dekoriert wurden (Abb. 4.29).

4.29 Horizontale Tischuhr, Johann Gottlieb Graupner, Dresden, um 1730, Messing, vergoldet, Silber, Stahl, Höhe: 10 cm, Durchmesser: 11 cm, Inv.-Nr. D IV b 143

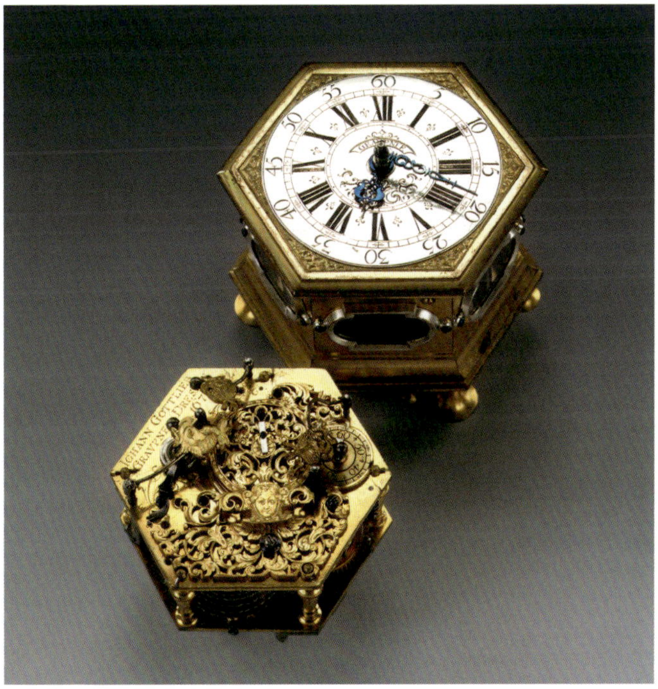

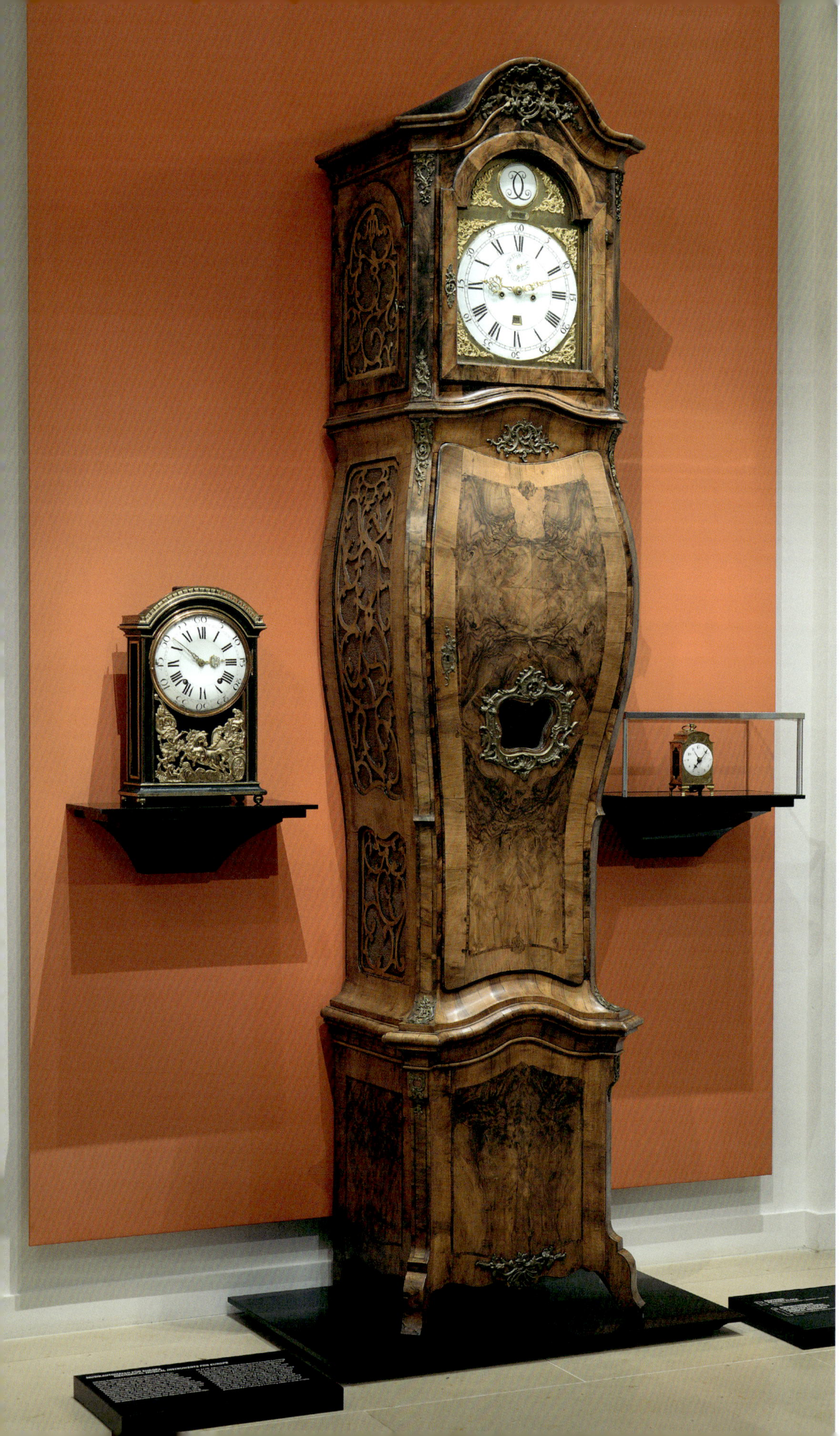

4.30a Bodenstanduhr mit Musikspielwerk, Johann Gottfried Kaufmann, Dresden, 1774, Nussbaumholz, Stahl, Glas, Bronze, Darmsaite, Leder, Höhe: 277 cm, Breite: 67 cm, Tiefe: 56 cm, Inv.-Nr. D IV b 141

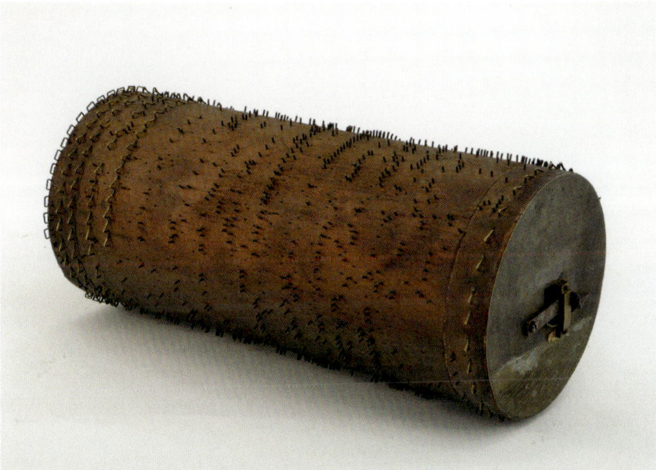

4.30b Stiftwalze für Bodenstanduhr mit Musikspielwerk, Inv.-Nr. D IV b 141

Musikautomaten für Europa

Johann Gottfried Kaufmann (1752–1818) erlernte ab 1770 in Dresden das Uhrmacherhandwerk und spezialisierte sich schnell auf den Bau von Musikautomaten. Zu Beginn des 19. Jahrhunderts entwickelte er mit seinem Sohn Johann Friedrich (1785–1866) mechanische Musikinstrumente, die in öffentlichen Tanzsälen in ganz Europa aufgestellt wurden. In den Dresdener Geschäftsräumen der Firma stand eine imposante Bodenstanduhr, die zu den frühesten Werken Kaufmanns gehört. In ihrem Innern befindet sich, an der Rückwand aufgerichtet, eine Art Hammerklavier mit 42 Hämmern, die auf Saiten schlagen, und einem weiteren Hammer, der ein Glöckchen zum Erklingen bringt. Über die Schalllöcher an den Seiten des Gehäuses kann sich der Klang ungehindert im Raum verteilen (Abb. 4.30a). Auch Zubehör ist erhalten geblieben, zehn Stiftwalzen mit je drei Musikstücken (Abb. 4.30b) – die letzten davon mit Musik aus der zweiten Hälfte des 19. Jahrhunderts. Man konnte also fast ein Jahrhundert lang Walzen mit der jeweils aktuellen Musik für diese Uhr nachkaufen, unter anderem Stücke aus Wolfgang Amadeus Mozarts *Don Giovanni*, Giacomo Meyerbeers *Dinorah*, Carl Maria von Webers *Freischütz* und der *Annenpolka* von Johann Strauss jr.

Europäische Uhrmacher um 1800

Das beginnende 19. Jahrhundert wurde im Bereich der Uhrmacherei von dem berühmtesten aller Uhrmacher, dem in Paris arbeitenden Abraham Louis Breguet (1747–1823), geprägt. Die bedeutendsten Orte der Uhrenherstellung waren aber London und die Westschweiz mit dem Zentrum Genf. Vor allem für Schweizer Taschenuhren erschlossen sich bereits frühzeitig Märkte in der Türkei, in Indien und China. Andere Regionen konnten, was die Mengen der gefertigten Uhren betrifft, mit London und Genf nicht mithalten, erzielten aber mit kuriosen Uhren Aufmerksamkeit, wie zum Beispiel das russische Wjatka (heute Kirow), das für seine fast vollständig aus Holz gebauten Taschenuhren bekannt war.

Breguet war ein genialer und innovativer Konstrukteur und ein cleverer Geschäftsmann. Er führte mit seiner »Souscription« die wohl erste in Serie gefertigte Taschenuhr ein. Der Name »Souscription« bezeichnet auch die Geschäfts-

4.31 Taschenuhr »Souscription No. 834«, Louis Abraham Breguet, Paris, um 1805, Silber, Email, Gold, Durchmesser: 56,2 cm, Höhe: 1,5 cm, Inv.-Nr. D IV a 159

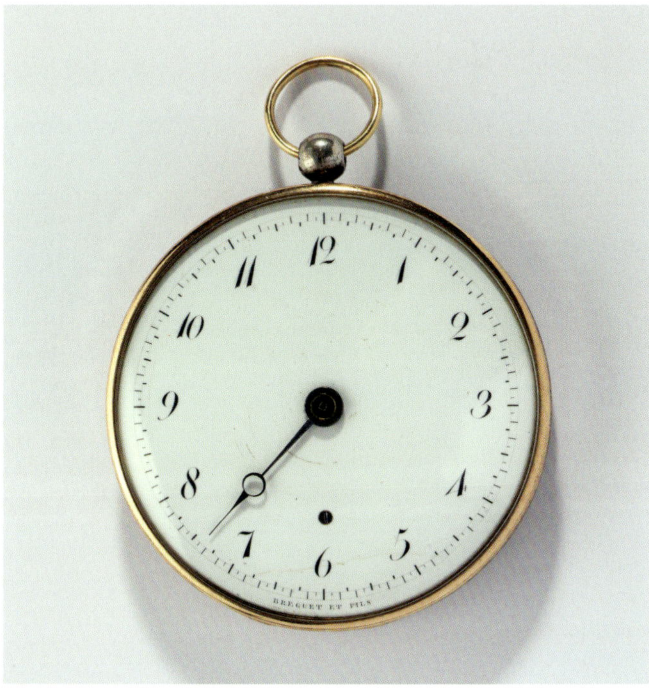

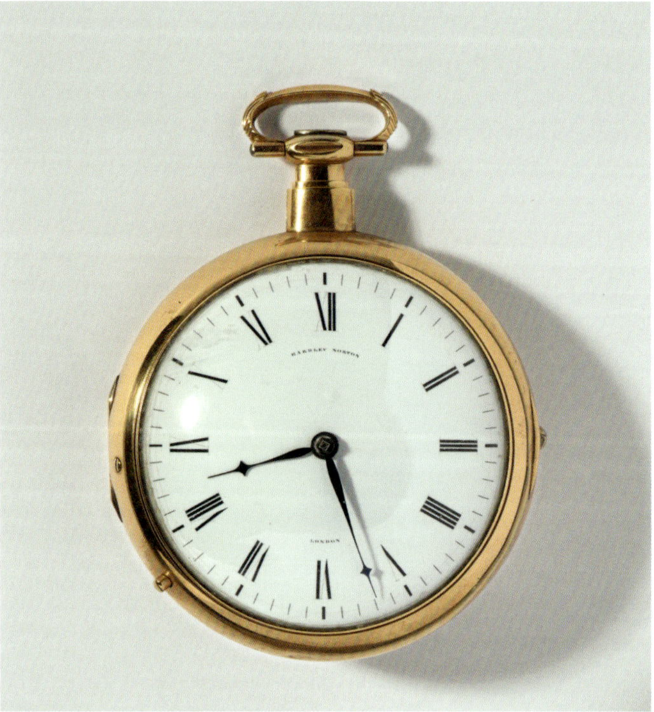

4.32a Taschenuhr mit Repetition, Eardley Norton, London, um 1790, Gold, Email, Silber, Messing, Durchmesser: 5,6 cm, Höhe: 2,5 cm, Inv.-Nr. D IV a 138

methode: Jedes Mal, wenn genügend Uhren vorbestellt und angezahlt waren, stellte Breguet diese Taschenuhr in einer kleinen Serie her. Der Stundenring der Uhr ist so exakt gezeichnet, dass die Zeit fast auf die Minute genau abgelesen werden kann, obwohl es nur einen Zeiger gibt. Diese Konstruktion ermöglichte es Breguet, mit einem Minimum an Bauteilen auszukommen (Abb. 4.31).

Eardley Nortons (1740–1794) goldene Taschenuhr ist wesentlich prächtiger, als wir das normalerweise von englischen Taschenchronometern erwarten, die vor allem für Präzision stehen (Abb. 4.32a). Aber auch diese Uhr, ausgestattet mit einem Vollplatinenwerk mit Schnecke und Kette und einer für diese Zeit in England schon antiquiert wirkenden Spindelhemmung, vermittelt in ihrer vollendeten Verarbeitung den Eindruck hoher Präzision. Durch einen Druck auf den Bügel wird die Repetition der Stunden- und Viertelstunden ausgelöst. Das reich verzierte Uhrwerk ist durch eine Staubkapsel geschützt, denn das Gehäuse hat am Rand einen durchbrochenen Fries, durch den der Schall des Repetierwerkes sich besser verbreiten kann (Abb. 4.32b).

Norton betrieb eine Werkstatt in der St. John Street in London, wo er bis zu seinem Tod 1794 Stutzuhren, Seechronometer und Taschenuhren fertigte.

Kurios sind die fast gänzlich aus Holz hergestellten Taschenuhren der Familie Bronnikov aus dem russischen Wjatka (heute Kirow). Nur die Federn sind aus Stahl, die Wellen, die Triebe und der Hemmungszylinder aus Bein. Drei Generationen stellten zwischen 1837 und 1910 diese Uhren her, die teurer waren als goldene Uhren. Die Uhren der Bronnikovs gewannen auf nationalen wie internationalen Ausstellungen zahlreiche Preise, Medaillen, Diplome und Prämien. Der internationale Erfolg kam 1873 mit der Weltausstellung in Wien. Die Uhr im Mathematisch-Physikalischen Salon gilt als eine der ältesten erhaltenen ihrer Art (Abb. 4.33).

Das Emailzifferblatt mit den türkischen Ziffern macht deutlich, dass diese Uhr für den osmanischen Markt, der im 18. Jahrhundert an Bedeutung gewann, hergestellt wurde. In der Gestaltung des Zifferblatts und der Verzierung des Gehäuses richteten sich die Uhrmacher nach den geschmacklichen Vorlieben der Bevölkerung im Osmanischen Reich (Abb. 4.34a, b).

4.32b Taschenuhr mit Repetition, Uhrwerk, Inv.-Nr. D IV a 138

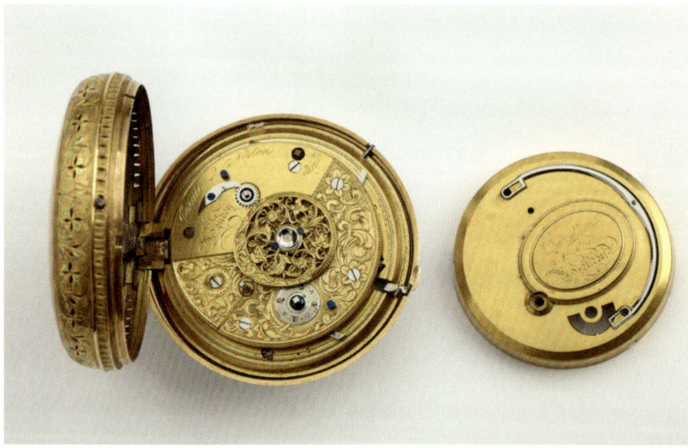

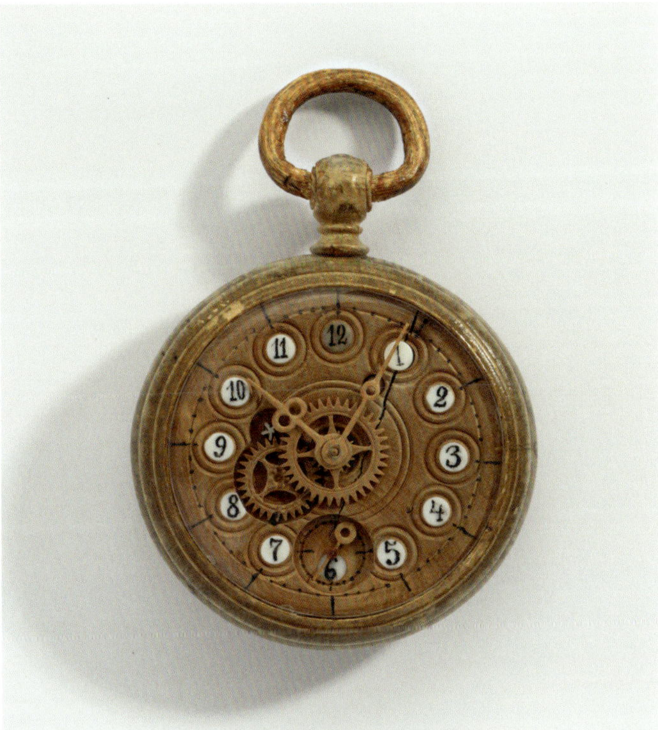

4.33 Holztaschenuhr, Michail Semjonowitsch Bronnikov, Wjatka, um 1850, Holz, Glas, Eisen, Bein, Durchmesser: 5,02 cm, Höhe: 1,84 cm, Inv.-Nr. D IV a 127

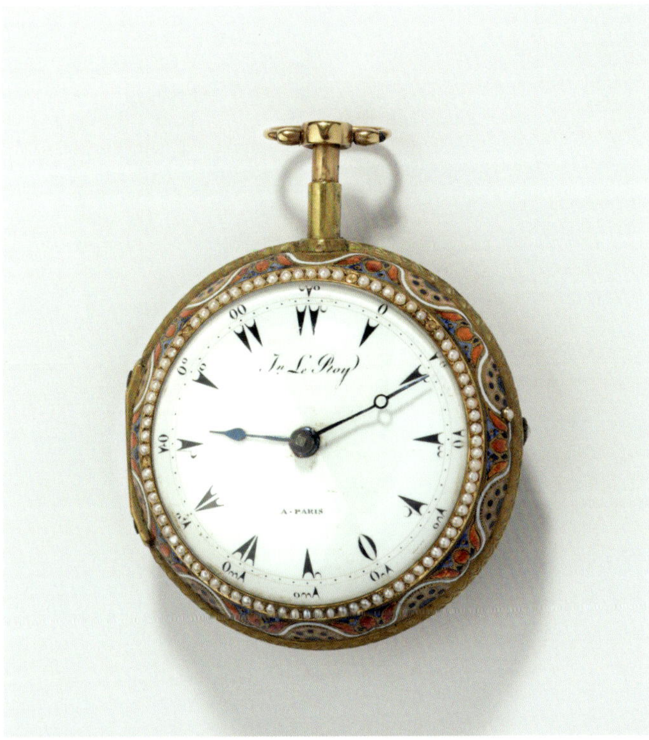

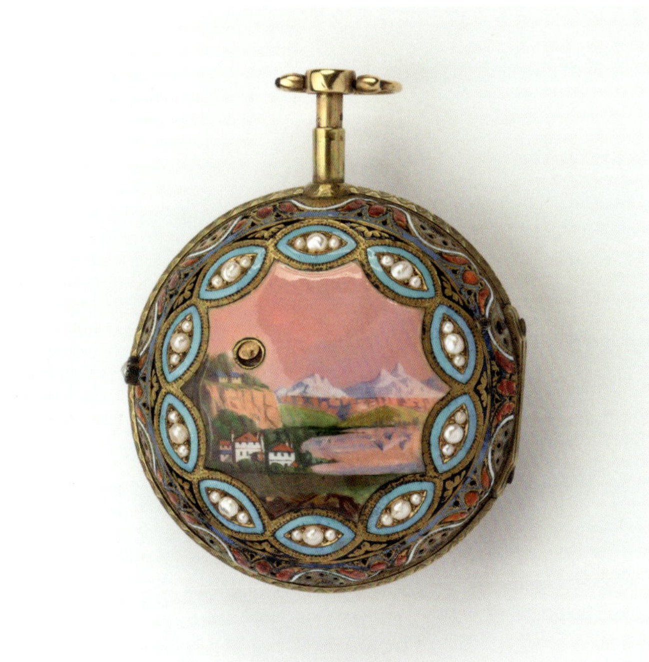

4.34a, b Taschenuhr, Vorderseite und Rückseite, Julien Le Roy, Paris, um 1780, Email, Perlen, Stahl, Durchmesser: 5,2 cm, Höhe: 2,5 cm, Inv.-Nr. D IV a 254

Neben den Taschenuhren wurde auch Seechronometer in serieller Fertigung hergestellt. Der Markt für Seechronometer blieb allerdings lange ein nationaler, anders als bei den Taschenuhren, die weltweit verkauft wurden. Diese Beschränkung hing vor allem mit der geringen Verfügbarkeit der Marineinstrumente zusammen.

Ein Seechronometer ist so ausgelegt, dass es Temperatur- und Feuchtigkeitseinflüsse kompensieren kann. Um die Bewegung des Schiffes auszugleichen, war das Uhrwerk oft kardanisch gelagert (Abb. 4.35). Für eine Seefahrernation wie England war die Fertigung von Seechronometern von eminenter Bedeutung, weil nur sie eine hinreichend präzise Navigation auf See ermöglichten.

Neben den Engländern gehörten auch die Franzosen zu den Pionieren des Baus von Seechronometern. Als der Dresdener Uhrmacher Ferdinand Adolph Lange als Geselle auf

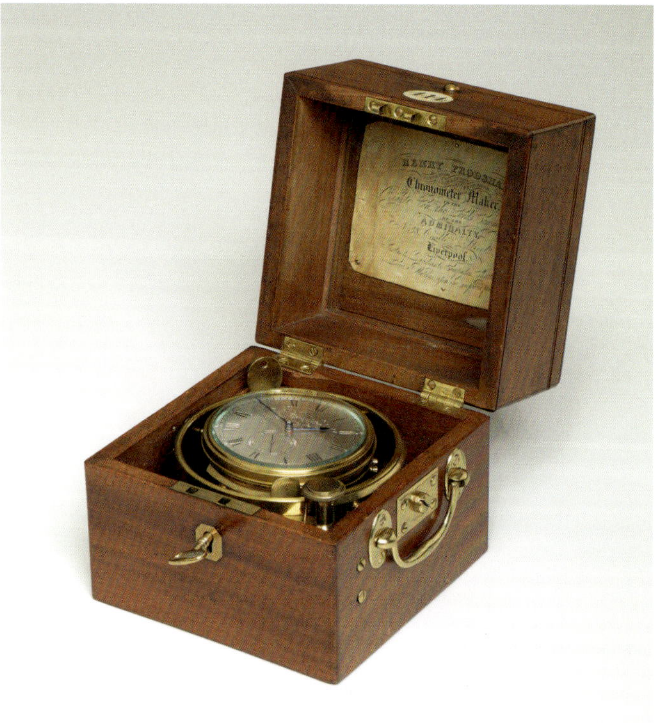

4.35 Seechronometer, Parkinson & Frodsham No. 414, London, um 1840, Messing, Glas, Mahagoniholz, Höhe: 13,7 cm, Breite: 14,5 cm, Tiefe: 14 cm, Inv.-Nr. D IV b 41

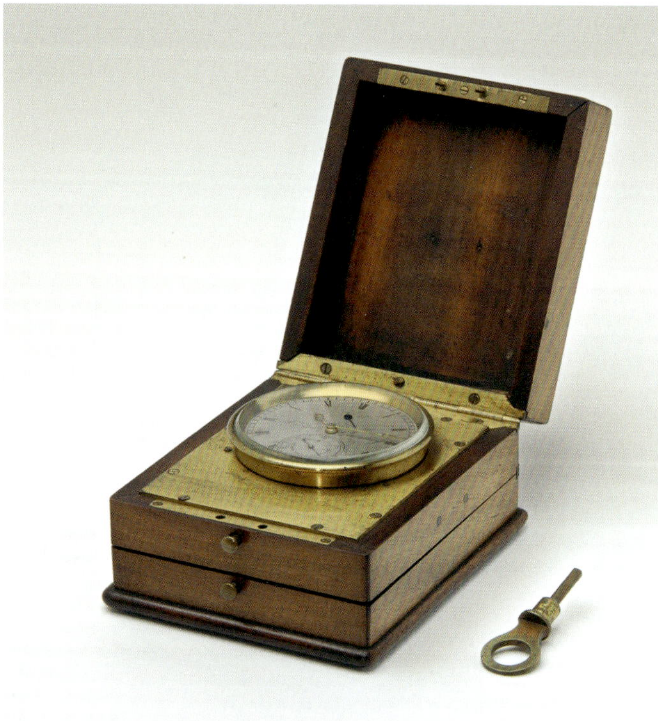

4.36 Seechronometer, Victor Gannery, Paris, um 1845, Mahagoniholz, Messing, Silber, Stahl, Höhe: 6,6 cm, Breite: 10,5 cm, Tiefe: 12,6 cm, Inv.-Nr. D IV b 126

Wanderschaft ging, lernte er bei Joseph Thaddäus Winnerl (1799–1886) in Paris Victor Gannery (1820–1851) kennen. Gannery fertigte dieses kleine Seechronometer entweder in Paris oder während eines Besuchs in der Werkstatt von Lange und Gutkaes in Dresden (Abb. 4.36).

Ebenfalls in Winnerls Werkstatt in Paris soll Lange eine ganz spezielle Hemmung, den Kugelgang, kennengelernt haben, den er dann in Dresden in mehrere Regulatoren (Präzisionspendeluhren) einbaute. Diese Uhren wurden in der Werkstatt von Gutkaes hergestellt und trugen daher dessen Namen. Das Pendel erhält den Impuls zum Aufrechterhalten seiner Schwingungen durch zwei Messingkugeln, die an besonderen Ankerarmen hängen und mit diesen vom Gangrad gehoben und gesenkt werden (Abb. 4.37).

Nach dem Erwerb der Uhr mit der Nummer »1194« durch den Salon im Jahr 1850 diente sie in der Zeitdienststelle als eine der Hauptuhren für mittlere Sonnenzeit. Da sich die Erde im Verlauf des Jahres nicht immer in der gleichen Zeit um die Sonne bewegte, zeigte eine mechanische Uhr die »mittlere Sonnenzeit« an.

Gutkaes baute für den Zeitdienst auch eine Uhr für kurze Zeitintervalle, einen sogenannten Sekundenzähler (Abb. 4.38). Anders als bei den Regulatoren mit ihren ein Meter langen Sekundenpendeln konnten die Sekunden hier nicht am Ticken der Uhr gezählt werden, weil das Pendel zu kurz war. Deshalb wurden die Sekunden auf einer Glocke angeschlagen und die Minuten durch einen Doppelschlag markiert. Angezeigt werden die Sekunden auf dem großen Zifferblatt der Uhr durch den großen um die Mitte drehenden Zeiger und die Minuten in dem kleinen, aufgesetzten Zifferblatt; die Stunden erscheinen in dem kleinen digitalen Ausschnitt links neben der Mitte des großen Zifferblatts.

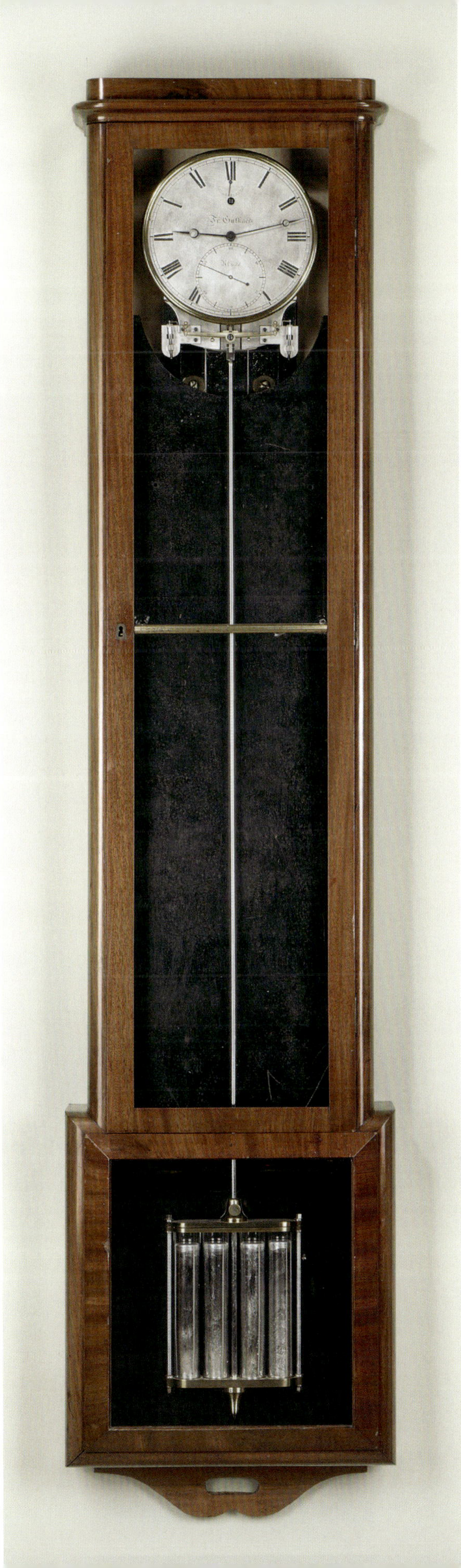

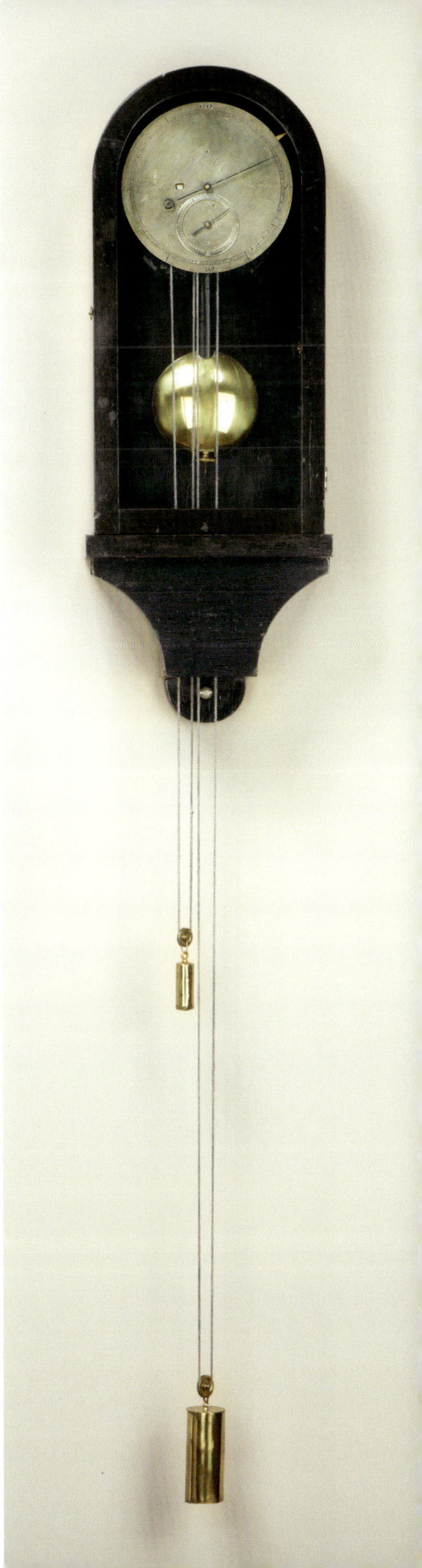

4.37 Regulator, Johann Friedrich Gutkaes, Dresden, um 1845, Holz, Messing, Stahl, Höhe: 147 cm, Breite: 33,5, Tiefe: 12,5 cm, Inv.-Nr. D III 15

4.38 Sekundenzähler (Durchgangsuhr), Johann Friedrich Gutkaes, Dresden, um 1825, Holz, Eisen, Glas, Messing, Höhe: 65,0 cm, Breite: 24,5 cm, Tiefe: 12,6 cm, Inv.-Nr. D III 10

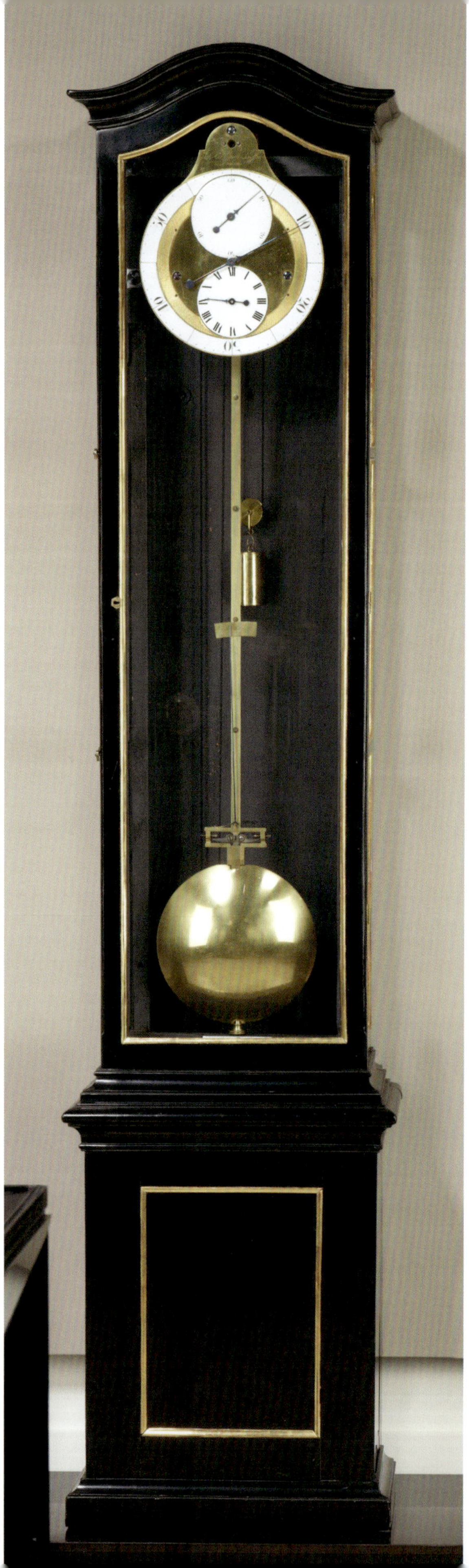

Präzision aus Dresden

Kurz nachdem Johann Gottfried Köhler (1745–1800) 1777 Inspektor des Mathematisch-Physikalischen Salons geworden war, kam ein zweiter begeisterter Astronom nach Dresden, der sich vor allem als Uhrmacher schnell einen Namen weit über Dresden hinaus machte: Johann Heinrich Seyffert (1751–1817). Er sollte 1801 Köhlers Nachfolger werden. Seyffert baute Taschenchronometer, Reisependulen für die Längengradbestimmung und Bodenstanduhren. Die im Salon zu sehenden Uhren dienten alle als Beobachtungsuhren im Zeitdienst des Observatoriums im Zwinger. Sie gehören zu den frühesten in Deutschland gebauten Präzisionspendeluhren.

Regulatoren sind Präzisionspendeluhren, die für astronomische Beobachtungen eingesetzt wurden. Erstaunlicherweise sind in Dresden keine englischen Regulatoren zu finden, die als die präzisesten galten. Erst als man 1777 im Mathematisch-Physikalischen Salon mit systematischen Himmelsbeobachtungen begann, entstand ein Bedarf an Präzisionsuhren, die aber vor Ort gebaut wurden (Abb. 4.39). Die Hofuhrmacher Johann Friedrich Schumann (1758–1817) und Johann Friedrich Gutkaes stellten Anfang des 19. Jahrhunderts solche genau gehenden Uhren her. Gutkaes' Schüler, Partner und Schwiegersohn Ferdinand Adolph Lange brachte von seiner Wanderschaft, die ihn nach Frankreich, in die Schweiz und nach Großbritannien führte, neue Ideen mit, die er gemeinsam mit Gutkaes umsetzte.

Ein Regulator aus den Mechanischen Werkstätten Strasser & Rhode in Glashütte war die letzte Uhr, die im Zeitdienst des Salons in Betrieb genommen wurde (Abb. 4.40). Sie löste die Bodenstanduhr von Köhler (vgl. S. 72, Abb. 3.30) als Hauptuhr ab.

Seyffert, seit 1801 Inspektor des Mathematisch-Physikalischen Salons, war als Uhrmacher Autodidakt, er war einer der Ersten auf dem Kontinent, der den Begriff Chronometer für

4.39 Regulator, Johann Heinrich Seyffert, Dresden, 1794, Holz, Messing, Eisen, Glas, Stahl, Höhe: 194 cm, Breite: 44,5 cm, Tiefe: 26,6 cm, Inv.-Nr. D III 11

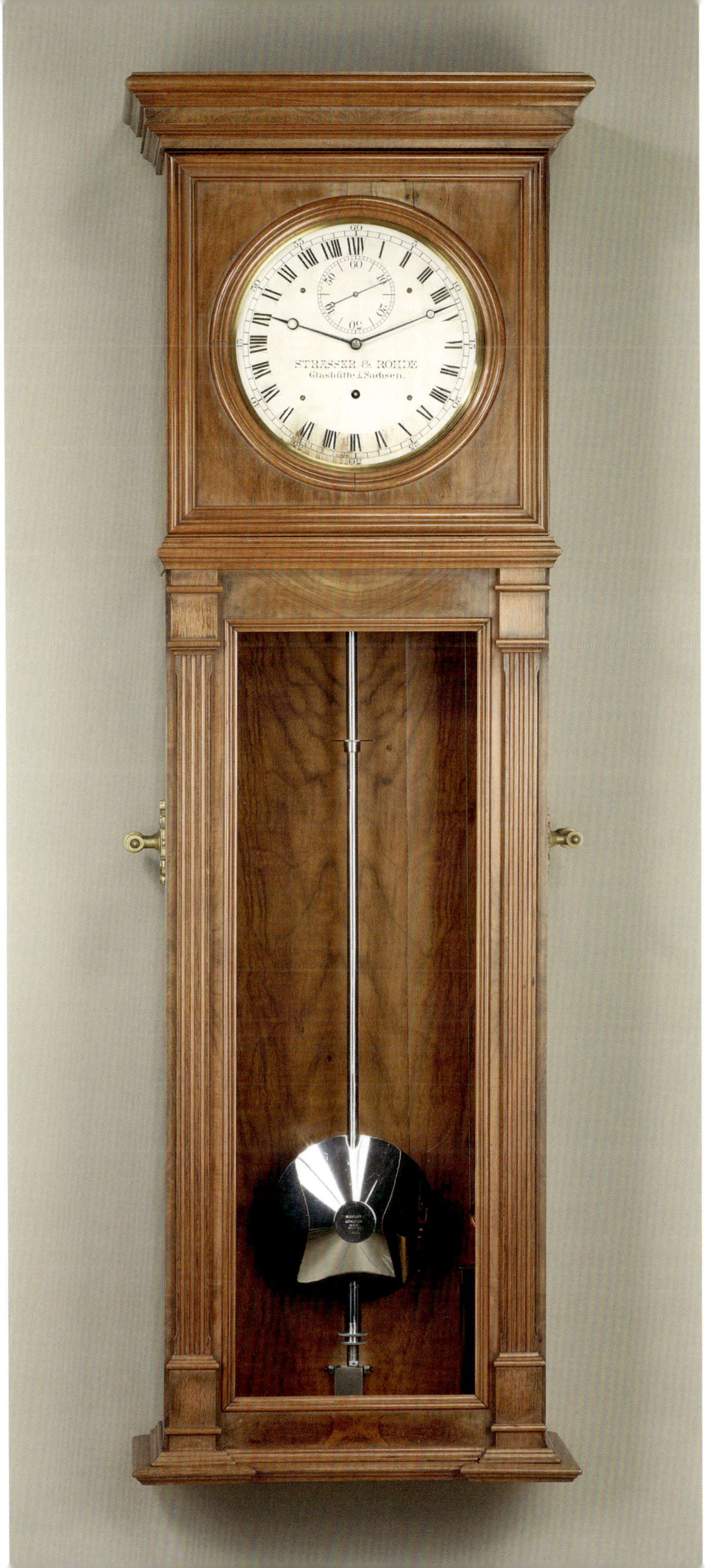

4.40 Regulator, Strasser & Rhode, Glashütte, 1888, Holz, Messing, Stahl, Höhe: 150 cm, Breite: 50 cm, Tiefe: 29 cm, Inv.-Nr. D III 21

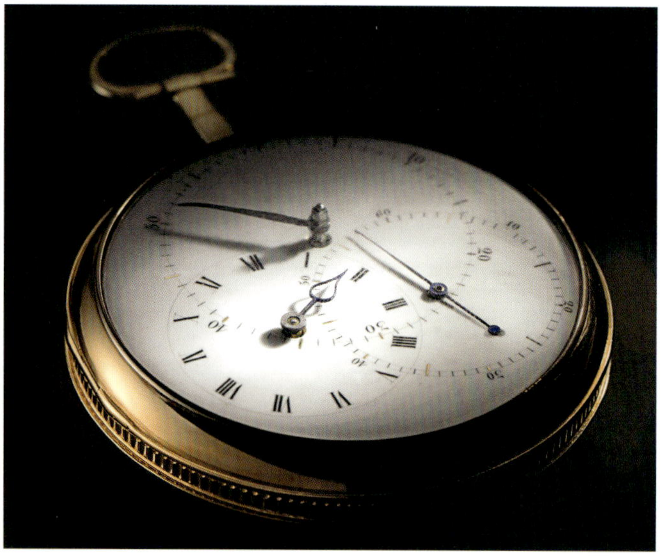

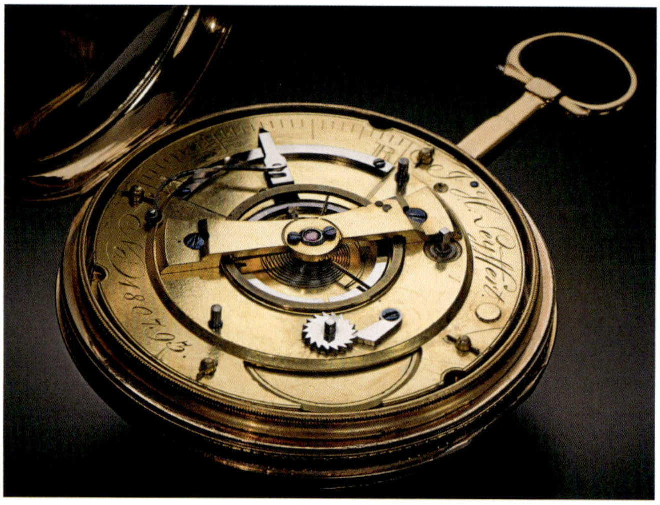

4.41a, b Taschenuhr, Vorderseite und Rückseite mit Uhrwerk, Johann Heinrich Seyffert, Dresden, 1807, Gold, Stahl, Email, Durchmesser: 5,7 cm, Höhe: 2,5 cm, Inv.-Nr. D IV a 275

Taschenuhren verwendete. Um eine möglichst exakt funktionierende tragbare Uhr bauen zu können, studierte er entsprechende Taschenuhren vor allem aus England (Abb. 4.41a, 4.41b). Gutkaes arbeitete mit Seyffert im Mathematisch-Physikalischen Salon zusammen und setzte dessen Arbeit mit der Konstruktion von Taschenchronometern und herausragenden Beobachtungsuhren fort (Abb. 4.42a, 4.42b).

4.42a, b Taschenchronometer Nr. 90, Vorderseite und Rückseite mit Uhrwerk, Johann Friedrich Gutkaes, Dresden, um 1835, Silber, Stahl, Email, Durchmesser: 5,9 cm, Höhe: 2,4 cm, Inv.-Nr. D IV a 346

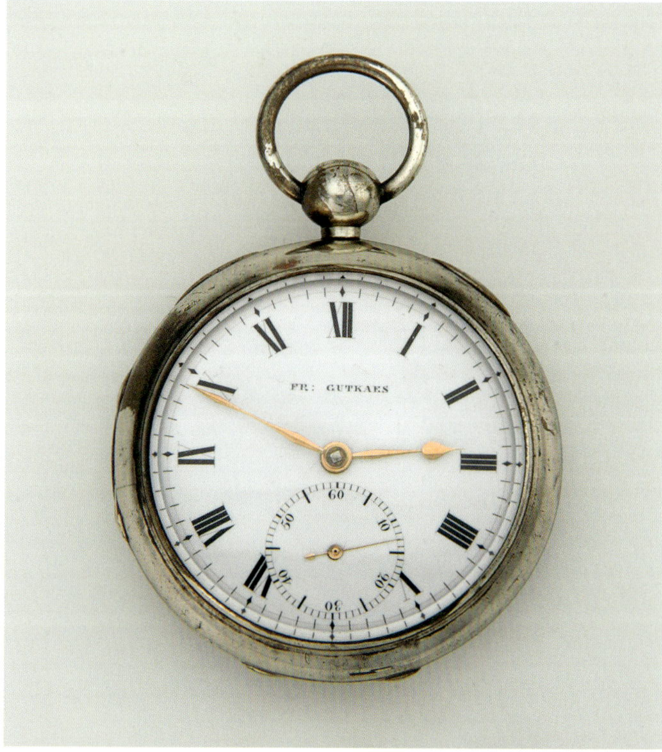

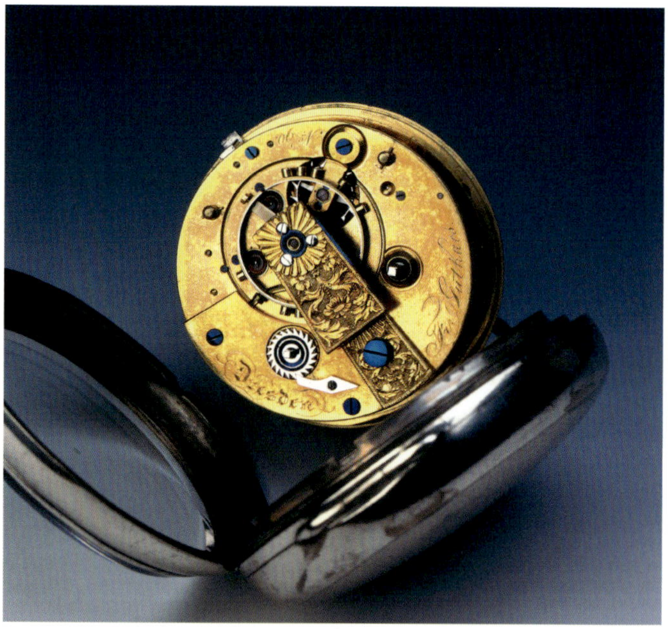

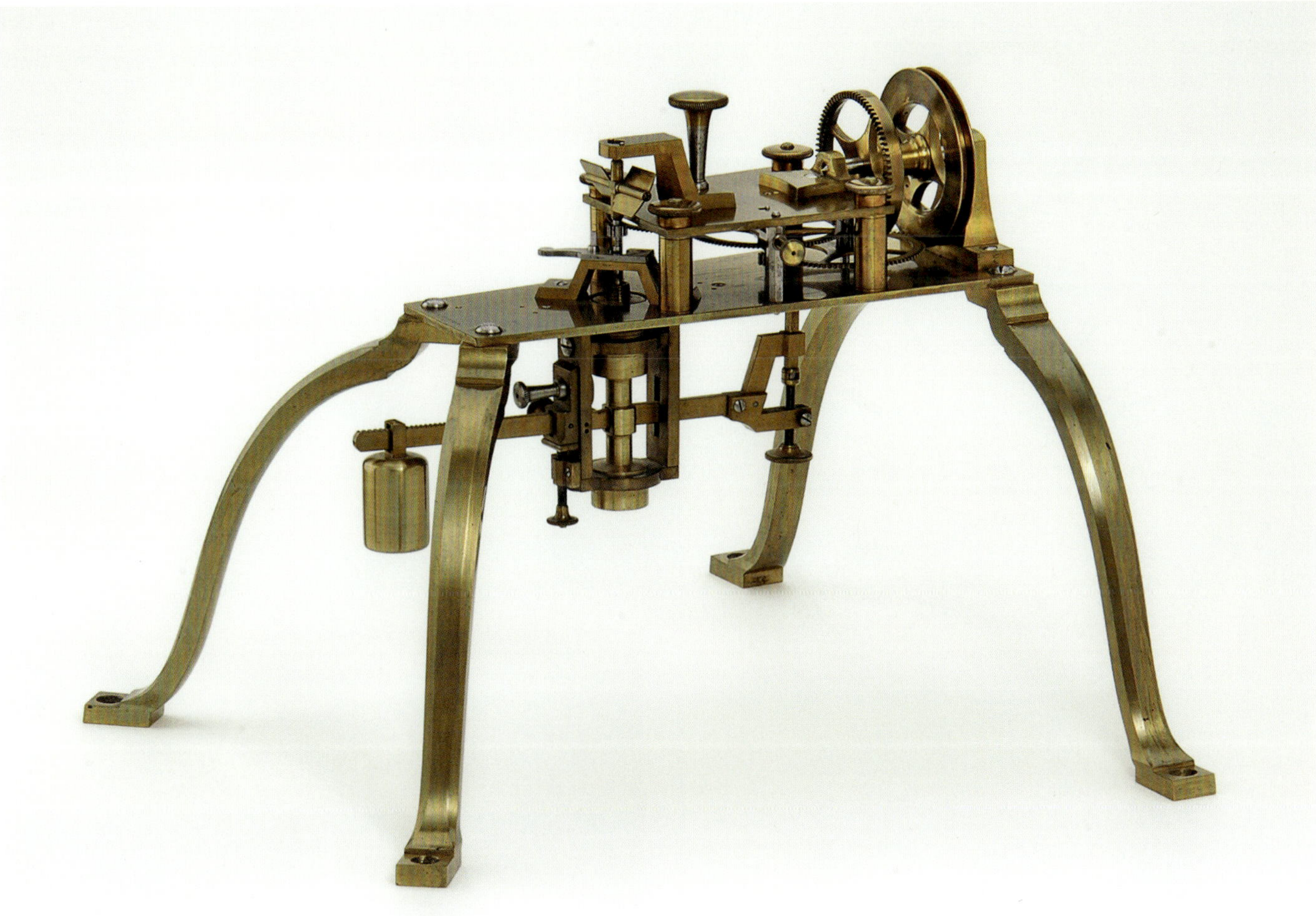

4.43 Steinbohrmaschine, Johann Heinrich Seyffert, Dresden, 1796, Inv.-Nr. D VIII 81

Uhrmacher bauten nicht nur Uhren, sondern stellten oftmals auch die für den Bau notwendigen Werkzeuge und Maschinen selbst her. Johann Heinrich Seyffert beispielsweise konstruierte eine Steinbohrmaschine, mit der er präzise Löcher in die aus Rubin bestehenden Lagersteine bohrte (Abb. 4.43).

Der Weg nach Glashütte

Das kleine Städtchen Glashütte im Erzgebirge steht heute für herausragende Uhrmacherkunst, mehr als ein Dutzend Firmen produzieren dort vor allem Armbanduhren von zum Teil herausragender Qualität. Diese Erfolgsgeschichte begann 1845, als Ferdinand Adolph Lange in Glashütte die ersten Uhrmacher ausbildete.

Während seiner eigenen Ausbildung an der Höheren Technischen Bildungsanstalt in Dresden traf Ferdinand Adolph Lange im Mathematisch-Physikalischen Salon auf Johann Friedrich Gutkaes, bei dem er später in die Uhrmacherlehre ging. Nach seiner Wanderschaft durch mehrere europäische Länder wurde er Teilhaber von Gutkaes' Firma. Ab 1845 begann Lange in Glashütte, Uhrmacher auszubilden und Uhren

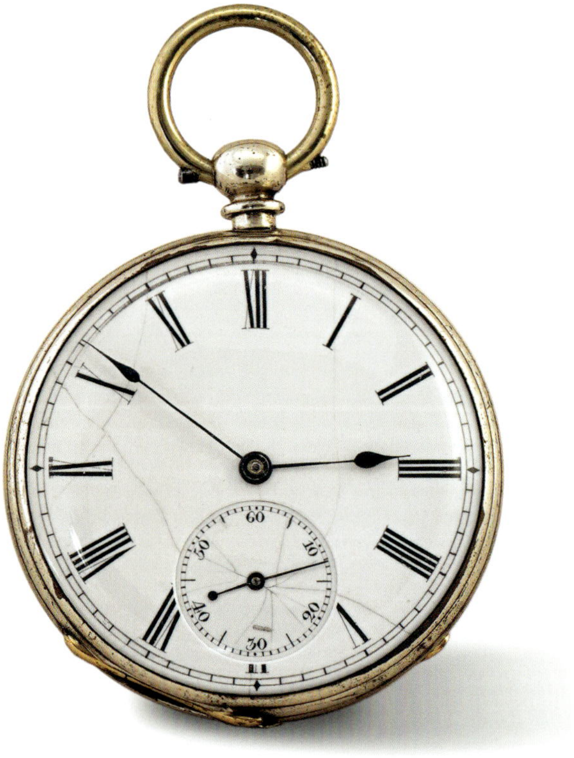

zu bauen, die schnell mit den besten Produkten aus der Schweiz konkurrieren konnten. Seine ersten Uhren signierte er mit »Lange in Dresden« und »Glashütte bei Dresden«, ab etwa 1865 konnte sich langsam das Qualitätssiegel »Glashütte in Sachsen« etablieren (Abb. 4.44a, b).

Im ausgehenden 19. Jahrhundert wurden komplexe Taschenuhren, die man »Grande Complication« nannte, zum Aushängeschild der führenden Uhrenmanufakturen. In ihr versuchten die Uhrmacher dieser Firmen, so viele technische Finessen (»Komplikationen«) und Anzeigen (»Indikationen«) wie möglich in einem Gehäuse zu vereinen: die Zeitanzeige,

4.45a Grande Complication »La Grandiose«, Vorderseite, Louis Elisée Piguet, Le Brassus, um 1893 (Rohwerk), Martin Seidel, Rudolstadt, 1942/1952, Messing, Silber, Email, Stahl, Durchmesser: 8,1 cm, Höhe: 3,2 cm, Inv.-Nr. D IV a 350

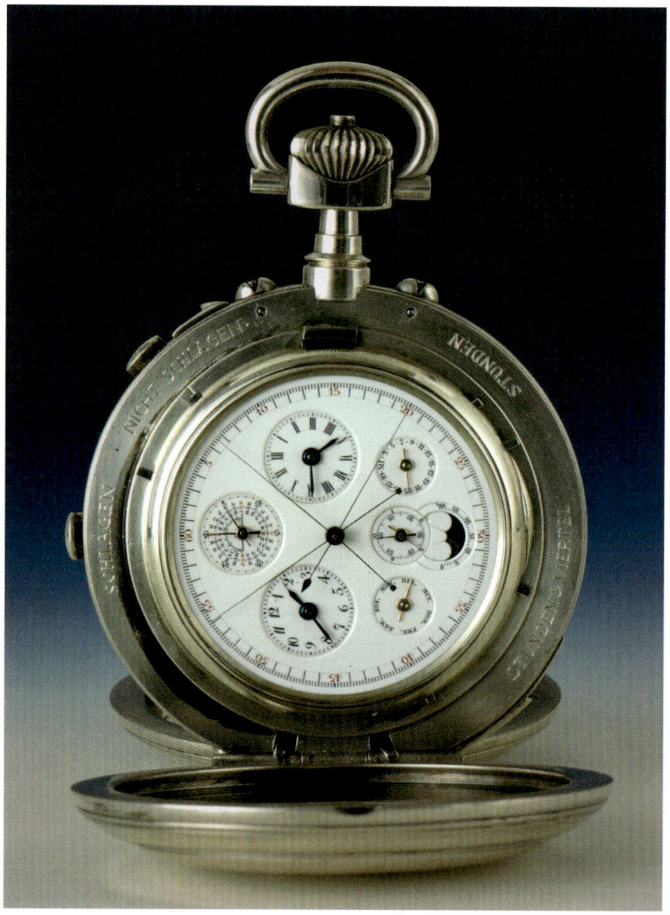

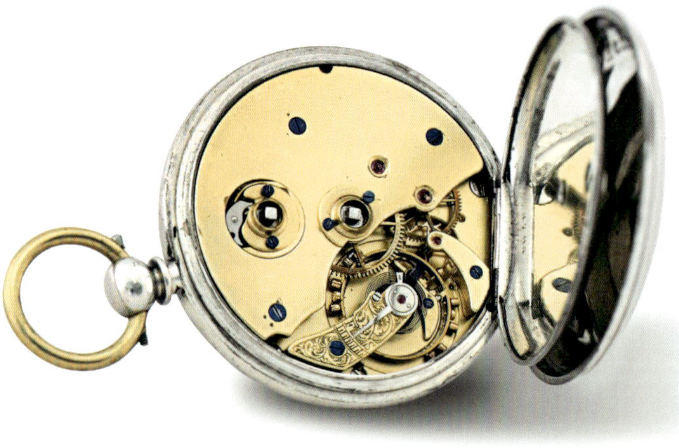

4.44a, b Taschenuhr, Vorderseite und Rückseite mit Uhrwerk, Gutkaes & Lange, Dresden, um 1867, Silber, Email, Gold, Durchmesser: 4,3 cm, Höhe: 1,3 cm, Inv.-Nr. D IV a 333

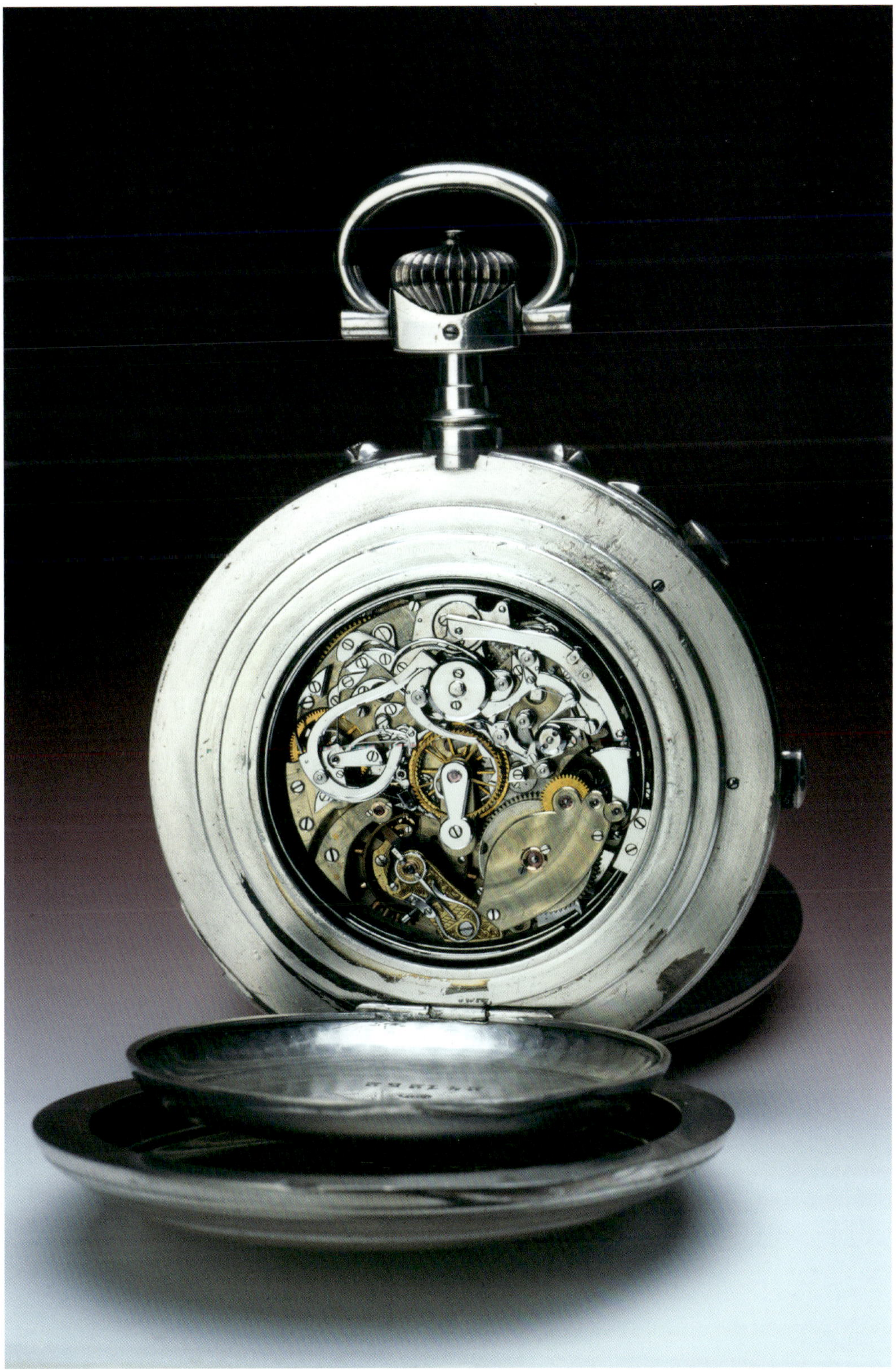

4.45b Grande Complication »La Grandiose«, Rückseite mit Uhrwerk, Inv.-Nr. D IV a 350

den ewigen Kalender, die Mondphase und das Mondalter, das Weck- und das Schlagwerk, eine Stoppuhr (Chronograph) und einen Schleppzeiger (einen zweiten Sekundenzeiger beim Chronographen). Die Taschenuhr blieb in der Regel ein prestigeträchtiges Einzelstück.

Auch in Glashütte spielte die »Grande Complication« im Marketing der Manufakturen eine wichtige Rolle. Bei A. Lange & Söhne war es die »42.500«, bei der Uhrenmanufaktur Union die »Universaluhr«: Die Union bezog 1893 drei hoch komplizierte Werke von Louis Elisée Piguet (1836–1924) aus Le Brassus in der Westschweiz und bot eines davon 1895 anlässlich des 50. Jahrestages der Uhrenfabrikation in Glashütte als sogenannte »Universaluhr« zum Verkauf an. Außerdem wurde sie in Prospekten und Anzeigen zu Werbezwecken eingesetzt. Die beiden anderen Rohwerke blieben zunächst liegen.

Zwischen 1942 und 1952 vollendete Martin Seidel (1910–1989) im thüringischen Rudolstadt das Werk von Piguet mit der Nr. 2, es erhielt den Namen »La Grandiose«. Da ihm die Mittel für ein Goldgehäuse nicht zur Verfügung standen, ließ er ein ungewöhnlich großes Silbergehäuse anfertigen, das dieser Uhr ein singuläres Aussehen gibt (Abb. 4.45a, 4.45b). Das verbleibende Rohwerk mit der Nr. 3 wurde um 1983/1985 von Richard Daners (1930–2018) in der Uhrenfabrik Gübelin in Luzern fertiggestellt. Die Uhr wurde 1988 unter dem Namen »La Fabuleuse« verkauft.

»Salon im Salon«

Das letzte Drittel der Bogengalerie nimmt der »Salon im Salon« ein, der Lernort des Mathematisch-Physikalischen Salons. In der Tradition der Salons des 18. und 19. Jahrhunderts finden hier historische Vorführungen, Vorträge und Kurse für die Besucher statt. Eingerahmt wird dieser Bereich von einer der ältesten Rechenmaschinen und einer Elektrisiermaschine. In

4.46 Rechenmaschine, Blaise Pascal, Frankreich, um 1650, Messing, Holz, Pappmaché, Höhe: 10 cm, Breite: 44,5 cm, Tiefe: 14,7 cm, Inv.-Nr. A II 11

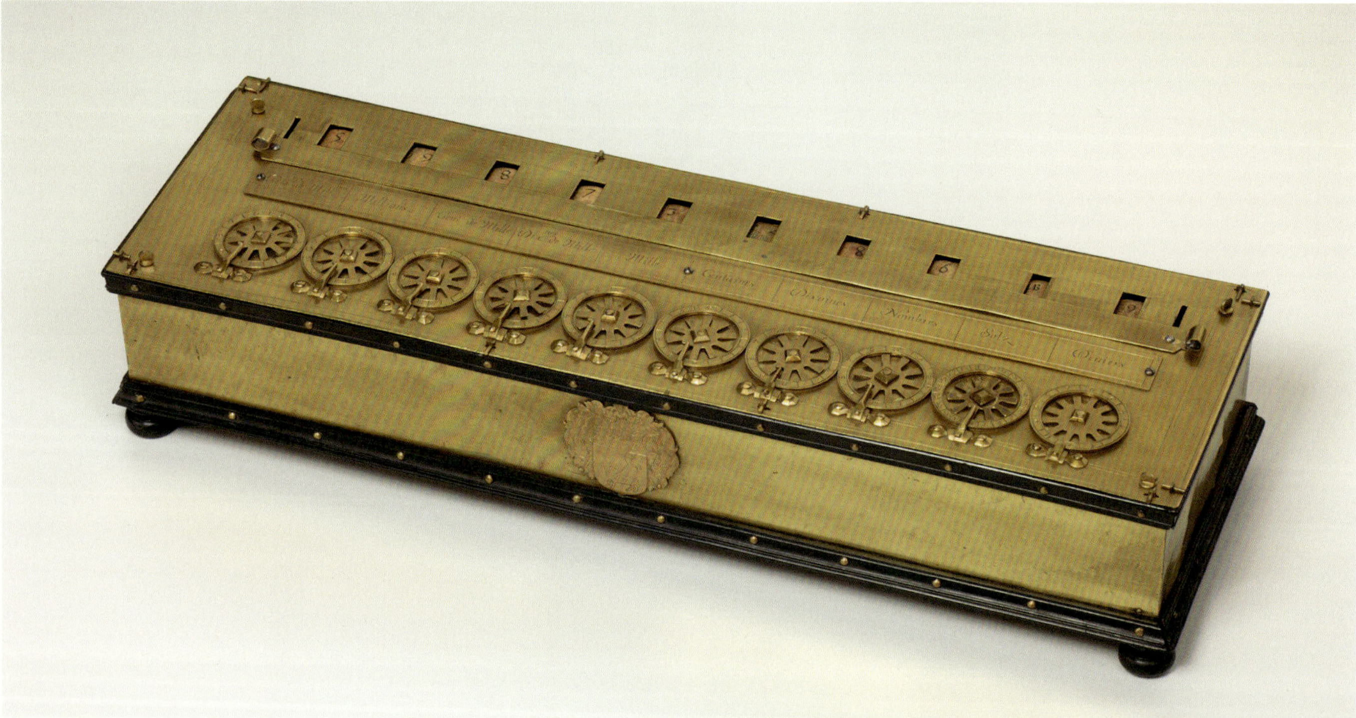

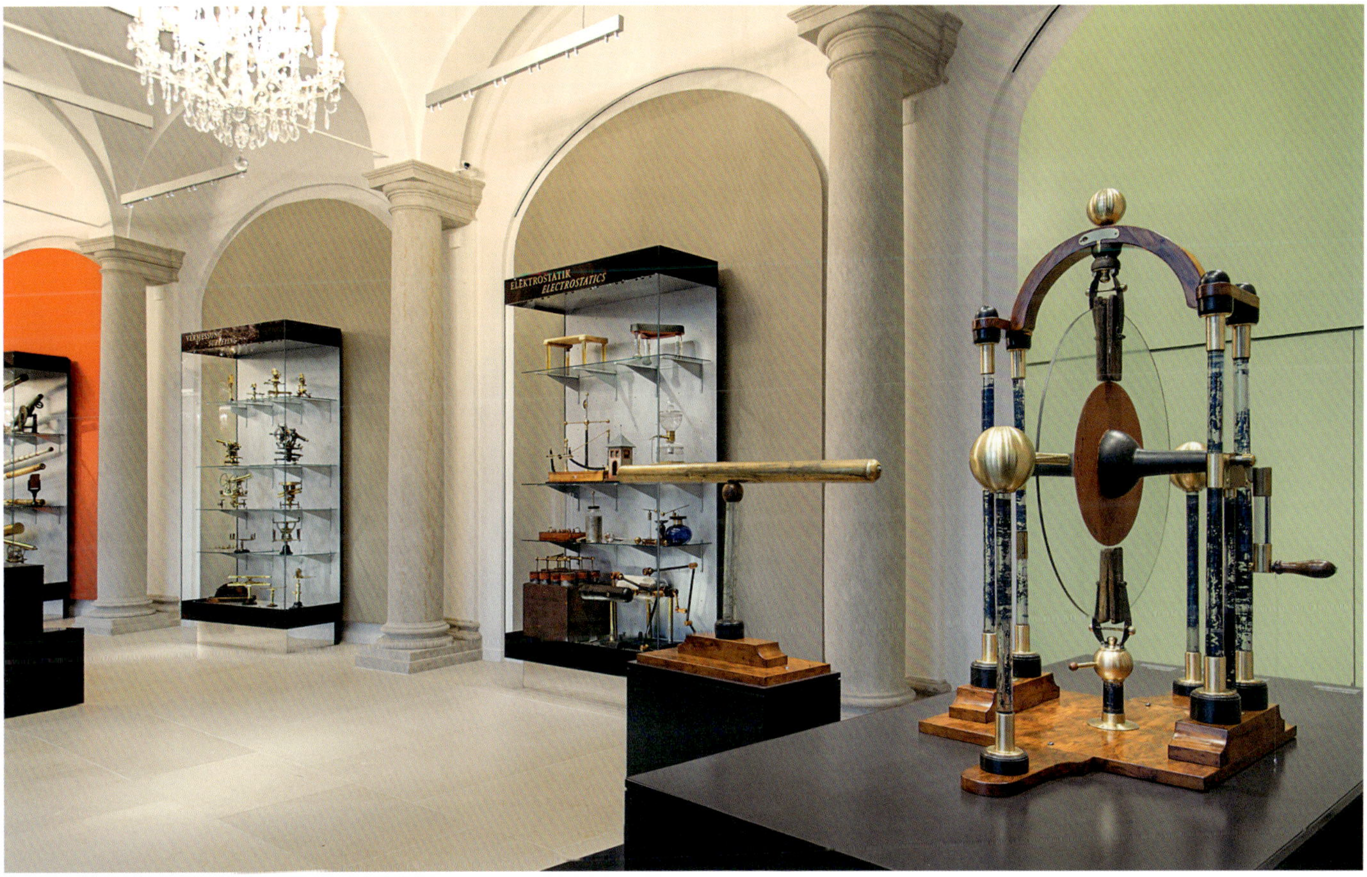

4.47 Elektrisiermaschine, Fuchs, Leipzig, 1817, Glas, Holz, Messing, Textil, Inv.-Nr. B VII 8

vier Wandvitrinen werden in unregelmäßigem Wechsel Exponate aus dem Depot ausgestellt.

Die weltweit ältesten Rechenmaschinen wurden in der Mitte des 17. Jahrhunderts von Blaise Pascal (1623–1662) in Frankreich gebaut und werden deshalb auch gerne »Pascaline« genannt. Mit ihnen trat der Mathematiker und Philosoph den Beweis an, dass man mechanisch addieren kann. Die zehnstellige Dresdener Maschine ist die größte von diesen Rechenmaschinen. Zum Einstellen dienen die Speichenräder auf dem Deckel, dabei entspricht jedes Rad einer bestimmten Stelle im Dezimalsystem: Einer, Zehner, Hunderter und so weiter. Die Zahlen werden mit einem spitzen Griffel eingegeben. Für die Addition zweier Zahlen gibt man diese einfach nacheinander ein, die Summe erscheint dann in den Fenstern. In der Ausstellung kann diese Rechenmaschine mit ihrem subtilen Hebelmechanismus an einem Monitor ausprobiert werden (Abb. 4.46).

Am Ende dieses Ausstellungsraumes steht eines der populärsten Instrument in einem physikalischen Kabinett: die Elektrisiermaschine. Nicht nur in Laboratorien, auch in Wirtshäusern und auf Jahrmärkten wurden sie von umherziehenden Elektrisierern vorgeführt. Wenn man an der Kurbel dreht, reiben sich Kissen an der Scheibe. Dabei werden die obere und die untere Messingkugel negativ und die Kugeln auf den beiden Seiten positiv aufgeladen. Mit dieser Ladung konnte man Blitze erzeugen, Haare zu Berge stehen lassen und beim Küssen Funken schlagen (Abb. 4.47).

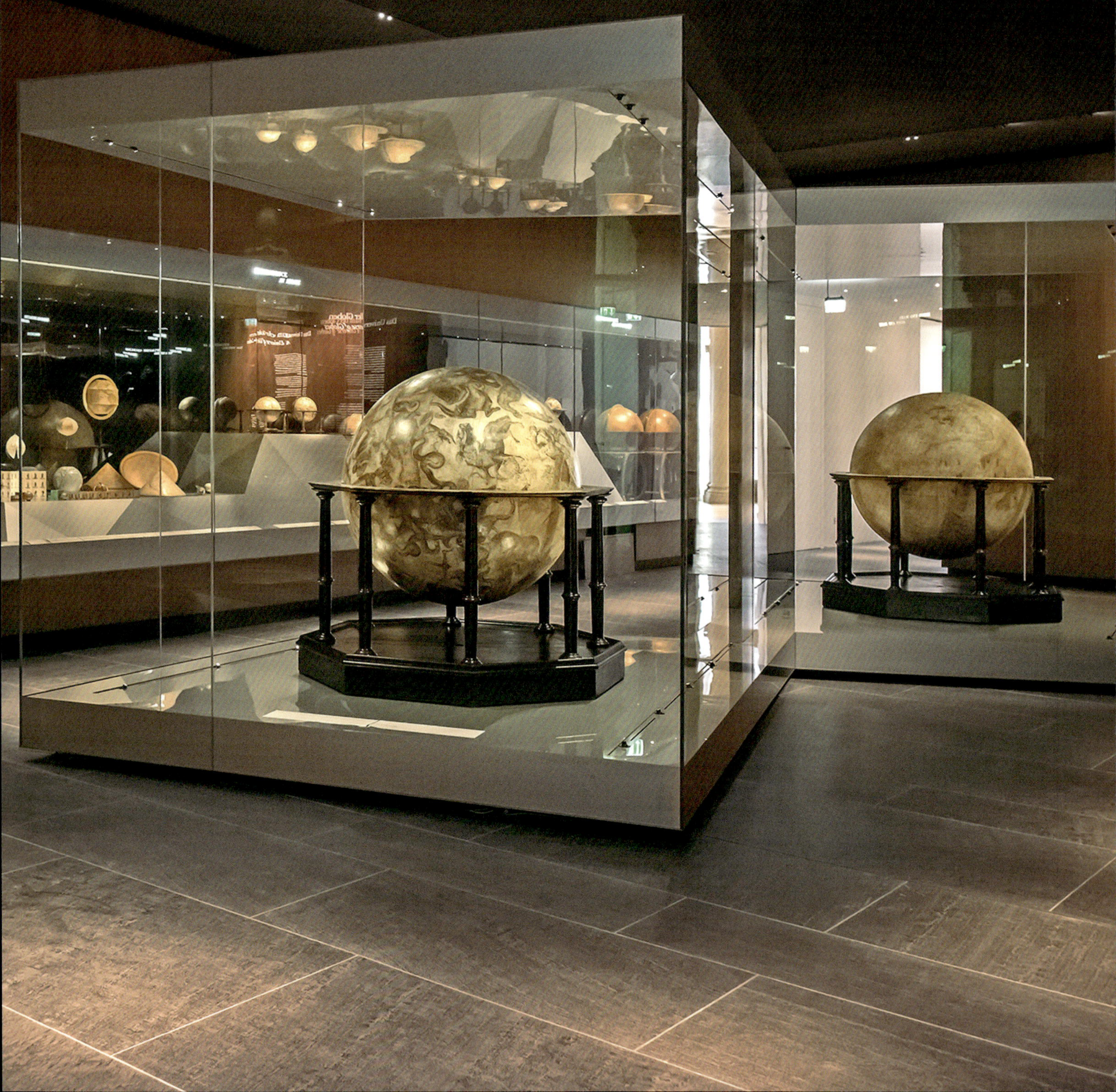

WOLFRAM DOLZ

NEUER SAAL
Das Universum der Globen

Globen, kugelförmige Modelle vom Sternhimmel oder von Himmelskörpern, wurden schon im Altertum hergestellt. Der älteste erhaltene Globus befindet sich im Archäologischen Nationalmuseum in Neapel und ist ein 2.000 Jahre alter Himmelsglobus aus Marmor, der von einer Figur des Titanen Atlas getragen wird. Nach der Entdeckung in Rom stellte man die circa zwei Meter hohe Skulptur vorübergehend im Palast des Kardinals Farnese auf, man bezeichnete daher den Globus als »Atlas Farnese«. Der älteste Globus in Deutschland ist ein metallener Himmelsglobus, der zwischen 150 und 220 nach Christus entstand; aufbewahrt wird er im Römisch-Germanischen Zentralmuseum Mainz.

Obwohl griechische Gelehrte stets von der Kugelgestalt der Erde ausgingen und mit ihren Berechnungen dem Erdumfang von rund 40.000 Kilometern sehr nahe kamen, sind keine Erdgloben aus der Antike überliefert. Der älteste erhaltene Erdglobus stammt von Martin Behaim (1459–1507), wurde 1492 hergestellt und steht heute im Germanischen Nationalmuseum Nürnberg. Er entstand im selben Jahr, in dem Christoph Kolumbus (um 1451–1506) Amerika entdeckte. Da dieser erst 1493 nach Spanien zurückkehrte, konnte Behaim den neuen Kontinent noch nicht in seine Darstellung der Erde aufnehmen. Der Geograph Johannes Schöner (1477–1547) begann bereits 1515 in Bamberg mit der Herstellung gedruckter Globen, ihm folgte unter anderem Gerhard Mercator (1512–1594) mit seinem Erdglobus, den er 1541 in Löwen herausbrachte. Im 17. Jahrhundert dann fand der kommerzielle Vertrieb von Globen – mit sehr hohen Stückzahlen – vor allem von Amsterdam aus statt.

Gegenüber einer Weltkarte hat ein Erdglobus den Vorteil, dass er die Erdoberfläche weitestgehend verzerrungsfrei, das heißt nahezu flächen- und winkeltreu abbildet. Himmelsgloben erfordern demgegenüber eine deutlich höhere Abstraktionsleistung, sowohl vom Hersteller als auch vom Betrachter. Sie geben die seit der Antike bestehende Vorstellung wieder, dass die Gestirne an einer die Erde umspannenden Schale angeheftet seien, die sich einmal täglich um den Erdball bewegt. Anders als beim Erdglobus muss sich der Betrachter beim Himmelsglobus in die Hohlkugel hineindenken. Da man aber den Himmelsglobus nur von außen betrachten kann, müssen Sternbilder vom Zeichner des Globus spiegelbildlich gedreht werden.

Mit Erd- und Himmelsgloben können auch diverse Rechenaufgaben gelöst werden, ohne dass eine numerische Rechnung durchgeführt werden müsste. Dazu dienen das Gestell und die dort in der Regel angebrachten Ringe. Bei entsprechender Einstellung des Meridianrings auf die geographische Breite des Beobachtungsortes können zum Beispiel am Horizontring leicht die täglichen Auf- und Untergangszeiten der Sonne oder der Sterne für diesen Ort ermittelt werden.

Die ältesten Globen der Sammlung

Schon im 16. Jahrhundert erwarben die sächsischen Kurfürsten kostbare Erd- und Himmelsgloben. Im Inventar der Dresdner Kunstkammer von 1587 sind neun Globen verzeichnet. Einzelne Globen wurden auch in den Jahrhunderten danach erworben, der systematische Ausbau zu einer Globensammlung von europäischem Rang erfolgte aber erst nach dem Zweiten Weltkrieg.

Der »arabische Himmelsglobus« aus der Sternwarte der persischen Stadt Marâgha ist eine besondere Rarität. Trotz

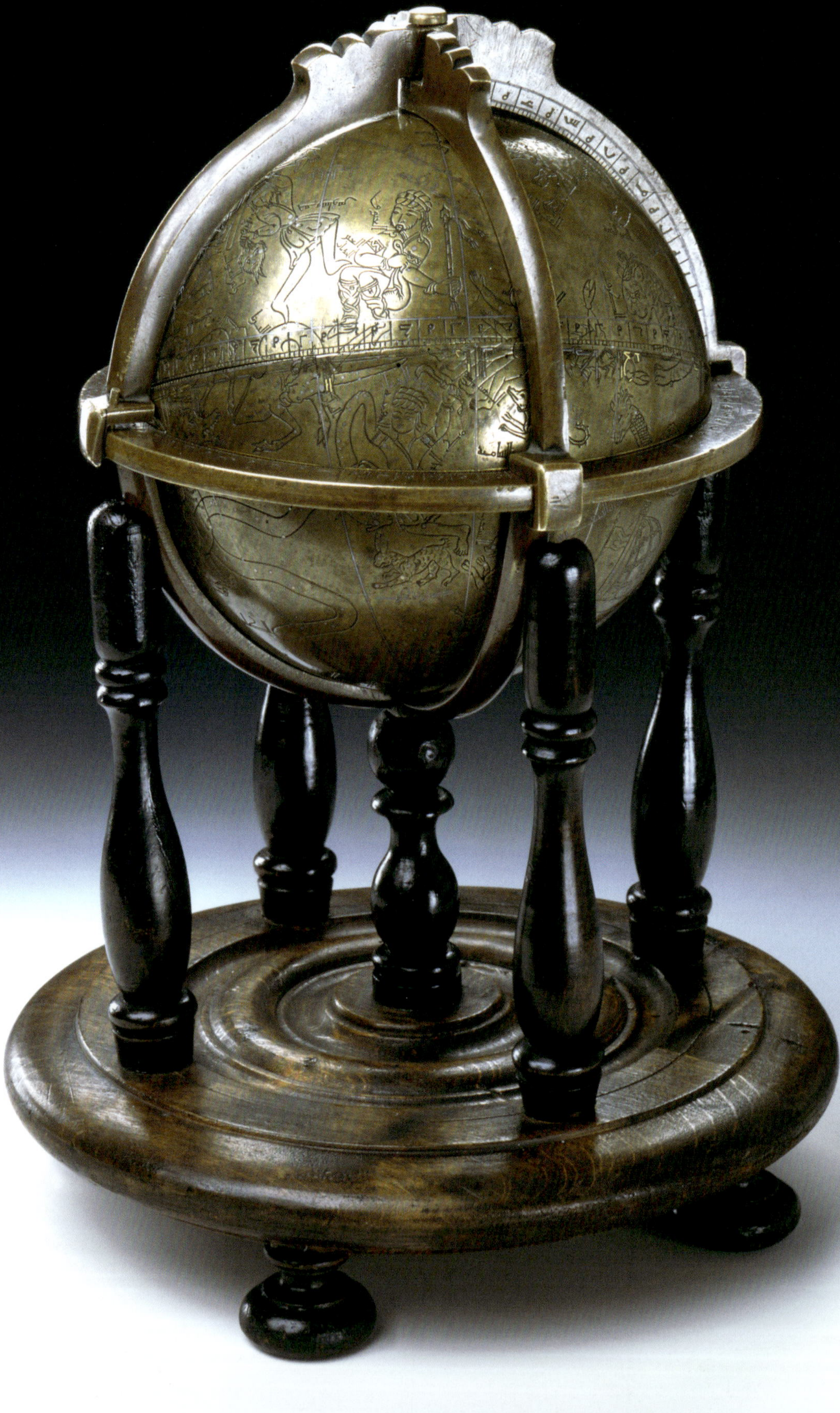

seiner bescheidenen Größe zeigt er annähernd 1.000 Sterne. Entstanden um 1300, zählt er zu den ältesten Globen der Welt. Er wurde von Muhammad ibn Muwayyad al-Urdi, dessen Vater auch schon für die Sternwarte in Marâgha Instrumente angefertigt hatte, hergestellt.

Auf der aus Messing bestehenden Himmelskugel sind die 48 Sternbilder dargestellt, die der griechische Astronom Claudius Ptolemäus (um 100 – nach 160) in seinem Sternenkatalog beschrieben hatte. Sie tragen arabische Namen. Die Sterne werden entsprechend ihrer Helligkeit in unterschiedlichen Größen wiedergegeben. An der Ekliptik (scheinbare Bahn der Sonne vor den Tierkreiszeichen) sind die Halbschalen der Kugel zusammengefügt. Senkrecht zur Ekliptik verlaufen zwölf Meridiane, die jedes Tierkreiszeichen in 30° unterteilen. Außerdem ist der Himmelsäquator aufgetragen. Die Gravuren des Äquators, der Meridiane, Ekliptik, Sterne und Sternnamen wurden mit Silber ausgelegt (tauschiert) und die Namen der Tierkreiszeichen abwechselnd mit Gold und Silber (Abb. 5.1).

Ältester Erdglobus der Sammlung ist der aufwendig gestaltete Messingglobus von Johannes Prätorius (1537–1616), 1568 in Nürnberg hergestellt. Er wurde noch im selben Jahr gemeinsam mit einem im Zweiten Weltkrieg verloren gegangenen Himmelsglobus und einem Astrolabium (vgl. S. 50, Abb. 2.47) für 200 Taler von Kurfürst August (1526–1586) erworben. Bemerkenswert am Kartenbild des Globus ist, dass die Kontinente Asien und Amerika zusammenhängend dargestellt sind. Diese Auffassung wurde von einigen Kartographen bis in die zweite Hälfte des 16. Jahrhunderts vertreten und erschien erstmalig 1531 auf der Weltkarte von Oronce Fine (1494–1555) in Paris. Auf dem Horizontring sind die Himmelsrichtungen durch 12 blasende Winde bezeichnet. Die drei Löwenfüße des Gestells stehen auf Granatäpfeln. Über den Füßen befinden sich Reliefs mit Attributen der Wissenschaft und Kunst (Abb. 5.2).

5.1 »Arabischer Himmelsglobus«, Muhammad ibn Muwayyad al-Urdi, Marâgha, um 1300, Messing, graviert, mit Gold und Silber tauschiert, Durchmesser: 14,4 cm, Höhe: 30,5 cm, Inv.-Nr. E II 1

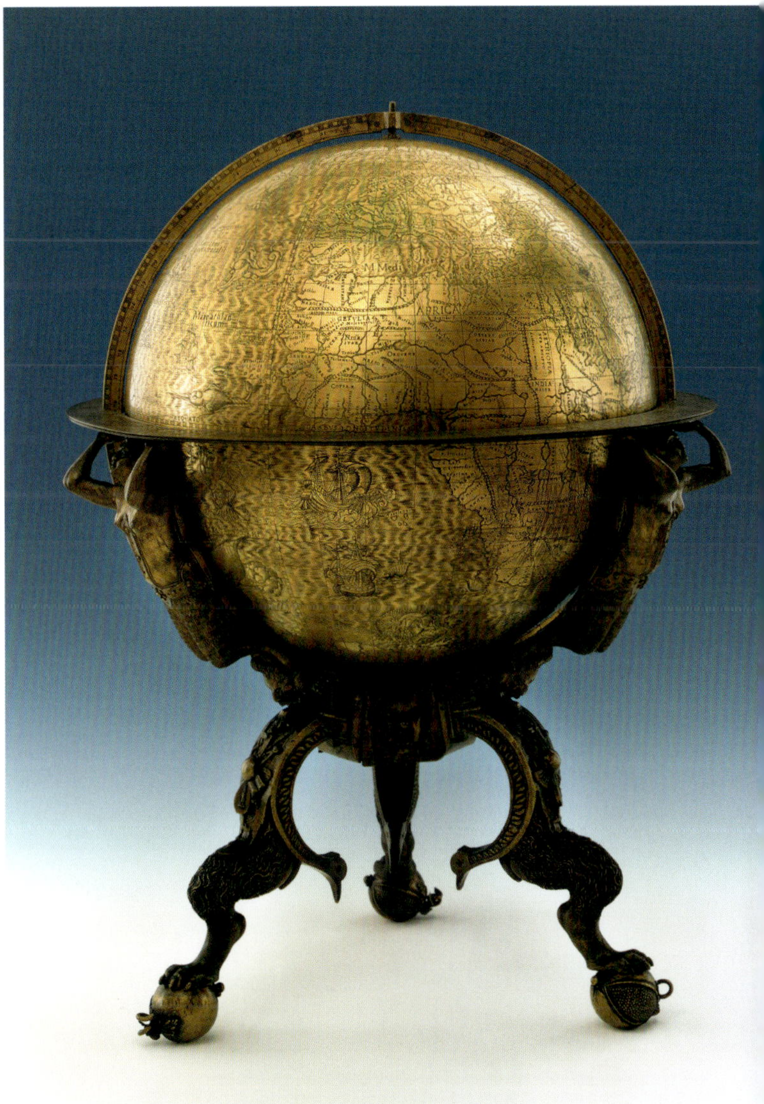

5.2 Erdglobus, Johannes Prätorius, Nürnberg, 1568, Messing, graviert, punziert, Durchmesser: 28 cm, Höhe: 47,5 cm, Inv.-Nr. E I 4

Ein Goldenes Zeitalter

Mitte des 16. Jahrhunderts begann das »Goldene Zeitalter« der Kartographie in den Niederlanden, denn die aufstrebende Republik benötigte als weltumspannende See- und Handelsmacht gute Karten und Globen. Das Verlagszentrum war Amsterdam. Dort etablierte sich der Kartenverlag von Willem

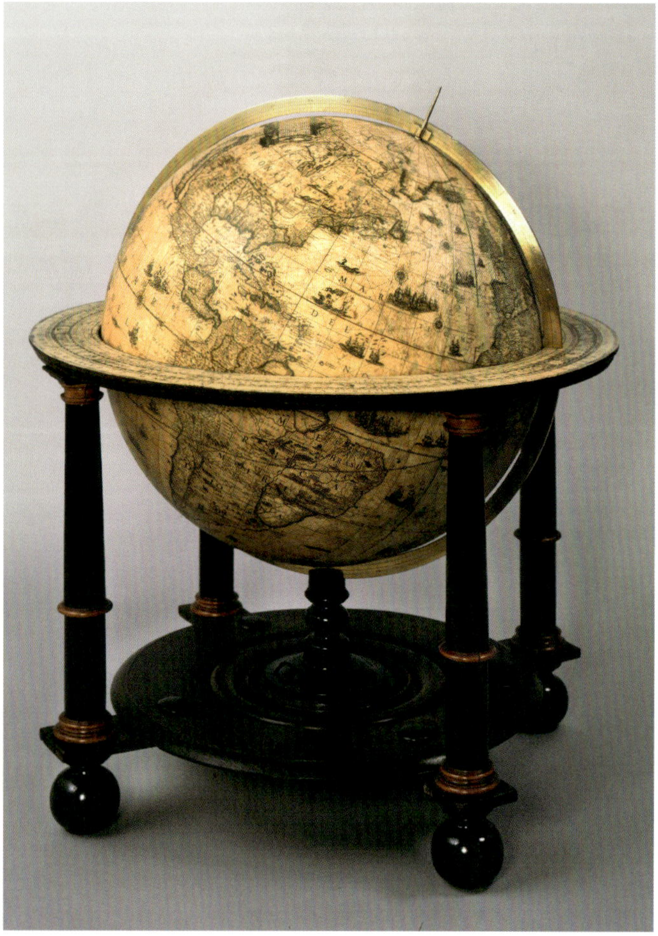

5.3 Erdglobus, Willem und Joan Blaeu, Amsterdam, 1645/1648, Pappmachékugel, Kupferstichsegmente, Durchmesser: 68 cm, Höhe: 110 cm, Inv.-Nr. E I 14

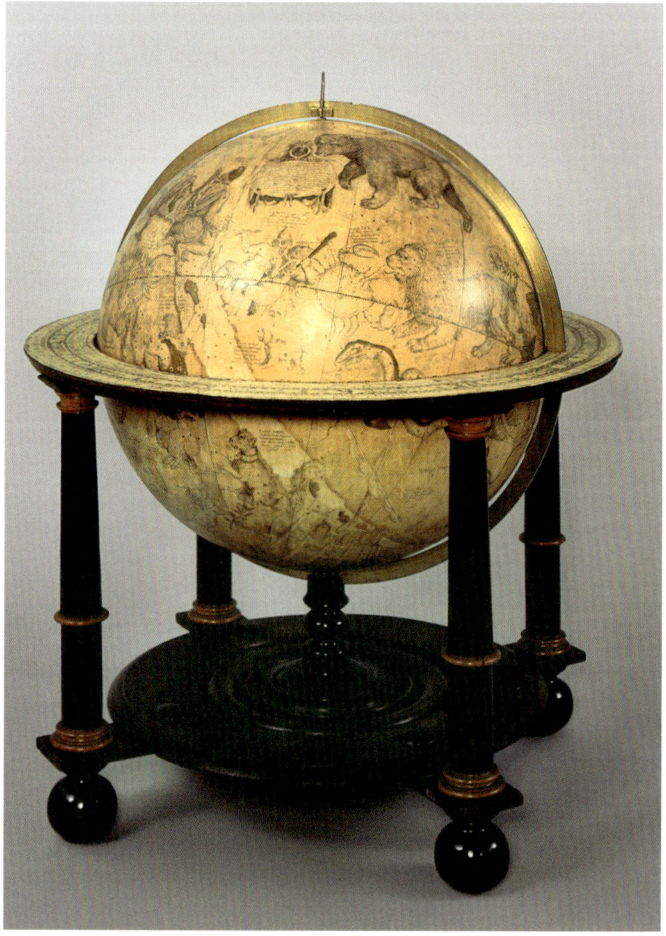

5.4 Himmelsglobus, Willem und Joan Blaeu, Amsterdam, 1645/1648, Pappmachékugel, Kupferstichsegmente, Durchmesser: 68 cm, Höhe 110 cm, Inv.-Nr. E II 18

Janszoon Blaeu (1571–1638) und seinen Söhnen, der ganz Europa mit Globen belieferte. Janszoon, der sich 1621 den Namen Blaeu zulegte, verbrachte seine Lehrjahre bei dem berühmten dänischen Astronomen Tycho Brahe (1546–1601), daher beruhen seine Himmelsgloben auf den damals neuesten Erkenntnissen der Astronomie. Auch auf seinen Erdgloben berücksichtigte Blaeu die aktuellen Entdeckungen und avancierte 1633 zum offiziellen Kartographen der Niederländischen Ostindien-Kompanie. Im Verlag Blaeu wurden Globenpaare in sechs Größen produziert. Die größten seiner Globen haben einen Kugeldurchmesser von 68 cm.

Der in der Ausstellung gezeigte Erdglobus von Willem und Joan Blaeu zeichnet sich durch eine zu seiner Zeit hohe Aktualität aus. Bereits in der ersten Auflage von 1617 stellte Willem Blaeu die niederländischen Entdeckungsreisen von Oliver van Noort (1558–1627), der von 1598 bis 1601 um die Welt segelte, und von Jacob le Maire (1585–1616) und Willem Cornelisz Schouten (1580–1625) dar, die 1616 die Route um Kap Hoorn, die Südspitze Südamerikas, fanden. Letzteres musste er allerdings aus Gründen der Geheimhaltung wieder tilgen und durfte es erst ab 1618 erneut drucken. Nach dem Tod von Willem Blaeu übernahm sein Sohn Joan den Verlag. Er aktualisierte den Globus seines Vaters, indem er Küstenabschnitte Australiens, die 1642/1643 entdeckt wurden, hinzufügte. Teile der Insel Yezo (Hokkaido), der Kurilen sowie der russischen Insel Sachalin wurden neu gestochen und als Gradfeld aufgeklebt. Die freien Meeresflächen wurden mit Gestalten aus der Mythologie, mit Schiffen und Meeresbewohnern ausgeschmückt (Abb. 5.3).

Grundlage für die Eintragung der Sterne auf dem Himmelsglobus von Willem Blaeu war der Sternkatalog von Tycho Brahe, dessen Porträt die Herstellerlegende bekrönt. Brahe trug mit seinen exakten Beobachtungen zum Wandel der Astronomie um 1600 bei. Die Sternpositionen auf dem Globus wurden von Blaeu für das Jahr 1640 berechnet. Am 18. August 1600 beobachtete Willem Blaeu sogar selbst eine Supernova im Sternbild Schwan, die er auf dem Globus darstellte und beschrieb. Das wichtigste Verdienst dieses Globus aber ist die Aufnahme von über 300 neuen Sternen am Südhimmel, die die Holländer Pieter Dirkszoon Keyser (1540–1596) und Frederick de Houtman (1571–1627) auf ihren Reisen nach Ostindien gemeinsam kartiert hatten (Abb. 5.4).

Eines Königs würdig

Der italienische Theologe und Kartograph Vincenzo Coronelli (1650–1718) fertigte 1683 für Ludwig XIV. von Frankreich (1638–1715) ein riesiges Globenpaar mit einem Durchmesser von jeweils 3,90 m an. Die Globen waren für das Schloss Versailles vorgesehen, dort sollten sie als weitere Repräsentationsobjekte der Huldigung des Sonnenkönigs dienen. Das Kartenbild dieser Prunkstücke aufgreifend, jedoch in reduzierter Form, gab Coronelli ab 1688 die damals größten gedruckten Globen der Welt mit einem Durchmesser von 1,10 m heraus. Viele europäische Fürsten zeigten Interesse am Erwerb der Objekte, der Transport war jedoch sehr aufwendig. Meist wurden daher nur die gedruckten Globensegmente verschickt und vor Ort auf Kugeln geklebt. Die Kugeln für die Dresdner Segmente ließ der damalige Direktor des Mathematisch-Physikalischen Salons, Adolph Drechsler (1815–1888), erst 1872 und 1877 herstellen. Da die Kosten hierfür von der königlichen Schatzkammer übernommen wurden, widmete er den

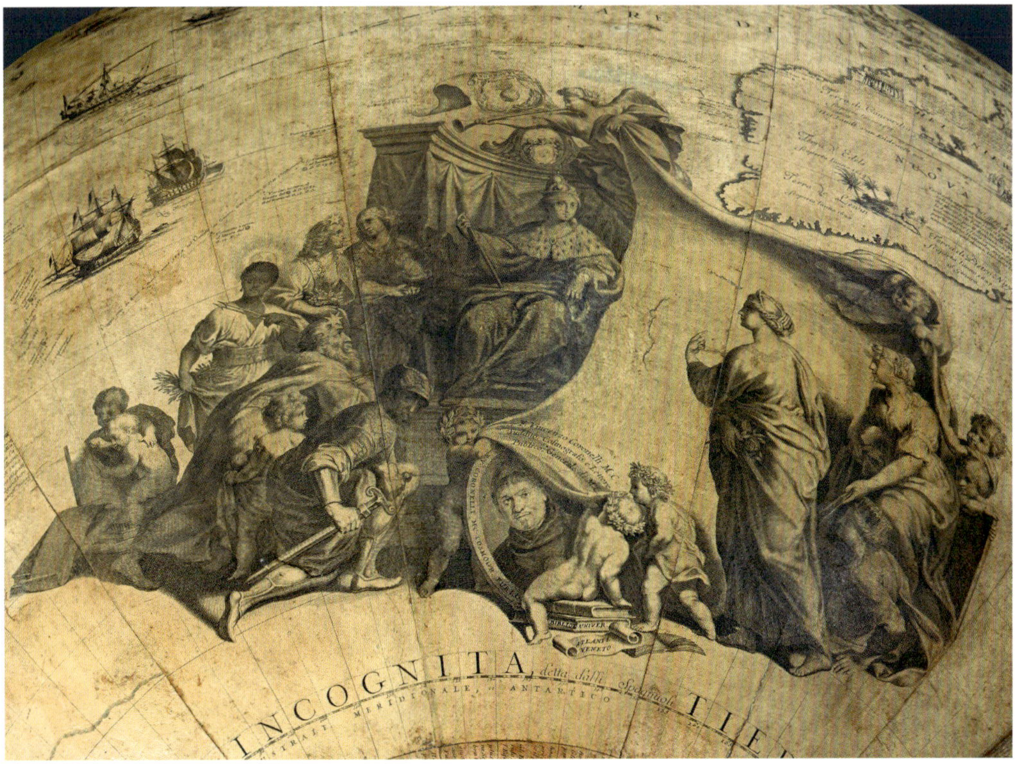

5.5 Kartusche mit dem Porträt von Vincenzo Coronelli. Erdglobus, Kartographie: Kupferstiche von Vincenzo Coronelli, Venedig, 1688, Globus: Adolph Drechsler, Dresden, 1872, Pappmachékugel: Durchmesser: 110 cm, Höhe: 138 cm, Inv.-Nr. E I 2

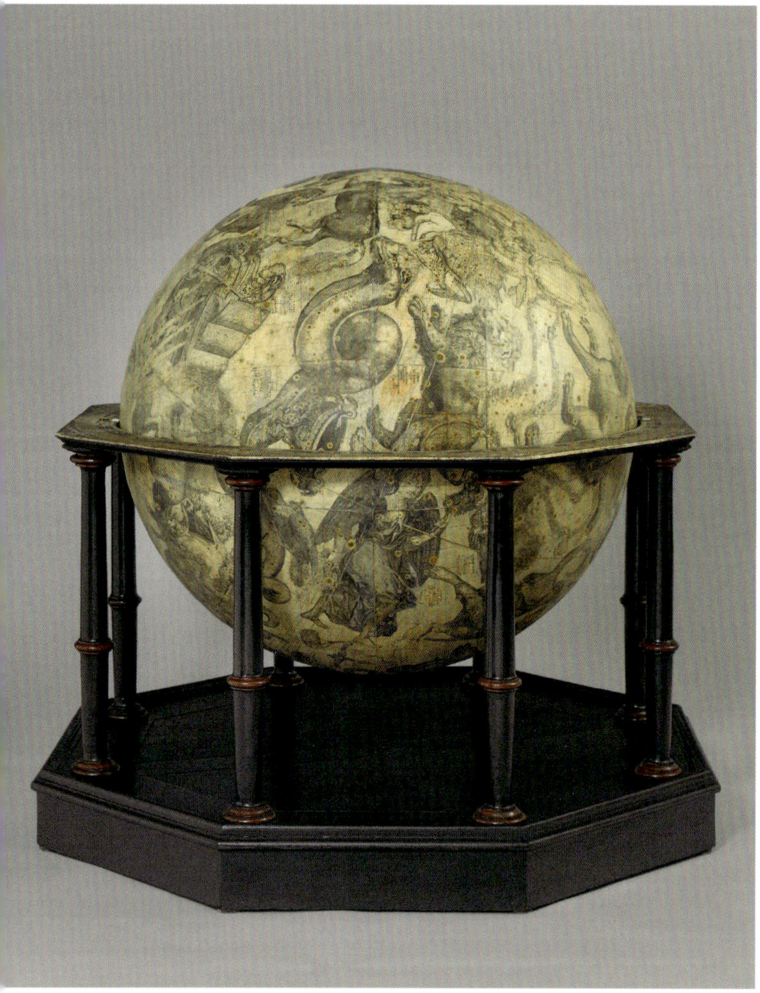

5.6 Himmelsglobus, Kartographie: Kupferstiche von Vincenzo Coronelli, Venedig, 1693, Globus: Adolph Drechsler, Dresden, 1877, Pappmachékugel: Durchmesser: 110 cm, Höhe: 138 cm, Inv.-Nr. E II 9

Erdglobus König Johann von Sachsen (1801–1873). Allerdings reichten die zur Verfügung gestellten Mittel nicht, um die üblichen Meridianringe auszuführen.

Der gedruckte Erdglobus von Vincenzo Coronelli beruht auf den damals neuesten verfügbaren Karten und Reiseberichten aus Frankreich, Holland, England und Portugal. Da Coronelli zugleich Ordensgeneral des Minoritenordens in Venedig war, hatte er Zugang zu den Berichten der in Nord-, Mittel- und Südamerika tätigen Missionare, was zum Beispiel in der genauen Darstellung der Großen Seen in Nordamerika seinen Niederschlag fand. Auch die von ihm 1684 gegründete »Accademia degli Argonauti«, die erste geographische Gesellschaft der Welt, lieferte ihm wichtige Informationen für seine Karten und Globen. In der großen Kartusche auf der Südhalbkugel ist das Porträt von Coronelli zu sehen (Abb. 5.5).

Der Himmelsglobus von Coronelli zeigt nicht nur die 48 Sternbilder des Ptolemäus, sondern auch die bereits auf Blaeus Himmelsglobus einbezogenen südlichen Sternbilder, die von Keyser und Houtman kartiert worden waren. Ergänzt wurden Letztere durch 341 Sterne, die Edmond Halley ab 1677 von der Insel Sankt Helena aus beobachtete. Alle Sternpositionen wurden für das Jahr 1700 berechnet. Kleine Pfeile an den Sternen geben die Präzession wieder, die gleichförmige Verschiebung der Sterne am Himmel aufgrund der leichten Richtungsänderung der Erdachse (Abb. 5.6).

Erde und Himmel

Ausgehend von den scheinbaren Bewegungen der Sonne und der Gestirne, die der Mensch am Firmament wahrnimmt, wurde das geozentrische Weltbild geschaffen. Es beschreibt sehr gut, was man von der Erde aus mit bloßem Auge sehen kann. In diesem Modell der Welt steht die Erde fest im Zentrum und wird von sieben Himmelskörpern umkreist. Außen befindet sich die Sphäre der Fixsterne, die sich täglich um die Erde zu drehen scheint. Vor dieser »Schale« führen die sieben »Planeten« – Merkur, Venus, Mars, Jupiter, Saturn sowie Sonne und Mond – ihre eigenen Bewegungen aus. Diese vom spätantiken Gelehrten Ptolemäus am filigransten ausgearbeitete Theorie hatte 1.500 Jahre lang Bestand. Erst ab der Mitte des 16. Jahrhunderts gewann das von Nikolaus Kopernikus (1473–1543) entwickelte heliozentrische Weltbild, das die Sonne in den Mittelpunkt rückte, allmählich an Akzeptanz. Um die Himmelsmechanik zu veranschaulichen, wurden als Demonstrationsmodelle sogenannte Armillarsphären benutzt. Der Name leitet sich von den lateinischen Wörtern *armillaris* = Ring und *sphaera* = Kugel ab und bedeutet Ringkugel.

Bei der geozentrischen Armillarsphäre von Charles François Delamarche (1740–1817), die er um 1800 in Paris herstellte, wird die feststehende Erde von einer Sonnen- und einer

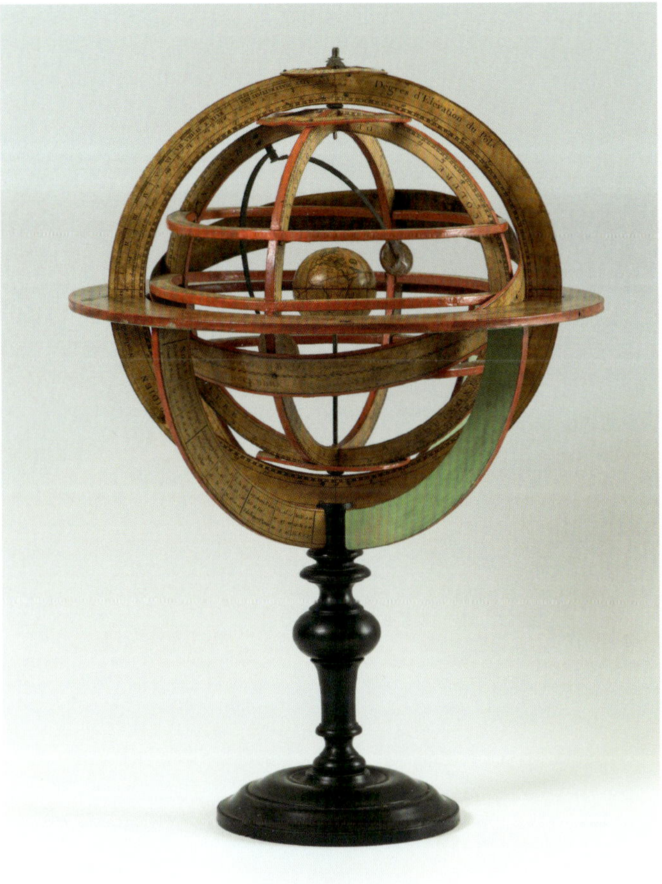

5.7 Geozentrische Armillarsphäre, Charles François Delamarche, Paris, um 1800, Pappe, Papier, Durchmesser: 30 cm, Höhe: 45 cm, Inv.-Nr. E II 42

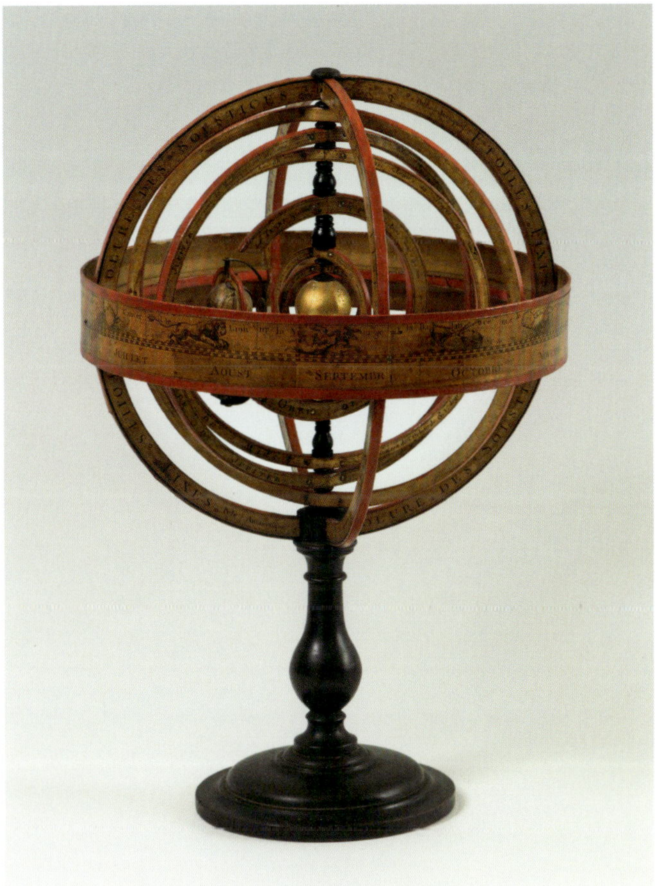

5.8 Heliozentrische Armillarsphäre, Paris, um 1800, Pappe, Holz, Durchmesser: ca. 26 cm, Höhe: 45 cm, Inv.-Nr. E II 41

Mondscheibe umkreist. Diese sind jeweils an gebogenen Viertelkreisen aus Metall angeheftet. Die bewegliche Ringkugel aus starker Pappe stellt den Äquator, die Ekliptik, die Wende- und Polarkreise dar. Die gesamte Ringkugel lässt sich mithilfe des außen angebrachten Meridianrings, der wiederum im Horizontring eingesetzt ist, auf die geographische Breite des jeweiligen Standorts einstellen. Um den Jahreslauf der Sonne zu erklären, kann die Sonnenscheibe entlang der Ekliptik vor den zwölf Sternbildern des Tierkreises bewegt werden. Darüber hinaus können Mondphasen sowie Mond- und Sonnenfinsternisse demonstriert werden (Abb. 5.7).

Die heliozentrische oder kopernikanische Armillarsphäre stellt gemäß der Theorie von Nikolaus Kopernikus die Sonne als goldene Kugel in den Mittelpunkt der Ringkugel. Um diese lassen sich die Erde mit ihrem Mond und die anderen Planeten bewegen. Als Himmelshauptkreise sind nur der Mittagsmeridian, die Koluren (die durch die Himmelspole verlaufenden größten Kreise) und die Ekliptik mit den Tierkreiszeichen und einem Kalender angebracht. Die anderen sechs Kreise verkörpern – von innen nach außen – die Planeten Merkur, Venus, Erde, Mars, Jupiter und Saturn. Der Kreis der Erde ist durchbrochen, in die Lücke hat man die Erde als Kugel und den Mond eingebaut. Wird am Erdring gedreht, so bewegt sich mittels eines Riementriebes der Mond um die Erde (Abb. 5.8).

Das heliozentrische Planetarium, das von William (1763–1831) und Samuel Jones (1770–1859) vertrieben wurde, ent-

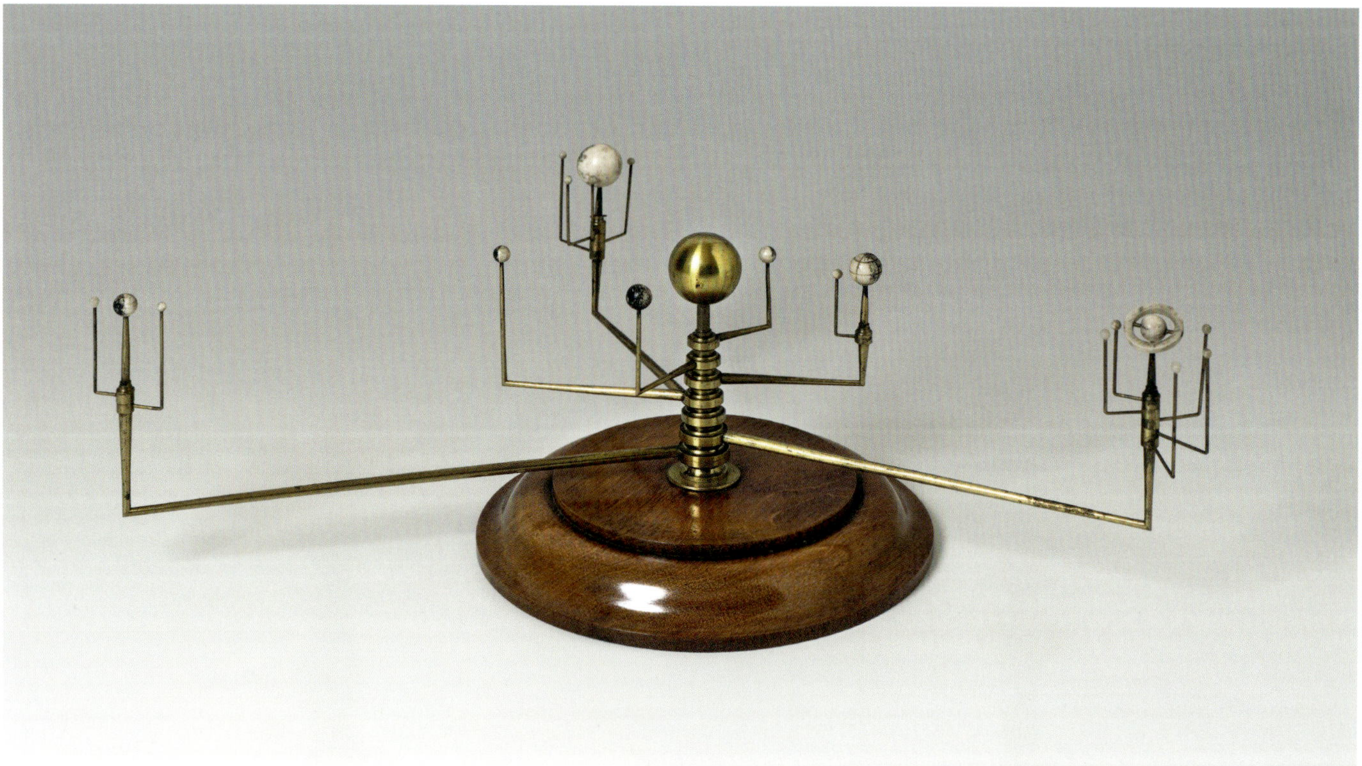

5.9 Planetarium, William und Samuel Jones, London, um 1800, Messing, Elfenbein, Holz, Papier, Durchmesser: 30cm, Höhe: 11,2 cm, Inv.-Nr. E II 43

stand in London um 1800 und stammt aus dem Besitz der Familie des bekannten Astronomen Wilhelm Friedrich Herschel (1738–1822). Es umfasst bereits den von ihm 1781 entdeckten Uranus sowie die klassischen Planeten Merkur, Venus, Erde, Mars, Jupiter und Saturn. Einigen Planeten sind Monde zugeordnet, freilich nur solche, die mit den damaligen Teleskopen sichtbar waren. Die Konstellation der Planeten kann mit Hilfe beweglicher Arme für jedes gewünschte Kalenderdatum eingestellt werden (Abb. 5.9).

Zum Planetarium gehört als Pendant ein *Tellurium* (nach lateinisch *tellus* = Erde), das die Bewegungen des Mondes um die Erde und deren Umlauf um die Sonne zeigt. Mit Hilfe des Getriebemechanismus, der sich über einer Kalenderscheibe befindet, lassen sich die Entstehung der vier Jahreszeiten und die der Mondphasen und Mondfinsternisse darstellen (Abb. 5.10).

5.10 Tellurium, William und Samuel Jones, London, um 1800, Messing, Stahl, Elfenbein, Holz, Papier, Durchmesser: 30 cm, Höhe: 11,5 cm, Inv.-Nr. E II 44

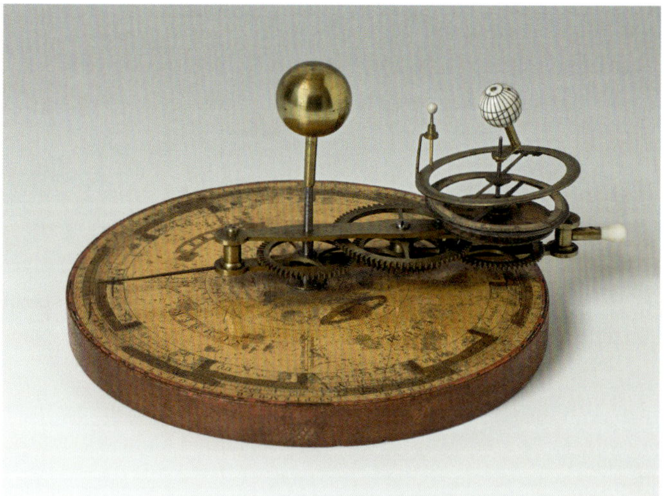

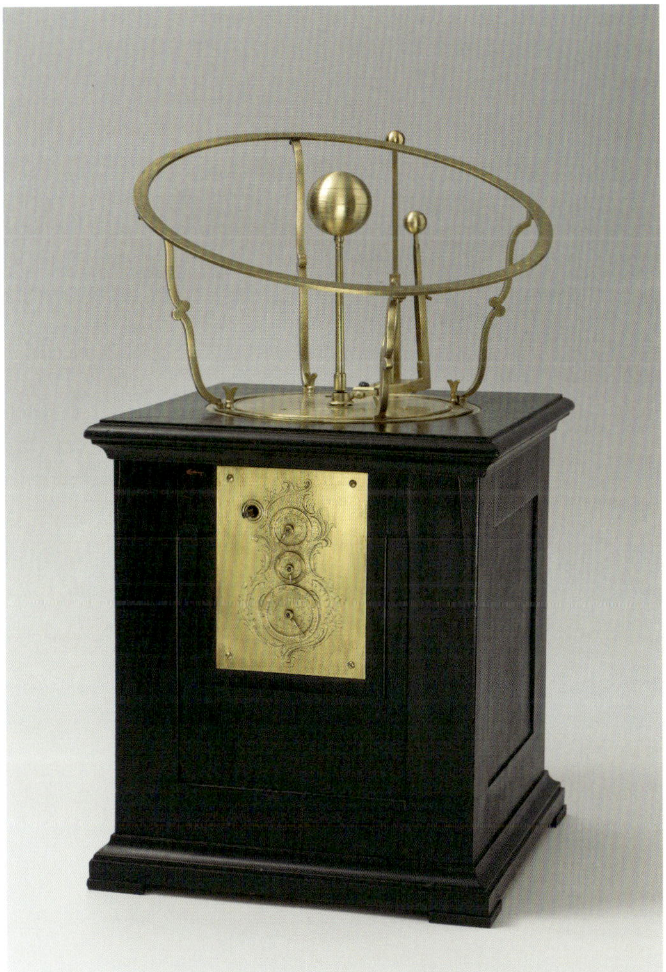

5.11 Lunarium, vermutlich Dresden, Ende 18. Jahrhundert, Messing, Eisen, Holz, Durchmesser: 25 cm, Höhe: 44,5 cm, Inv.-Nr. E II 40

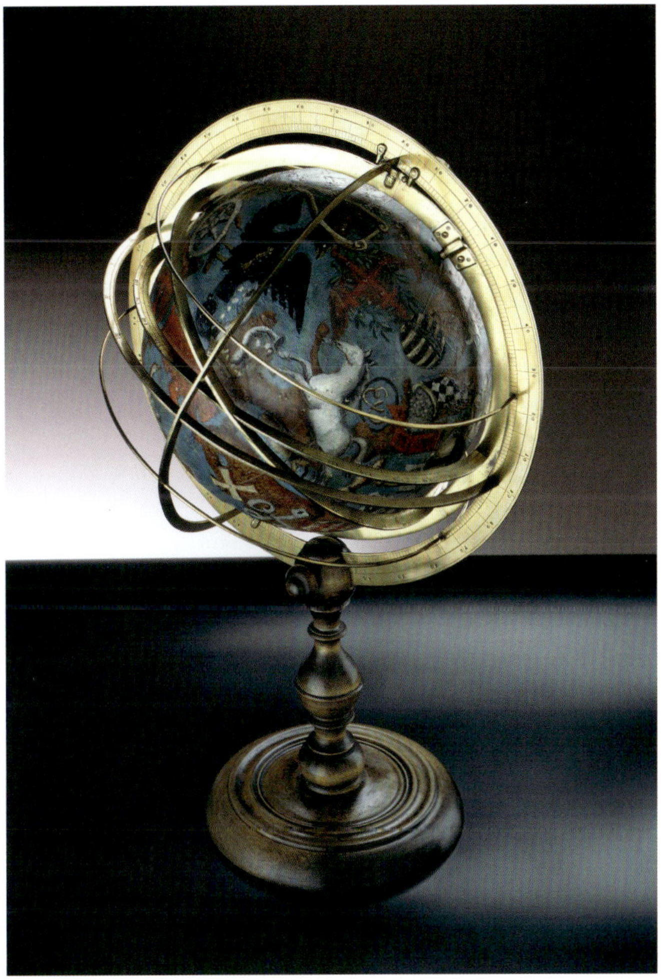

5.12 Heraldischer Himmelsglobus, Erhard Weigel, Jena, um 1690, Kupferblechkugel, Messing, Durchmesser: 27,5 cm, Höhe: 59 cm, Inv.-Nr. E II 36

Auch mit einem sogenannten Lunarium (nach lateinisch *luna* = Mond) lassen sich die Bewegung des Mondes um die Erde und die (vermeintlichen) Bewegungen der Sonne demonstrieren. Im Unterschied zum Tellurium steht hier nicht die Sonne, sondern die Erde im Mittelpunkt des Modells. Setzt man das Getriebe mit Hilfe einer Kurbel in Bewegung, so können die 24-stündige Bewegung der Erde um ihre Achse, die monatliche Bewegung des Mondes um die Erde und die jährliche scheinbare Bewegung der Sonne um die Erde verfolgt werden. Die Ablesung der Stunden, Tage und Wochen kann an einem kleinen Zifferblatt an der Vorderseite des Lunariums vorgenommen werden. Auf der Erdkugel wurde die Position von Dresden eingraviert.

Bei diesem außergewöhnlichen Modell ist die Sonne am Außenrand des Gehäuses fest montiert. Um die scheinbare Bewegung der Sonne vor den zwölf Tierkreiszeichen darzustellen, hat man den geneigten Ekliptikring so eingesetzt, dass er sich vor der Sonnenkugel bewegen lässt (Abb. 5.11).

Im weitesten Sinne könnte man den Himmelsglobus von Erhard Weigel (1625–1699), den er um 1690 in Jena herstellte, als Vorläufer des Projektionsplanetariums bezeichnen. Weigel hatte die Idee, beim Modell mithilfe großer Öffnungen auf der Südhalbkugel den Einblick in den Himmelsglobus zu ermöglichen. Da er die Positionen der Sterne mit kleinen Löchern in der Kugel markierte, kann der Betrachter die Sternbilder als Gruppen leuchtender Punkte seitenrichtig betrachten. Darüber hinaus ersetzte Weigel die traditionellen Sternbilder durch Wappen europäischer Fürsten und bedeutender Städte sowie Stände. Die neuen Sternbilder wurden als erhabene Reliefs aus der Kupferkugel getrieben und sind farbig dargestellt. Da für die Gestaltung dieses Globus auch auf die Wappenkunde zurückgegriffen werden musste, wird der Globus als »Heraldischer Himmelsglobus« bezeichnet (Abb. 5.12).

Mond und Mars

Nur zwei Jahre nach Erfindung des Fernrohrs in Holland veröffentlichte der italienische Gelehrte Galileo Galilei 1610 eine – noch recht ungenaue – Karte des Mondes. Präzisere Karten lieferten 1647 Johannes Hevelius (1611–1687) in Danzig und 1750 Tobias Mayer (1723–1762) in Göttingen. Kurze Zeit danach begann der Inspektor Johann Gottfried Köhler (1745–1800) am Mathematisch-Physikalischen Salon mit der intensiven Erforschung der Mondoberfläche, die von seinem Nachfolger Wilhelm Gotthelf Lohrmann (1796–1840) fortgeführt wurde.

In dieser Tradition steht auch der Mondreliefglobus von Ernst Fischer (1886 gestorben), den er von 1865 bis 1875 in Dresden herstellte (Abb. 5.13). Fischer modellierte den Erdtrabanten als Vollmond unter Berücksichtigung der Libration, der leichten »Schwankung« der Mondscheibe, die dazu führt, dass mehr als die Hälfte, nämlich 59 Prozent der Mondoberfläche tatsächlich sichtbar sind. Dieses Phänomen beruht auf der wechselnden Umlaufgeschwindigkeit des Mondes um die Erde und der Neigung des Mondäquators gegen die Bahnebene. Da die Rotation des Mondes in der gleichen Zeit wie der Umlauf des Mondes um die Erde erfolgt, konnte bis zur Umrundung 1959 durch die sowjetische Raumsonde Lunik 3 nur die Vorderseite kartiert werden. Parallel zum Mondglobus fertigte Ernst Fischer sechs Mondwandkarten an, ausgeführt als Tuschezeichnungen.

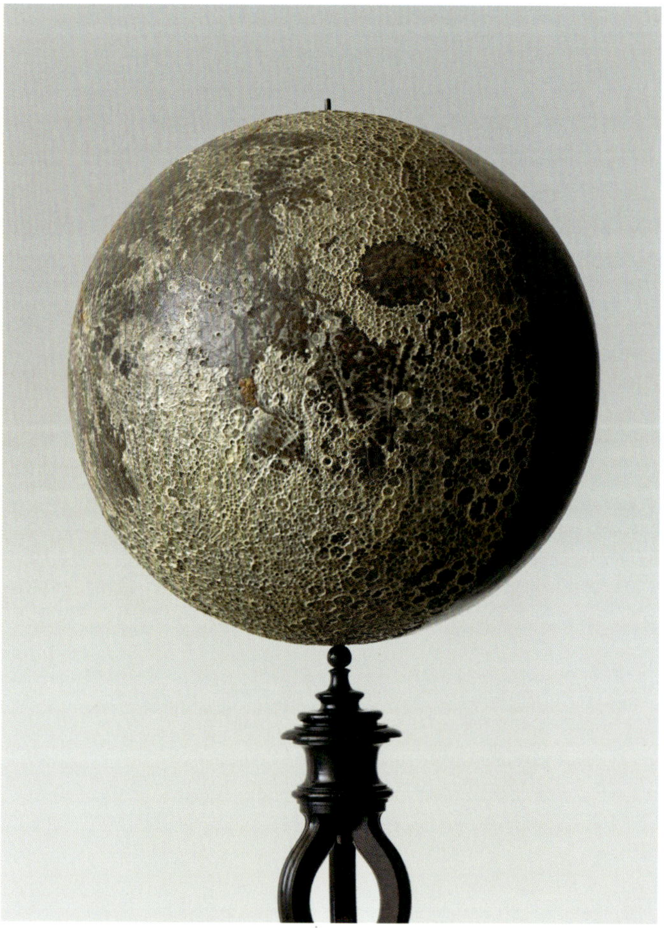

5.13 Mondreliefglobus, Ernst Fischer, Dresden, 1875, Temperafarben auf Gips und Holz, Durchmesser: 55 cm, Höhe: 152,5 cm, Inv.-Nr. E II 15

Die früheste Karte der Marsoberfläche stammt von Wilhelm Beer (1797–1850) und Johann Heinrich Mädler (1794–1874), sie entstand 1830. Giovanni Schiaparelli (1835–1910) veröffentlichte 1882 eine Karte mit breiten »Kanälen« auf dem Mars. Sie diente als Vorlage für den Dresdener Marsglobus. Gemäß der Beobachtung mit einem astronomischen Fernrohr befindet sich der Südpol oben. Der Globus zeigt den »roten Planeten« am Ende des südlichen Sommers mit ausgedehnter nördlicher Schneefläche während der Mars-Opposition 1881/1882. Bei einer solchen Konstellation steht der Mars in einer Linie mit der Erde und der Sonne und kann dadurch von der Erde aus besonders gut beobachtet werden. Die Albedogebiete

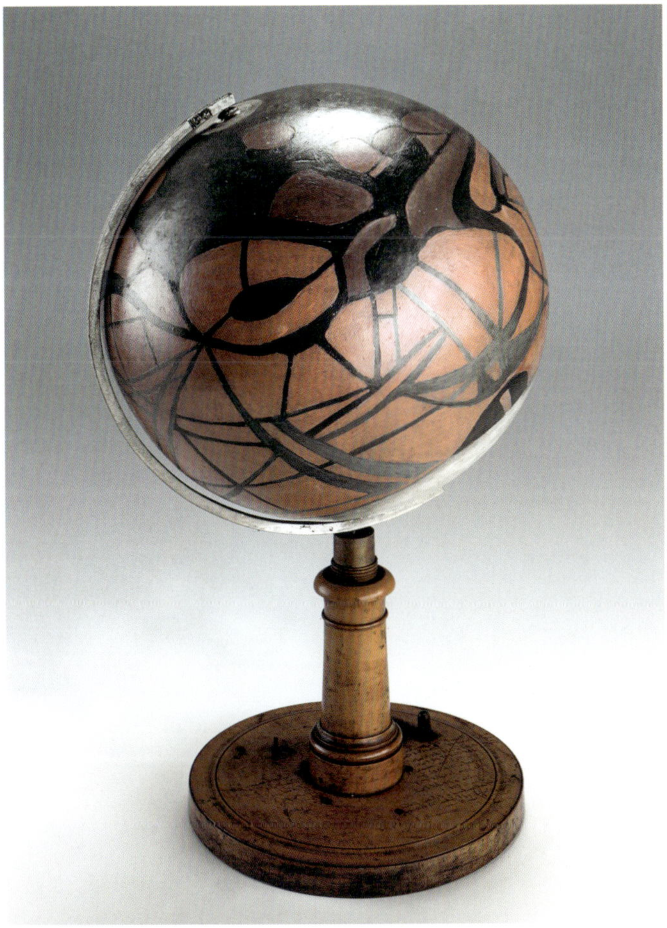

5.14 Marsglobus, unbekannter Hersteller, Ende 19. Jahrhundert, Temperafarben auf Gipskugel, Durchmesser: 30,5 cm, Höhe: 53,5 cm, Inv.-Nr. E II 13

sind mattorangefarben und dunkelblau bis graublau dargestellt. Die »Albedo« ist das Maß für die Rückstrahlkraft von nicht selbstleuchtenden Oberflächen (Abb. 5.14).

Höhenmessungen

In der Frühzeit der Vakuumexperimente um 1650 stellte man fest, dass die Höhe einer Quecksilbersäule in einem Glasrohr von der Höhe des Standortes auf der Erde abhängt. Aus dieser Erkenntnis heraus wurde die Methode der barometrischen Höhenbestimmung entwickelt. Vom Meeresniveau ausgehend nimmt bei einer Höhenzunahme von 10 m der Luftdruck um 1 mm ab, über einer Höhe von 3.500 m entspricht 1 mm Luftdruckveränderung einem Höhenunterschied von 15 m. Die ersten barometrischen Höhenbestimmungen wurden in der ersten Hälfte des 18. Jahrhunderts von den Schweizer Gelehrten Johann Jakob Scheuchzer (1672–1733) und Horace-Bénédict de Saussure (1740–1799) in den Alpen durchgeführt. Da man nicht alle Berge besteigen kann, ermittelte man Höhen auch trigonometrisch, also mithilfe von Dreiecksmessungen. Nach diesem Prinzip stellte zum Beispiel Franz Ludwig Pfyffer (1716–1802) im Jahr 1786 ein großes Relief der Zentralschweiz (Luzern, Gletschergarten) her.

5.15 Erdglobus, Karl Wilhelm Kummer, Berlin, 1836, Pappmachékugel, bemalt, Holz, Durchmesser: 56,5 cm, Höhe: 107 cm, Inv.-Nr. E I 10

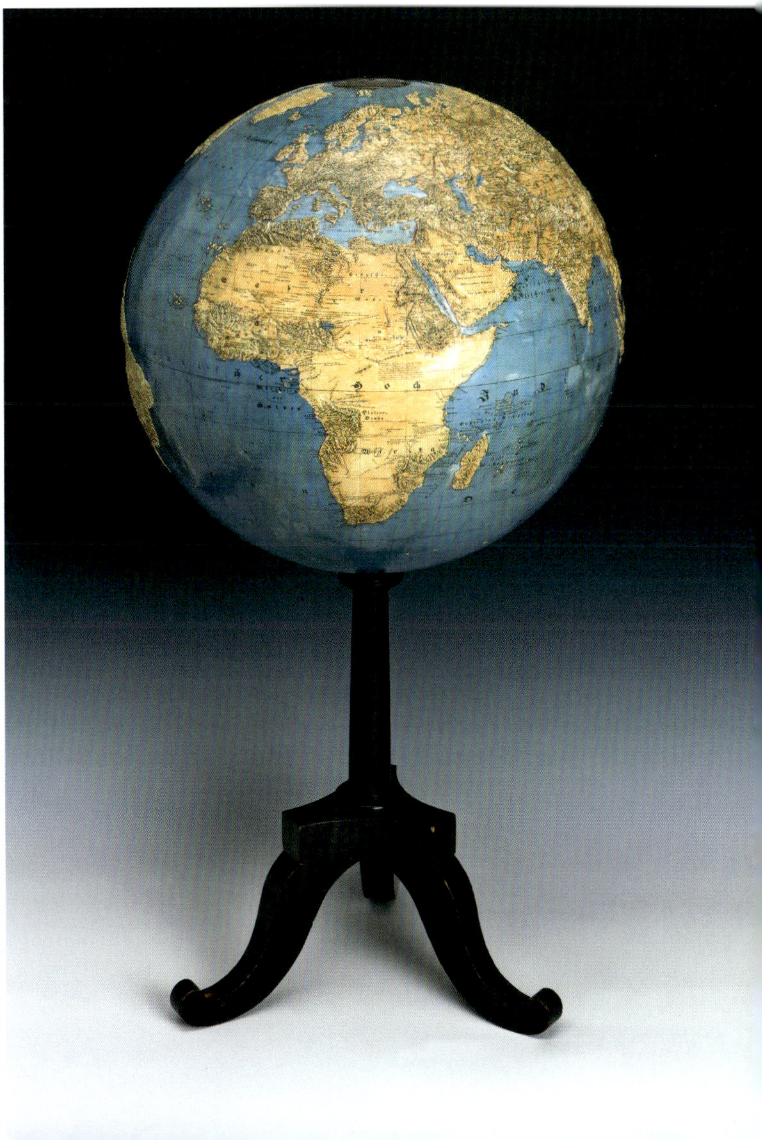

Schon im Altertum wurden Höhenunterschiede mit der Wasserwaage ermittelt. Daraus entstanden später die Nivellierinstrumente mit Fernrohr und Libelle (mit Luft oder Wasser gefülltes Röhrchen). Mit dem Nivellier werden geometrische Höhenbestimmungen ausgeführt; am Ende des 19. Jahrhunderts erfassten manche Staaten in Europa so vollständig ihr Territorium. Dabei stellt der Meeresspiegel den Nullpunkt dar. In Deutschland bezog man sich auf die Pegel von Amsterdam (Nordsee) und Kronstadt (Ostsee).

Hinsichtlich der inhaltlichen Ausgestaltung beruht der 1836 in Berlin von Karl Wilhelm Kummer (1785–1855) hergestellte Reliefglobus auf den geographischen Arbeiten von Carl Ritter (1779–1859). Das aus Papiermaché geformte Relief zeigt die Gebirge stark in Einzelberge aufgelöst. Alexander von Humboldt führte in Südamerika und Mexiko von 1801 bis 1804 erstmals systematische barometrische Höhenbestimmungen durch. Seine Ergebnisse und die Erkenntnisse von Joseph B. Pentland (1797–1873), der für den Titicacasee in Peru und Bolivien 1828 trigonometrisch eine Höhe von 12.500 Fuß (3.810 m) ermittelte, flossen in die Modellierung der Anden ein (Abb. 5.15). Vorbild für Kummers Reliefgloben waren die Tast-Erdkugeln des Berliner Blindenpädagogen Johann August Zeune (1778–1853).

Das Problem der Längengrade

Für die Orientierung auf der Erdkugel wurde schon in der Spätantike ein Koordinatensystem aus parallel zum Äquator laufenden Breitenkreisen und senkrecht zu diesen stehenden Längenkreisen entwickelt. Die eigene Breite zu bestimmen, ist relativ leicht (siehe folgenden Absatz). Die Bestimmung der geographischen Länge war dagegen lange Zeit schwierig, besonders auf hoher See. Es kam wegen unzureichender Messmethoden zu zahlreichen Schiffsunglücken, die zu hohen wirtschaftlichen Verlusten führten. Das englische Parlament setzte daher in seinem »Longitude Act« von 1714 ein Preisgeld von bis zu 20.000 Pfund für die Lösung dieses Problems aus. Zwei Methoden führten zum Ziel: die genaue Messung der Mondposition mit einem Sextanten und die Konstruktion einer seetauglichen Uhr, die einen Vergleich der Zeit des Ausgangshafens mit der am aktuellen Standort ermittelten Ortszeit ermöglicht.

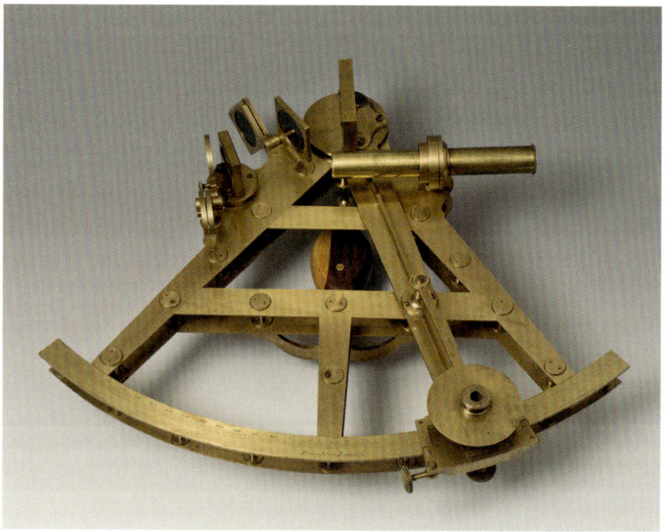

5.16 Spiegelsextant, Edward Troughton, London, um 1790, Messing, Glas, Länge: 31 cm, Breite: 35,5 cm, Inv.-Nr. C VI 7

Seit dem 18. Jahrhundert nutzte man vor allem auf See den Sextanten, einen speziellen Winkelmesser zur präzisen Messung des Höhenwinkels von Gestirnen, aus dem man den Breitengrad berechnen konnte. Die besondere Konstruktion des Sextanten erlaubt es, gleichzeitig in zwei Richtungen zu schauen. Über zwei Spiegel werden Sonne und Horizont angepeilt, und der Winkel zwischen ihnen wird gemessen. Aus der Höhe der Sonne, zum Mittag gemessen, kann man mit einer entsprechenden Tabelle relativ einfach die geographische Breite ableiten.

Die Bestimmung der geographischen Länge mit Hilfe der Monddistanzmethode ist sehr komplex und erfordert aufwendige Berechnungen. Auch hier wird der Spiegelsextant zum Messen von Winkeln verwendet, in diesem Fall von Winkeln zwischen Mond und hellen Fixsternen (Abb. 5.16).

Bei der Längengradbestimmung setzte sich schließlich die Methode des Zeitvergleichs zwischen Standort und Ausgangshafen mithilfe eines Seechronometers durch. Neben John Harrison (1693–1776), der als Erfinder des Seechronometers gilt, reichte auch der englische Uhrmacher Thomas

Mudge (1715–1794) 1777 zwei baugleiche Seechronometer bei der Längengradkommission in London zur Begutachtung ein. Sie werden nach der ursprünglichen Farbe ihrer Gehäuse das »blaue« und das »grüne Seechronometer« genannt (Abb. 5.17a, 5.17b).

Der mechanische *Erdglobus* des französischen Geographen Louis Charles Desnos (1725–1805) von 1782 veranschau-

5.17a, b »Blaues Seechronometer«, Seitenansicht und Zifferblatt, Thomas Mudge, Plymouth, 1777, Messinggehäuse, vergoldet, Glaszylinder, Emailzifferblatt, Silberranken, Durchmesser: 12,2 cm, Höhe: 10 cm, Inv.-Nr. D IV b 11 (Ankauf 1925)

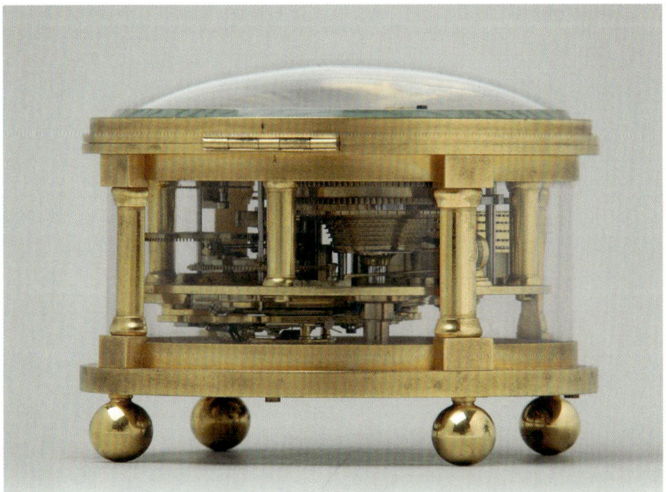

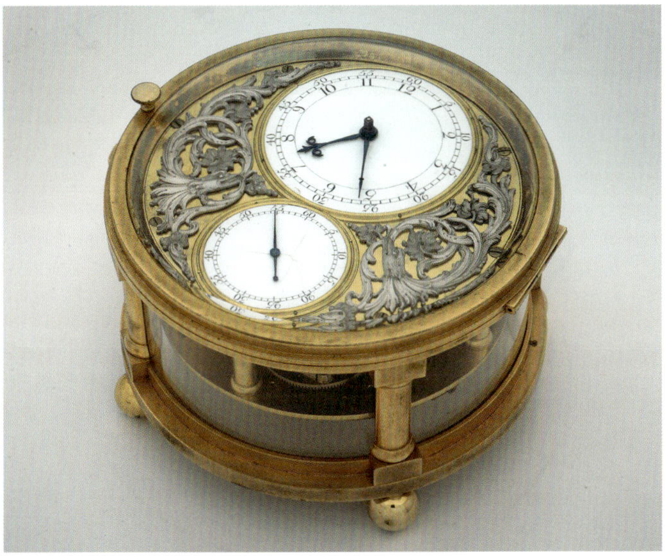

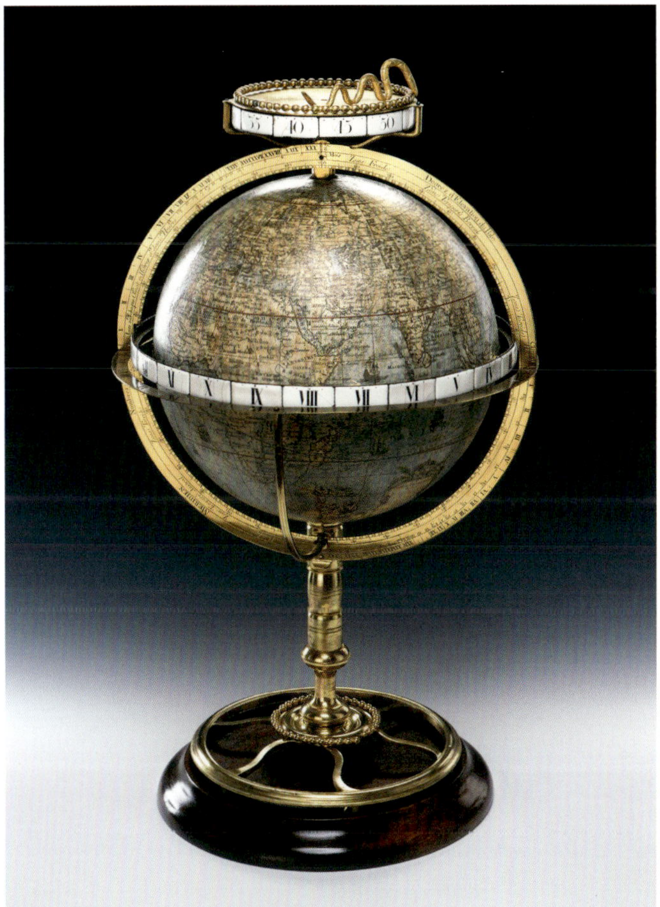

5.18 Mechanischer Erdglobus, Louis Charles Desnos, Paris, 1782, Kupferstichsegmente, Pappmachékugel, Messing, Stahl, Holz, Durchmesser: 26 cm, Höhe: 58 cm, Inv.-Nr. E I 5

licht den Zusammenhang zwischen Zeit- und Längengradunterschied. Die Erdkugel dreht sich in 24 Stunden einmal um die Achse. Bei einer Unterteilung des Gesamtumfangs in 360 Längengrade entspricht der Abstand von 15 Längengraden einer Zeitdifferenz von einer Stunde. Ein Uhrwerk bewegt den Globus von Desnos mit seinem 24-Stunden-Ring aus Email an einer feststehenden Sonnenkugel vorbei, die Teil des Modells ist. Steht man vor dem Globus, kann man die aktuelle Zeit ablesen. Zusätzlich wird die Mittagszeit (12:00 Uhr) für alle Orte auf dem Globus angezeigt, die sich zu diesem Zeitpunkt unterhalb der Sonnenkugel befinden und auf demselben Längengrad liegen (Abb. 5.18).

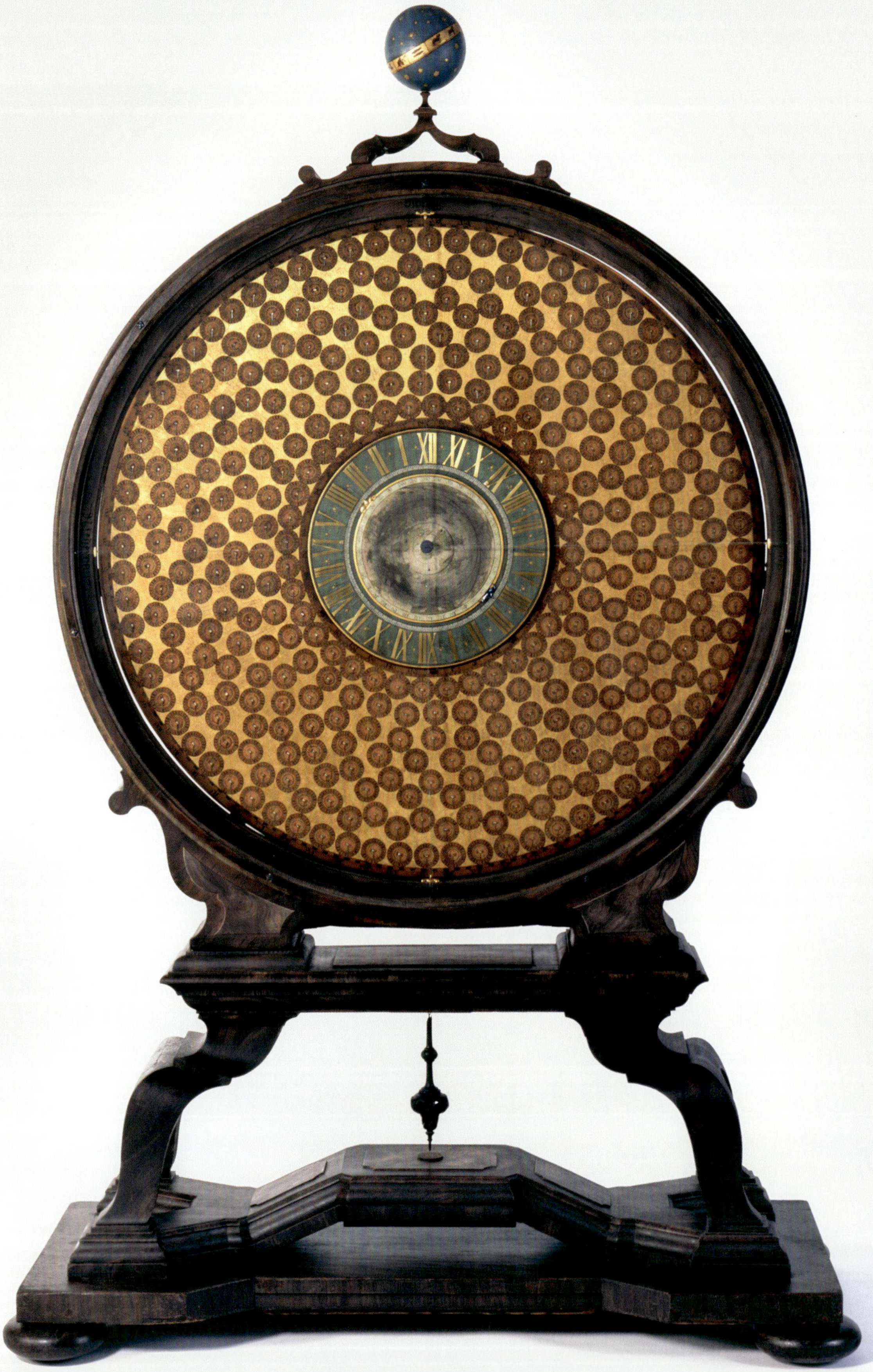

Auch bei der großen Weltzeituhr von Andreas Gärtner, hergestellt um 1690, spielen die Längengrade eine wichtige Rolle. Auf der vergoldeten Hauptscheibe der Uhr ist für jeden der 360 Längengrade ein kleines Zifferblatt aufgetragen, von denen jedes eine Ortsbezeichnung für eine Stadt oder Insel auf dem entsprechenden Längengrad aufweist. Inmitten der kleinen Zifferblätter hängt ein nach unten weisender Stundenzeiger. Dreht sich die Hauptscheibe, bewegen sich die kleinen Zifferblätter unter den immer senkrecht hängenden Zeigern, sodass die Ortszeit der angegebenen Städte oder Inseln für jeden Längengrad ablesbar ist. Die Ortszeit zum Beispiel von Dresden wird sowohl auf einem kleinen als auch auf dem zentralen Zifferblatt angezeigt (Abb. 5.19).

Auf dem Erdglobus von Johann Georg Klinger (1764–1806) aus dem Jahr 1792 werden die drei großen Reisen von James Cook (1728–1779), die er von 1768 bis 1779 unternahm, dargestellt. Cook erforschte vor allem die Ostküste Australiens und Neuseelands. Ein wichtiges Merkmal dieses Globus sind die aktualisierten und korrigierten Küstenlinien, die auf den exakten Bestimmungen der Längengrade mithilfe des Seechronometers beruhen (Abb. 5.20). James Cook benutzte für die Längengradbestimmung auf seiner zweiten Weltreise von 1772 bis 1775 ein Chronometer von Larcum Kendall (1719–1790), das eine Kopie des Chronometers »H4« von John Harrison war. Bei diesem Einsatz zeigte sich vor allem, über welch hohe Genauigkeit und Zuverlässigkeit dieses Chronometer verfügte.

Formenvielfalt

Bei einzeln angefertigten Globen werden die Kontinente oder die Sternkonstellationen mit Hilfe eines Koordinatennetzes direkt auf die Kugel gezeichnet oder gemalt. Bei Serienglobeno hingegen beklebt man die vorbereiteten Kugeln mit bedrucktem Papier. Da der Druck in der Ebene erfolgt, muss über einen speziellen zeichnerischen oder mathematischen Prozess die Kugeloberfläche in flache Segmente zerlegt werden – etwa wie beim Schälen einer Apfelsine. In der Regel benötigt man zwölf Segmente, die vom Äquator zu den beiden Polen jeweils spitz zulaufen. Diese Teilstücke wurden dann in einem entsprechenden Druckverfahren hergestellt.

5.19 Weltzeituhr, Andreas Gärtner, Dresden, um 1690, Holz, Stahl, Messing, Papier, Durchmesser: 135 cm, Höhe: 238 cm, Breite: 149 cm, Inv.-Nr. D IV d 2

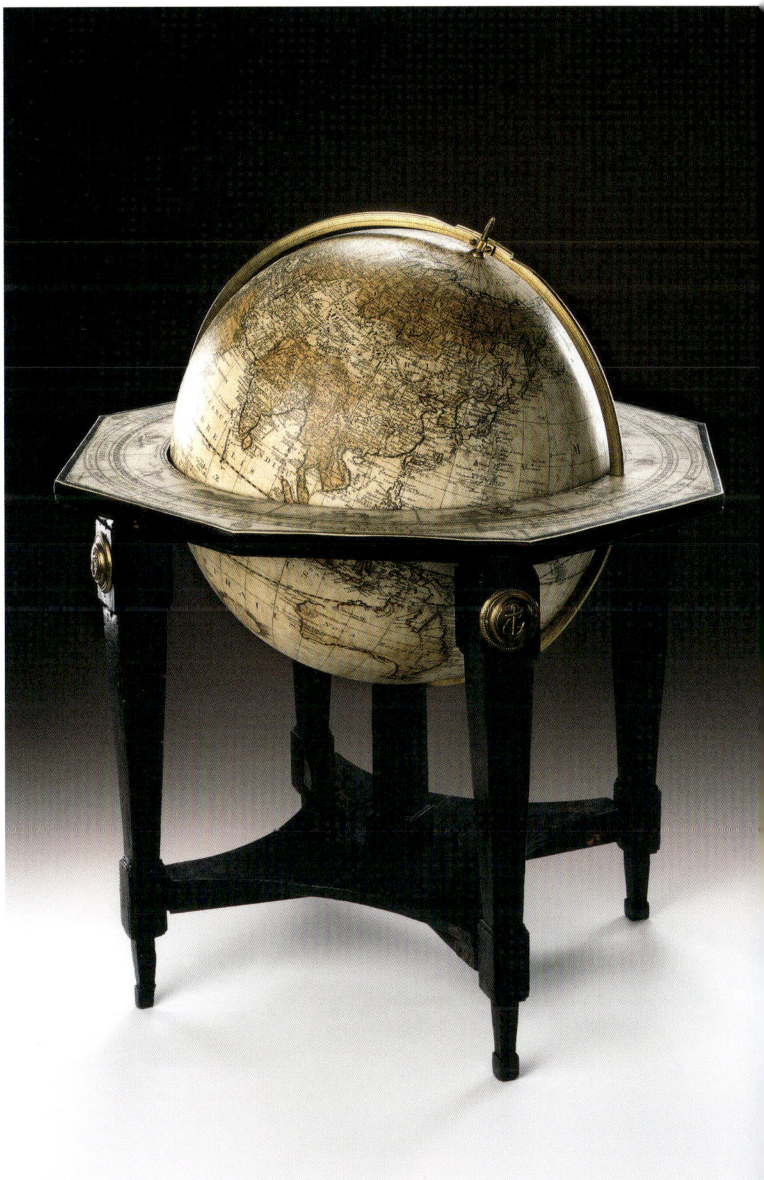

5.20 Erdglobus, Johann Georg Klinger, Nürnberg, 1792, Kupferstichsegmente, Pappmachékugel, Durchmesser 32 cm, Höhe 56 cm, Inv.-Nr. E I 18

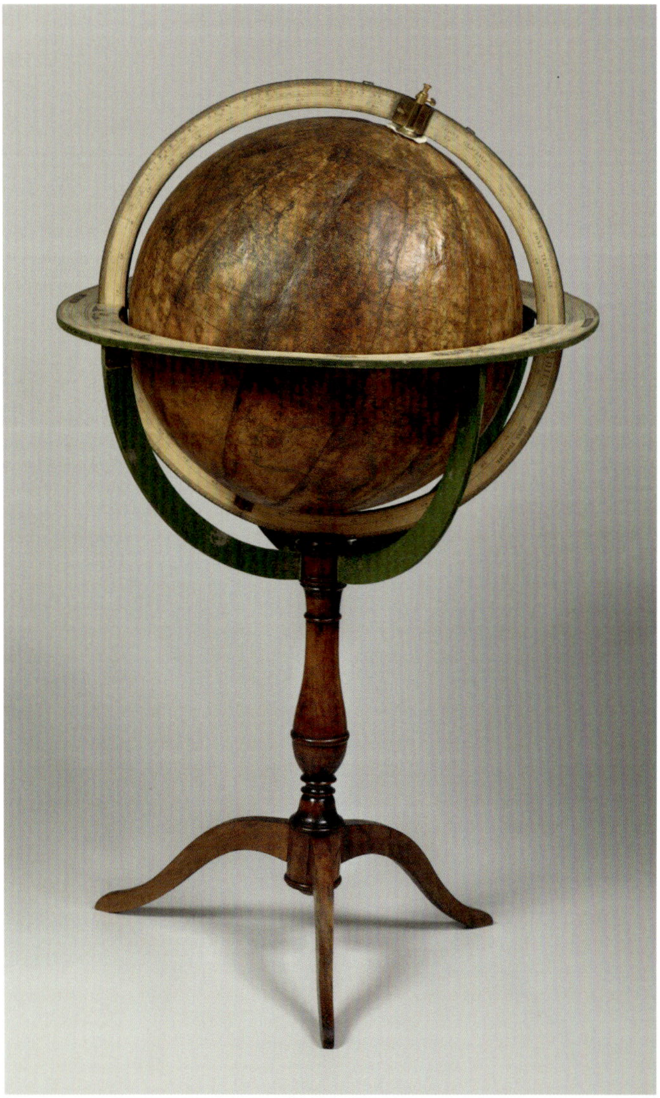

5.21 Aufblasbarer Erdglobus, Ambroise Tradieu, Aloyse Weinling, Straßburg (Marin et Schmidt), 1833, Leder, Naturkautschuk (?), Holz, Durchmesser: 47,5, Höhe: 115 cm, Inv.-Nr. E I 22

Die Erde oder die Himmelssphäre können aber auch auf andere Körper, zum Beispiel einen Kegel, einen Zylinder oder einen Würfel abgebildet werden. Da sich große Globen schwer transportieren lassen, wurden viele Ideen entwickelt, wie man die Kugeln schnell und auf praktikable Weise verkleinern kann. So entstanden aufblasbare und faltbare Globen, für die einige Globenhersteller Patente anmeldeten.

Für Aloyse Weinlings (1785–1850) Entwurf eines aufblasbaren Erdglobus erhielt der Straßburger Verlag Marin et Schmidt in Paris ein Patent auf zehn Jahre. Die Weltkarte wurde auf Leder gedruckt. Im Innern der Kugel befindet sich eine aufpumpbare Blase, die ursprünglich wohl aus Naturkautschuk hergestellt wurde. Auf dem Globus werden fünfzehn Entdeckungsrouten dargestellt (Abb. 5.21).

5.22 Aufspannbarer Erdglobus, John Betts, London, Ende 19. Jahrhundert, Stoff, Eisendraht, Länge: 38 cm, Inv.-Nr. E I 44

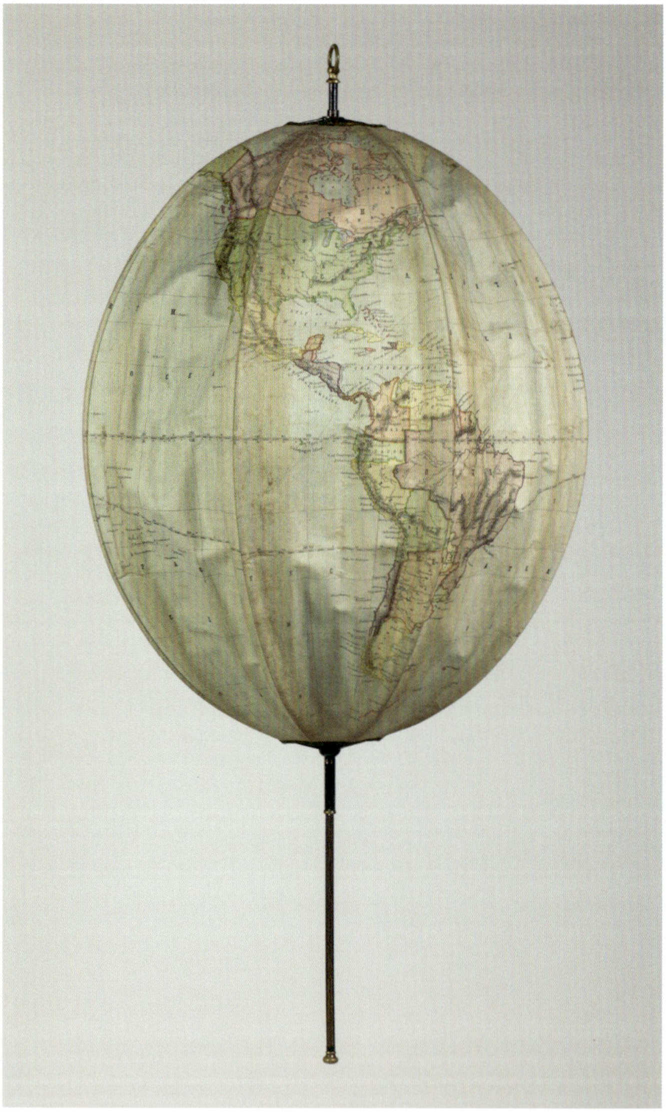

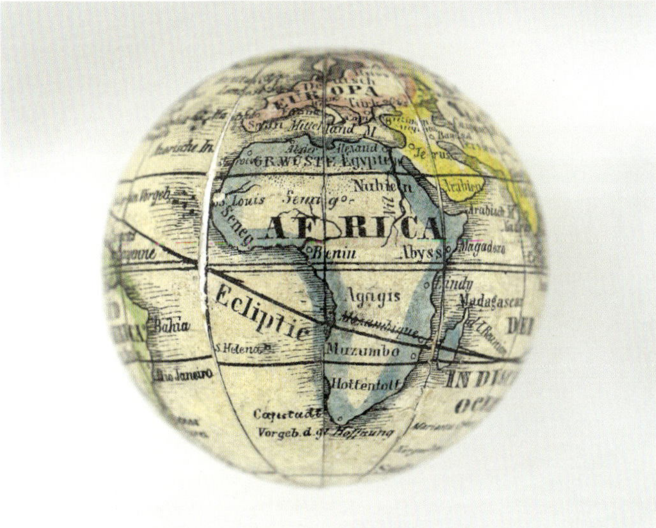

5.23a Taschenglobus mit Leporello, mit Monogramm »M. P. S.«, Nürnberg (?), um 1830, Kupferstichsegmente, Holzkugel (?), Durchmesser: 4,4 cm, Inv.-Nr. E I 46

5.23b Taschenglobus, ausgefaltetes Leporello, Inv.-Nr. E I 46

Der aufspannbare Erdglobus von John Betts (1844–1875), gefertigt in London am Ende des 19. Jahrhunderts, funktioniert wie ein Regenschirm. Damit war ein sicherer und bequemer Transport des Globus möglich. John Betts erhielt für diese Erfindung ein Patent vom königlichen Patentamt Großbritanniens. Die Karte, auf der auch die neuesten Entdeckungen verzeichnet waren, wurde auf Stoff gedruckt (Abb. 5.22).

Taschen- und Faltgloben waren auch für ein breites Publikum erschwinglich und wurden zum spielerischen Lernen gern genutzt. Meist wurden den kleinen Erdgloben Leporellos beigefügt, auf deren Faltseiten typische Vertreter der Völker der Welt abgebildet waren. So auch bei dem kleinen Globus mit dem Monogramm »M. P. S.« (Abb. 5.23a, 5.23b) sowie bei dem Faltglobus von Carl Johann Sigmund Bauer (1780–1857).

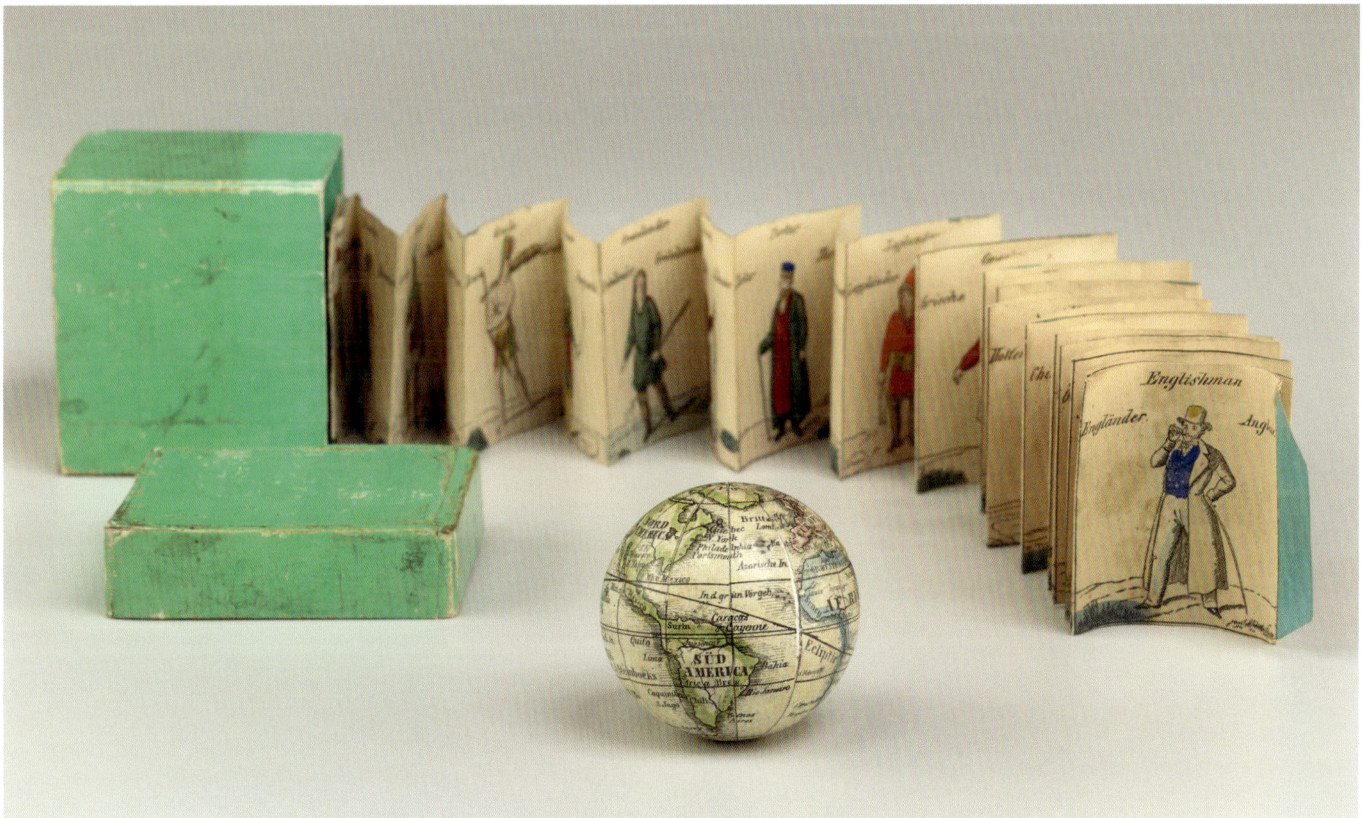

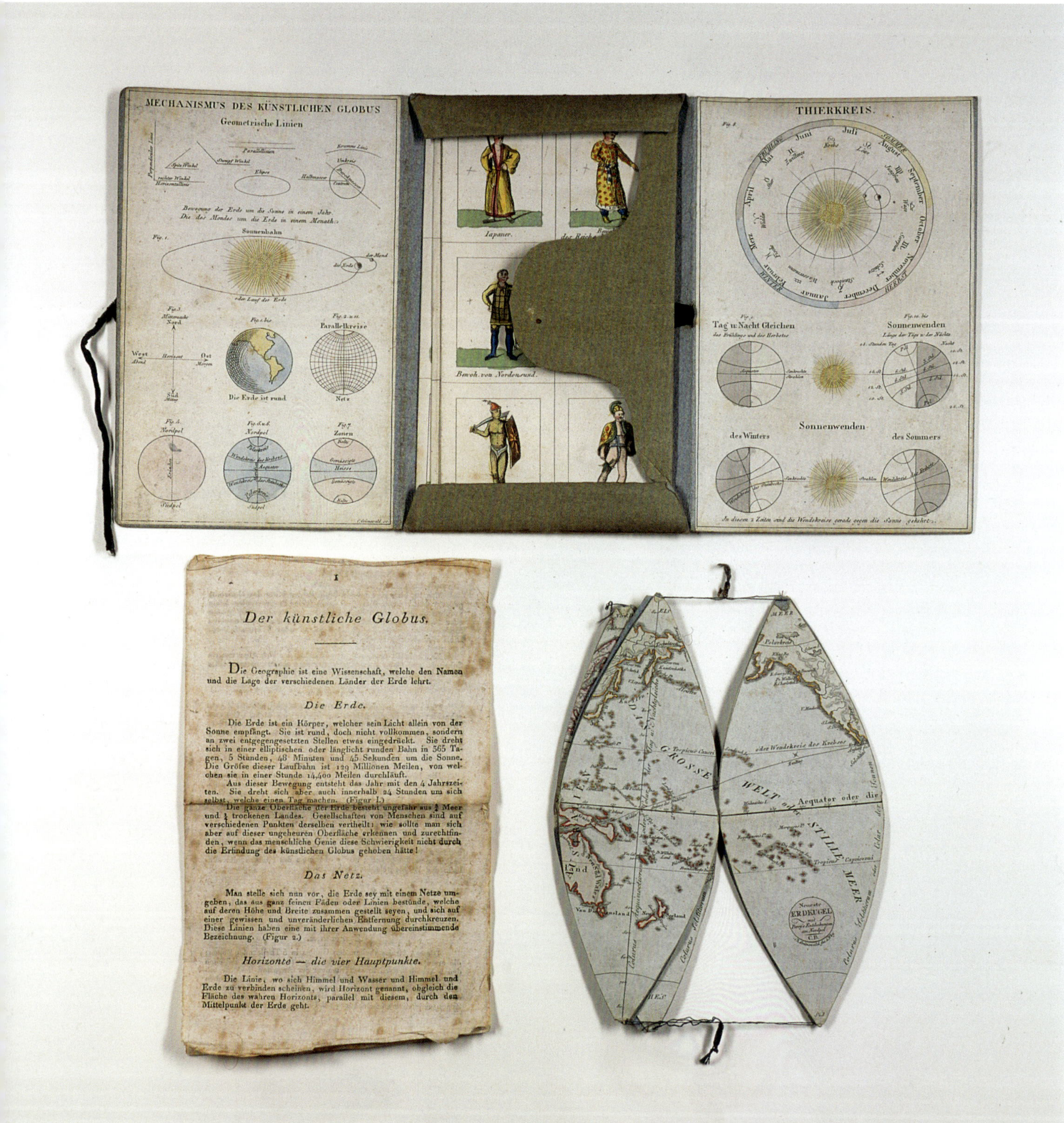
MECHANISMUS DES KÜNSTLICHEN GLOBUS
Geometrische Linien
Sonnenbahn
Parallelkreise
Die Erde ist rund
Netz
Nordpol
Südpol
Zonen
Japaner
Bewoh. von Nordensund.
THIERKREIS.
Tag u. Nacht Gleichen
Sonnenwenden
des Winters
des Sommers
I
Der künstliche Globus.
Die Geographie ist eine Wissenschaft, welche den Namen und die Lage der verschiedenen Länder der Erde lehrt.
Die Erde.
Die Erde ist ein Körper, welcher sein Licht allein von der Sonne empfängt. Sie ist rund, doch nicht vollkommen, sondern an zwei entgegengesetzten Stellen etwas eingedrückt. Sie dreht sich in einer elliptischen oder länglicht runden Bahn in 365 Tagen, 5 Stunden, 48 Minuten und 45 Sekunden um die Sonne. Die Gröſse dieser Laufbahn ist 129 Millionen Meilen, von welchen sie in einer Stunde 14,400 Meilen durchläuft.
Aus dieser Bewegung entsteht das Jahr mit den 4 Jahrszeiten. Sie dreht sich aber auch innerhalb 24 Stunden um sich selbst, welche einen Tag machen. (Figur I.)
Die ganze Oberfläche der Erde besteht ungefähr aus ⅔ Meer und ⅓ trockenen Landes. Gesellschaften von Menschen sind auf verschiedenen Punkten derselben vertheilt: wie sollte man sich aber auf dieser ungeheuren Oberfläche erkennen und zurechtfinden, wenn das menschliche Genie diese Schwierigkeit nicht durch die Erfindung des künstlichen Globus gehoben hätte!
Das Netz.
Man stelle sich nun vor, die Erde sey mit einem Netze umgeben, das aus ganz feinen Fäden oder Linien bestünde, welche auf deren Höhe und Breite zusammen gestellt seyen, und sich auf einer gewissen und unveränderlichen Entfernung durchkreuzen. Diese Linien haben eine mit ihrer Anwendung übereinstimmende Bezeichnung. (Figur 2.)
Horizonte — die vier Hauptpunkte.
Die Linie, wo sich Himmel und Wasser und Himmel und Erde zu verbinden scheinen, wird Horizont genannt, obgleich die Fläche des wahren Horizonts, parallel mit diesem, durch den Mittelpunkt der Erde geht.
GROSSE
WELT oder STILLE MEER
Aequator oder die
Neueste ERDKUGEL

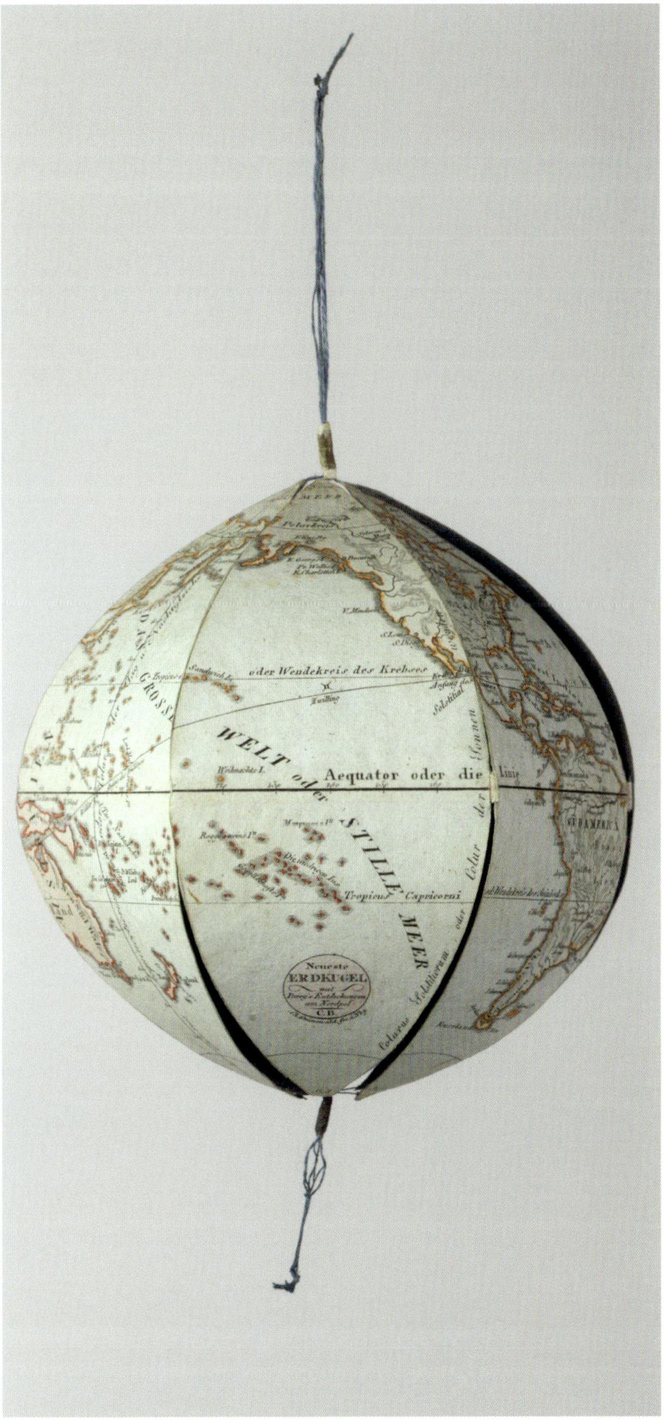

5.24a Faltglobus mit Schuber, Carl Johann Sigmund Bauer, Nürnberg, um 1825, Höhe: 17,3 cm, Inv.-Nr. E I 48

5.24b Faltglobus, zusammengesetzt, Inv.-Nr. E I 48

Letzterer besteht aus sechs durch Fäden miteinander verbundenen Globensegmenten, die sich mit Hilfe von Hülsen so stauchen lassen, dass ein Erdglobus entsteht (Abb. 5.24b). Der dazugehörige Schuber enthält Erläuterungen zur Entstehung der Jahreszeiten und zu den Klimazonen der Erde (Abb. 5.24a).

Klein und handlich ist auch der Taschen- bzw. Sackglobus, den Johann Baptist Homann (1664–1724) in Nürnberg um 1715 herstellte und der drei astronomische Modelle in sich vereinigt: In die äußere Hülle wurde innen ein konkaver Himmelsglobus hineingeklebt, der die Sternbilder »richtig« zeigt, also den Anblick bietet, wie man ihn von der Erde aus hat. Im Himmelsglobus, der sich am Äquator öffnen lässt, steckt ein Erdglobus, in diesem wiederum befindet sich die Armillarsphäre (vgl. S. 121, Abb. 5.7, 5.8). Sie stellt das geozentrische Weltbild mit der feststehenden Erde im Mittelpunkt dar (Abb. 5.25).

Der Erdkörper von Christlieb Benedict Funk (1736–1786) zeigt die wichtigsten Kartenprojektionen, die in der Kartographie verwendet werden. Das Erdmodell besteht aus einem Zylinder, zwei Kegelstümpfen und zwei Ebenen. Dabei wird die Tropenzone der Erde auf den Zylinder, die gemäßigten Zonen werden auf die Kegelstümpfe und die Polarzonen direkt auf die Ebenen abgebildet (Abb. 5.26). Dieses Modell war bestens geeignet, um Schülern und Studenten die Projektionen zu erklären. Außerdem war ein solcher Erdkörper leichter herzustellen als ein Globus. Großen Wert legte der Autor auf die akkurate Darstellung der Inseln, die er exakt beschriftete. Auffallend ist zudem die Hervorhebung der Grenzen in Europa durch farbige Grenzbänder. Verzeichnet sind auch die Routen der Weltreisen von Ferdinand Magellan (1519–1522), George Anson (1740–1744) und von James Cooks letzter Reise (1776–1779).

Auch mit seinem Erd- und Himmelsdoppelkegel wollte Funk eine preiswerte Alternative zum bereits fertiggestellten Globus anbieten. Die kompletten Kegel bestehen aus drei verschiedenen Elementen: Auf den Trägerkegel, der als Sockel fungiert, wird der Erdkegel so aufgesetzt, dass er drehbar ist, und im Innern befindet sich der ebenfalls drehbar gelagerte Himmelskegel. Es bestand auch die Möglichkeit, dass der Käufer die Karten als ebene Drucke erwarb und sie anschließend selbst ausschnitt, zu Kegeln faltete und zusammenklebte (Abb. 5.27).

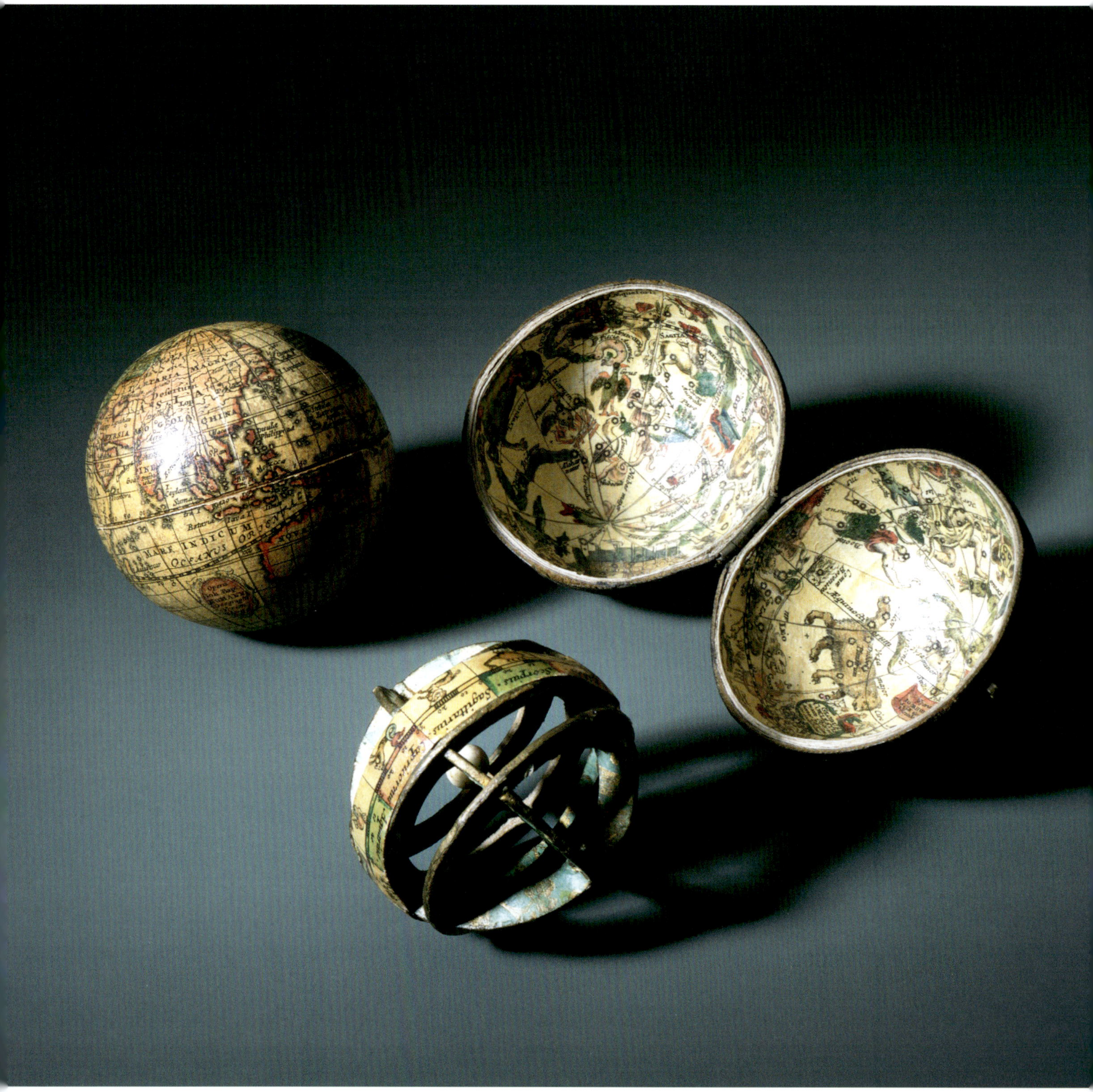
Sagittarius
Scorpius
MARE
INDICUM

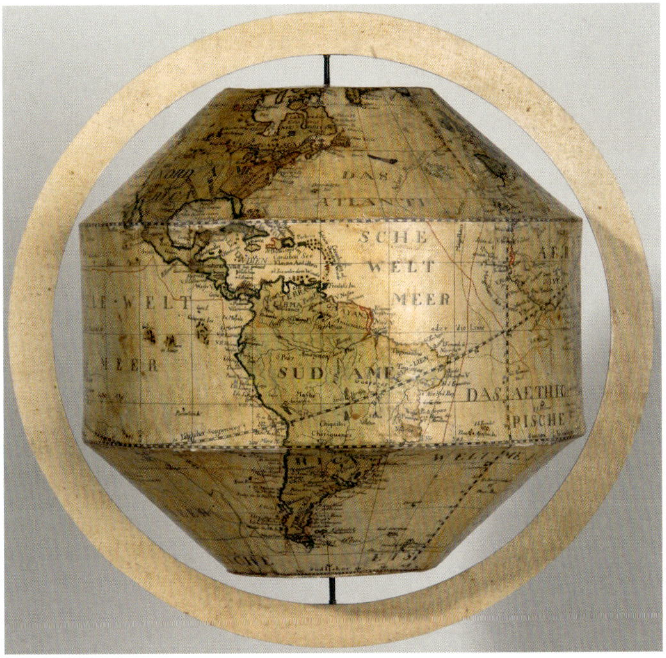

5.26 Erdkörper, Christlieb Benedict Funk, Leipzig, 1785, Kupferstich, Pappmaché, Durchmesser: 23,5 cm, Inv.-Nr. E I 21

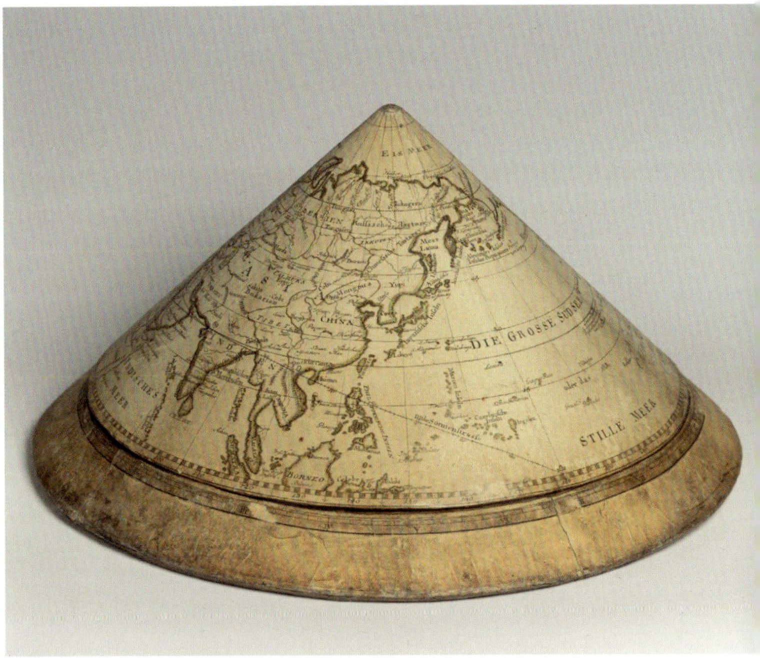

5.27 Erd- und Himmelsdoppelkegel, Christlieb Benedict Funk, Leipzig, um 1780, Kupferstich, Pappmaché, Durchmesser: 36 cm, Höhe: 17 cm, Inv.-Nr. E I 30

Globen im Seriendruck

Seit der Erfindung des Buchdrucks mit beweglichen Lettern um 1440 war es möglich, Schriftgut und Graphik massenhaft zu verbreiten. Der erste Globus, der aus gedruckten Segmenten bestand, stammt von Martin Waldseemüller (1470–1520) aus dem Jahre 1507. Die Globensegmente wurden noch im Holzschnitt ausgeführt. Die erst einige Jahrzehnte später eingeführte Technik des Kupferstichs erwies sich für den Kartendruck als geeigneter, weil man damit dünnere Linien darstellen und höhere Auflagen drucken konnte. Die mithilfe der Kupferstich-Technik hergestellten Globen von Johann Gabriel Doppelmayr (1677–1750) aus Nürnberg erzielten im 18. Jahrhundert in Deutschland von allen Globen die höchste Auflage. Doppelmayr arbeitete auch für den größten Kartenverlag Deutschlands, der von Johann Baptist Homann 1702 in Nürnberg gegründet worden war. Homann gab fast 1.000 verschiedene Karten heraus. Als größtes Konkurrenzunternehmen etablierte sich seit 1707 der Augsburger Verlag von Matthäus Seutter (1678–1757), der ein Schüler von Homann war.

Die Globenpaare von Johann Gabriel Doppelmayr erschienen in drei Größen mit den Kugeldurchmessern 10 cm, 20 cm und 32 cm. Die Kartensegmente wurden von Johann Georg Puschner (1680–1749) gestochen. Die erste Auflage des großen Erdglobus erschien 1728 und wurde 1792 von Wolfgang Paul Jenig (1743–1805) neu herausgegeben. In der Neuauflage fanden die Ergebnisse der drei Weltreisen von James Cook Berücksichtigung, insbesondere in der Darstellung der Gesellschaftsinseln, Neuseelands, des Großen Barriere Riffs und der Torres-Straße (Abb. 5.28).

5.25 Taschenglobus (Sackglobus), Johann Baptist Homann, Nürnberg, um 1715, Kupferstichsegemente, Pappmaché, Durchmesser (Himmelsglobus): 7,3 cm, Durchmesser (Erdglobus): 6,7 cm, Durchmesser (Armillarsphäre): 5,8 cm, Inv.-Nr. E II 27

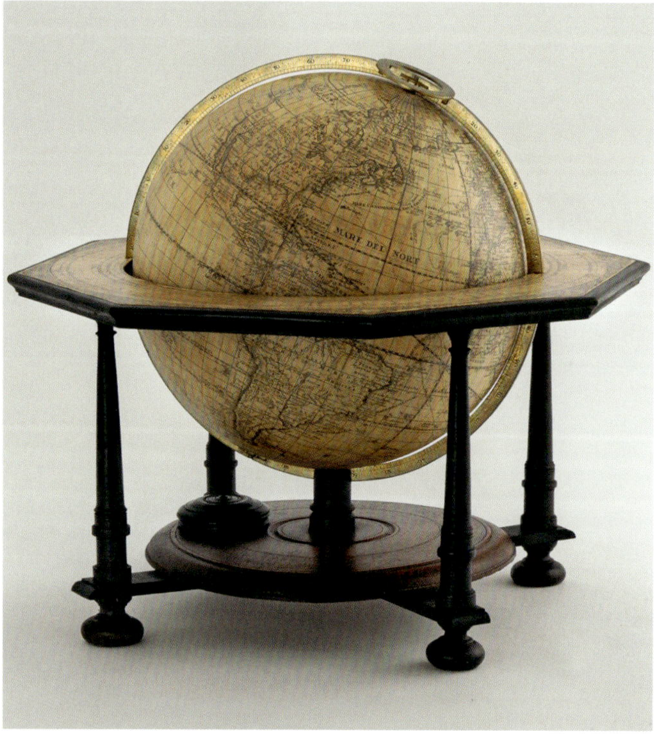

5.28 Erdglobus, Johann Gabriel Doppelmayr/ Wolf Paul Jenig, Nürnberg, 1792, Kupferstichsegmente, Pappmachékugel, Durchmesser: 32 cm, Inv.-Nr. E I 16

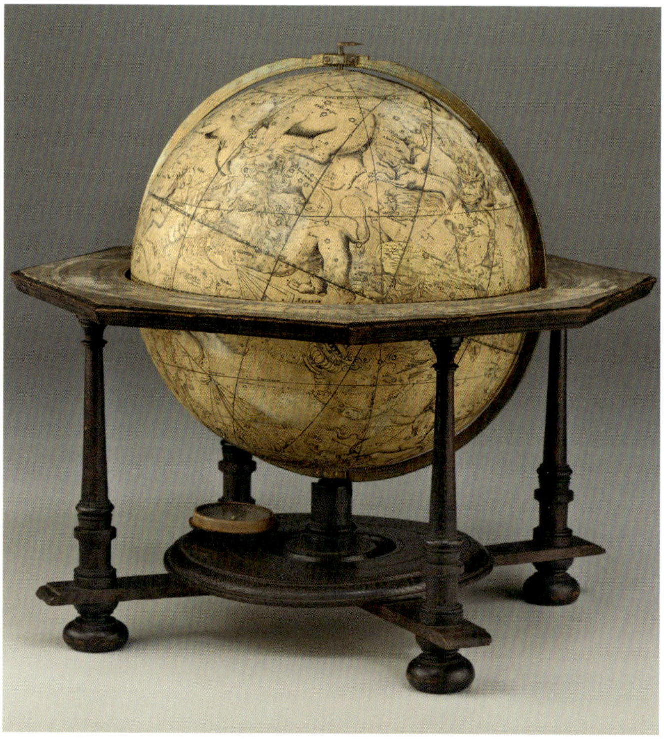

5.29 Himmelsglobus, Johann Gabriel Doppelmayr, Nürnberg, 1728, Kupferstichsegmente, Pappmachékugel, Durchmesser: 32 cm, Inv.-Nr. E II 12

Bei dem großen Erdglobus Doppelmayrs konnten die hochaktuellen Ergebnisse der Forschungsexpedition, die Vitus Bering (1681–1741) im gleichen Jahr 1728 an der Ostküste Asiens durchführte – vor allem die Entdeckung der Tschuktschenhalbinsel und von Kamtschatka –, nicht berücksichtigt werden. Sie erschienen dann auf dem mittleren Erdglobus (mit dem Kugeldurchmesser von 20 cm), den Doppelmayr 1730 auf den Markt brachte. Aber auch weiter zurückliegende Expeditionen wie die des englischen Abenteurers William Dampier (1651–1715) nach Südostasien und Australien im Jahr 1699 wurden dort eingetragen. Das kleinste Globenpaar erschien schließlich im Jahr 1736.

Bei seinen Himmelsgloben zeigte Johann Gabriel Doppelmayr die altbekannten 48 Sternbilder des Ptolemäus und ergänzte sie mit den 11 neu eingeführten Sternbildern des Danziger Astronomen Johannes Hevelius (1611–1687). Während Albrecht Dürer (1471–1528) das Sternbild des Cetus in seinem Holzstich von 1515 noch als friedvollen Wal wiedergegeben hatte, wird es nun auf dem Globus nach dem Atlas *Uranographia* des Hevelius als Ungeheuer dargestellt (Abb. 5.29).

Der Augsburger Verleger Matthäus Seutter brachte nur ein Globenpaar heraus. Der Erdglobus erschien erstmals 1710 und konnte auch in Form von einzelnen Segmenten zur Selbstmontage erworben werden. Auffällig beim Kartenbild ist die Darstellung Kaliforniens als Insel. Australiens Ostküste ist noch sehr fragmentarisch abgebildet, im Norden ist sie mit

5.30 Erdglobus, Matthäus Seutter, Augsburg, um 1710, Kupferstichsegmente, Pappmachékugel, Durchmesser: 21 cm, Höhe: 35 cm, Inv.-Nr. E I 50

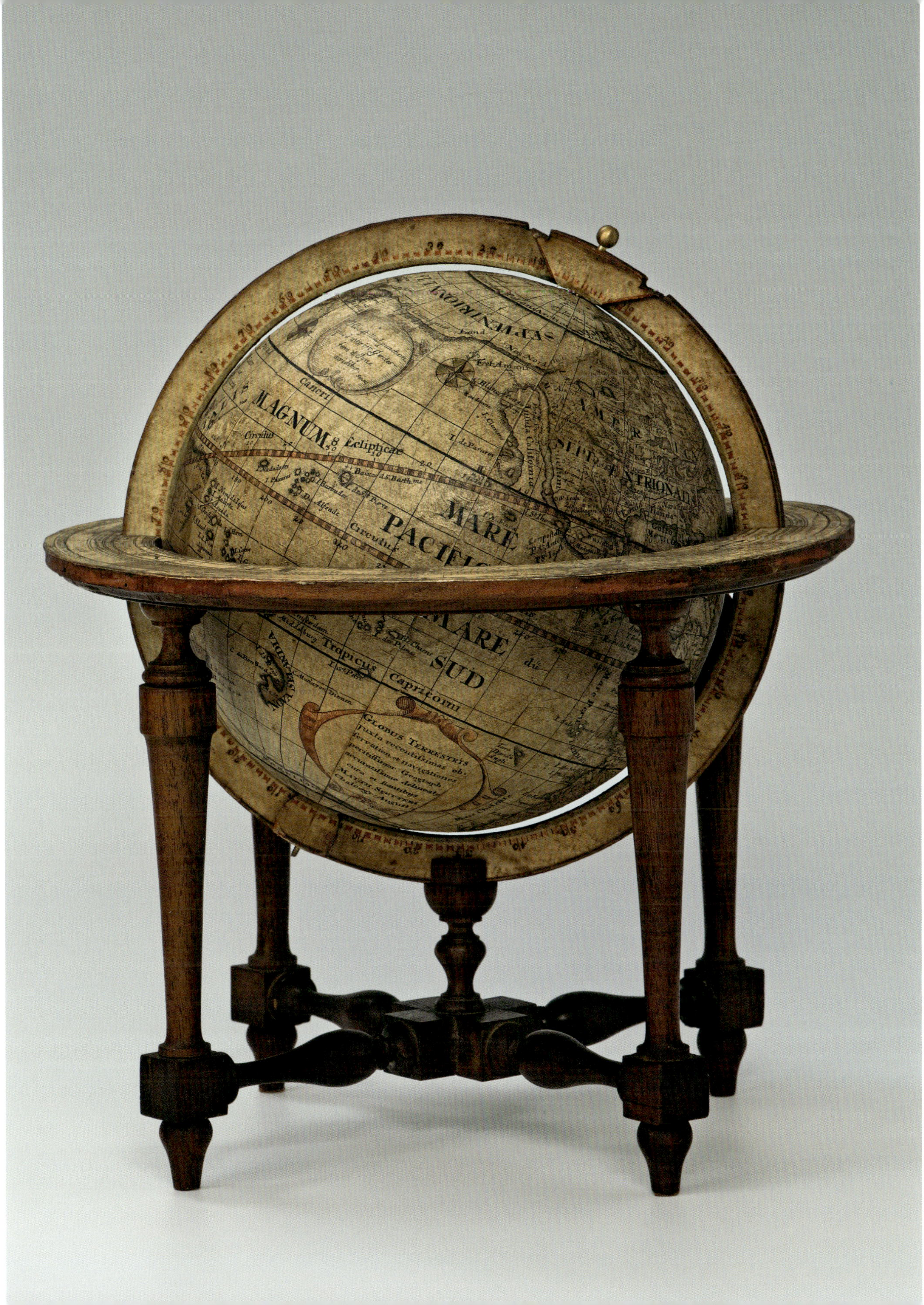
MAGNUM
Eclipticae
Cancri
Circulus
MARE
SUD
Tropicus
Capricorni
GLOBUS TERRESTRIS

Neuguinea verbunden, und Van-Diemens-Land (Tasmanien) wird weit nach Osten verlegt. Am Südpol stellte Seutter noch die »Terra Australis Incognita« dar (Abb. 5.30).

Seutters Himmelsglobus zeichnet sich durch eine prächtige Kolorierung aus. Auf den zwölf Segmenten sind insgesamt 68 Sternbilder zu sehen. Ihre Ausführung folgt den Zusammenstellungen der Sternbilder im Anschluss an den Astronomen Johannes Hevelius und für den Südhimmel dem Sternenkatalog von Pieter Keyser und Frederick de Houtman. Die Darstellung der Figuren ist jedoch sehr naiv. Die Sterngrößen wurden wie bei allen Globen nach ihrer Helligkeit in sechs Größenklassen eingeteilt (Abb. 5.31).

5.31 Himmelsglobus, Matthäus Seutter, Augsburg, 1710, kolorierte Kupferstichsegmente, Pappmachékugel, Durchmesser: 21 cm, Höhe: 35 cm, Inv.-Nr. E II 21

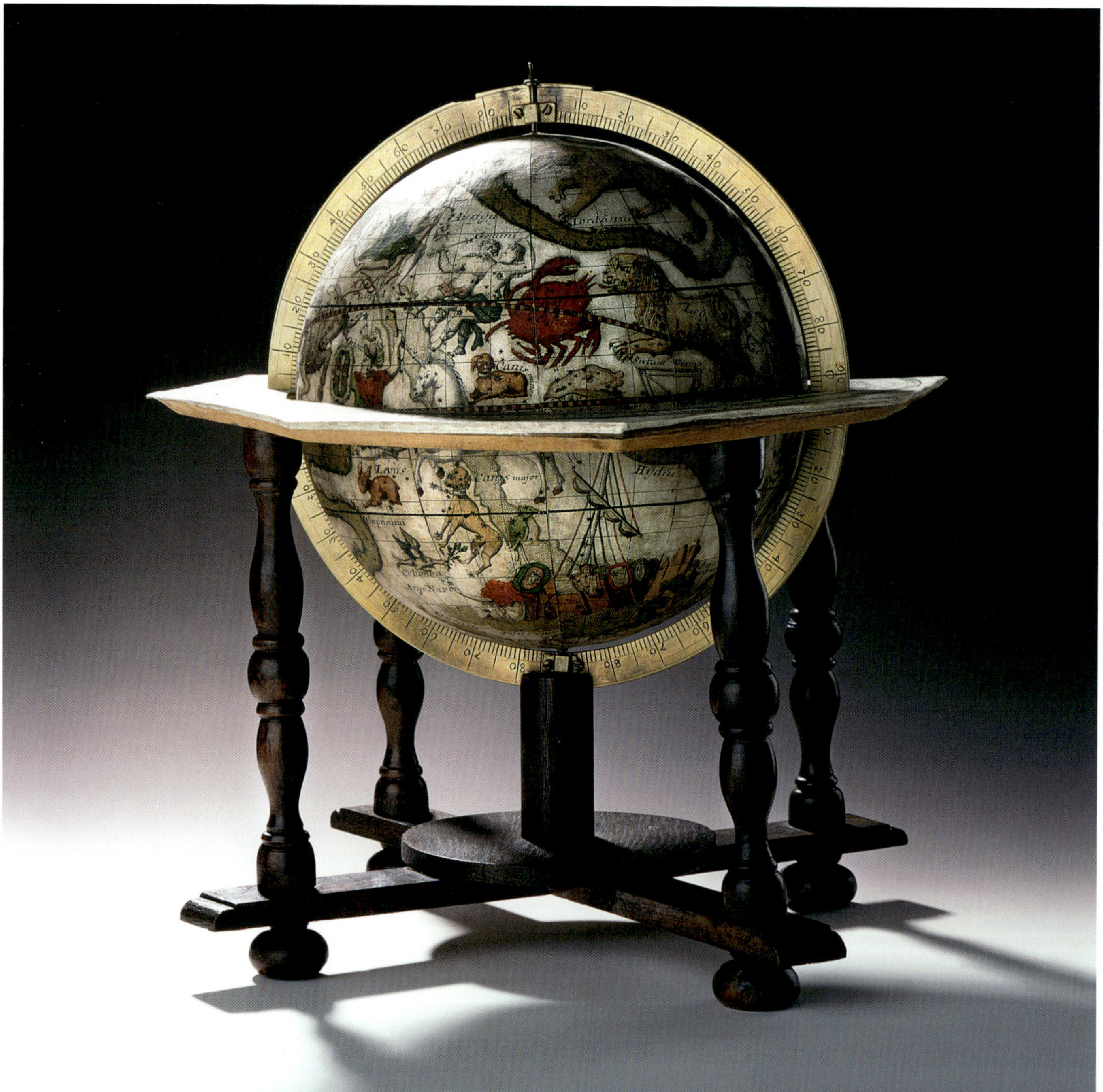

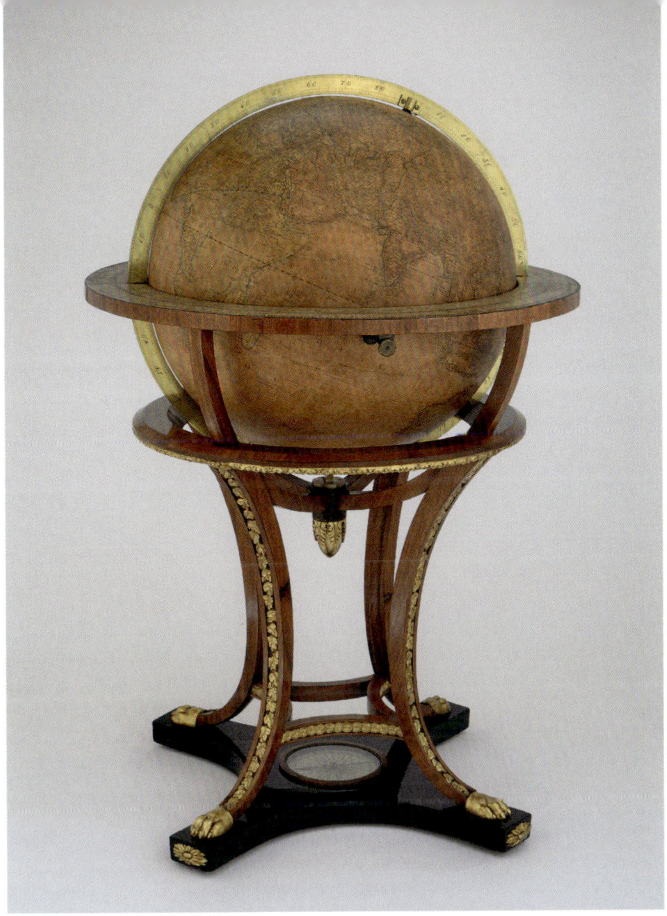

5.32 Erdglobus, Schreibers Erben, Christian Gottlieb Riedig, gestochen von Heinrich Leutemann, Leipzig, 1820, Kupferstichsegmente, Pappmachékugel, Durchmesser: 49 cm, Höhe: 103,5 cm, Inv.-Nr. E I 6

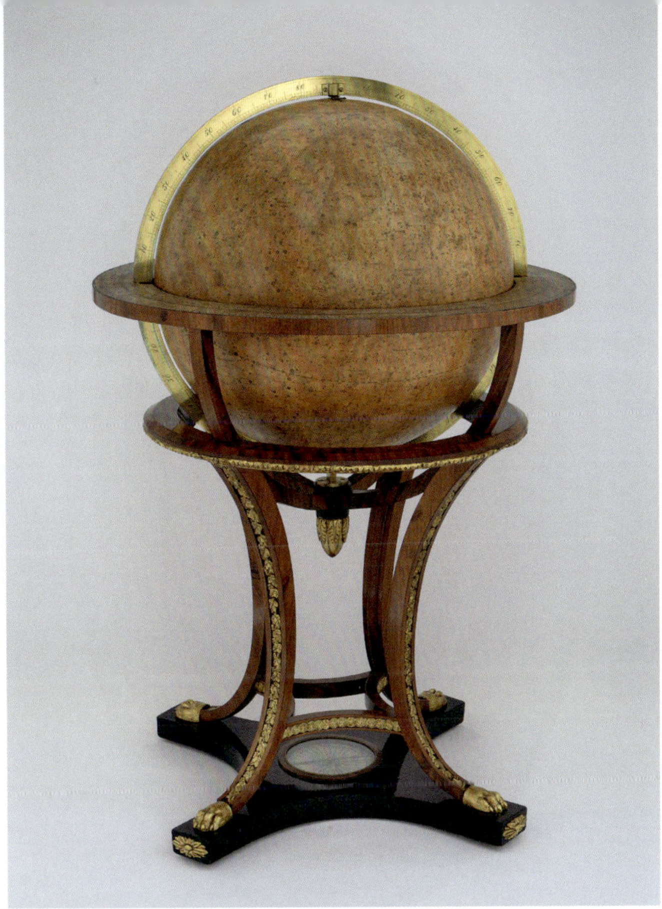

5.33 Himmelsglobus, Schreibers Erben, Christian Gottlieb Riedig, Leipzig, 1820, Kupferstichsegmente, Pappmachékugel, Durchmesser: 49 cm, Höhe: 103,5 cm, Inv.-Nr. E II 10

Zeitgeschmack

Die Gestaltung der Globengestelle orientierte sich am aktuellen Möbelstil der jeweiligen Epoche. Zu Beginn der seriellen Globenproduktion in den Niederlanden während der Renaissance waren schlichte, vierbeinige Globengestelle aus Eichenholz üblich. Im Barock dienten Globen zunehmend als Repräsentationsobjekte. Daher wurden ihre Gestelle oft mit aufwendigem Schnitzwerk und Farbfassungen versehen. Das in der Ausstellung gezeigte Leipziger Globenpaar ruht auf Gestellen im Empirestil mit Mahagonifurnier und vergoldetem Ornament aus Gips. König August I. (1750–1827) erwarb es 1822 für seine Bibliothek und ließ es wenig später im Mathematisch-Physikalischen Salon ausstellen.

Der Erdglobus aus dem Leipziger Verlag Schreibers Erben wurde von Christian Gottlieb Riedig (1768–1853) nach den damals »neuesten Entdeckungen und astronomischen Ortsbestimmungen« gezeichnet, wie man auf dem Globus lesen kann. Dabei berücksichtigte er auch die russische Weltumseglung von Adam Johann von Krusenstern (1770–1846) im Jahr 1806 und die Entdeckungen von John Ross (1777–1856) bei der Suche nach der Nordwestpassage 1818 (Abb. 5.32).

Als Grundlage für die Kartierung der Sternpositionen auf dem Himmelsglobus nutzte Riedig den 1801 erstmals erschienen Atlas *Uranographia* des bekannten Berliner Astronomen Johann Elert Bode (1747–1826). Bemerkenswert sind die darin neu aufgenommenen Sternbilder, die in der Zeit der Aufklärung entwickelte wissenschaftlich-technische Instrumente und Apparate darstellen. So sind zum Beispiel die Luftpumpe, die Elektrisiermaschine und das Teleskop von Wilhelm Herschel an den Himmel gesetzt worden (Abb. 5.33).

Ausgewählte Literatur

Johann Gottlieb Michaelis · Catalogus Instrumentorum Staticorum Musæi Regii Mathematicii (Handschrift), Mathematisch-Physikalischer Salon, Dresden 1732 (Dieses ist einer von elf Bänden des 1730–32 von Michaelis erfassten ersten Inventars des Salons.)

Karl Wilhelm Dassdorf · Beschreibung der vorzüglichsten Merkwürdigkeiten der Churfürstlichen Residenzstadt Dresden und einiger umliegender Gegenden, Dresden 1782

August Ferdinand Möbius · Beobachtungen auf der Königlichen Universitäts-Sternwarte zu Leipzig. Leipzig 1823

Adolph Drechsler · Katalog der Sammlungen des Königlichen mathematisch-physikalischen Salons zu Dresden, Dresden 1874

Curt Reinhardt, Tschirnhaus oder Böttger? · Eine urkundliche Geschichte der Erfindung des Meissner Porzellans. Oberlausitzische Gesellschaft der Wissenschaften, Görlitz 1912

Herbert Wunderlich · Das Dresdner »Quadratum geometricum« aus dem Jahre 1569 von Christoph Schißler d. Ä., Augsburg, mit einem Anhang: Schißlers Oxforder und Florentiner »Quadratum geometricum« von 1579/1599. Berlin 1960 (Veröffentlichungen des Mathematisch-Physikalischen Salons, Band 1)

Helmut Grötzsch · Die ersten Forschungsergebnisse der Globeninventarisierung in der Deutschen Demokratischen Republik, Ein Beitrag zur internationalen Weltinventarisation durch d. Unesco. Berlin 1963 (Veröffentlichungen des Staatlichen Mathematisch-Physikalischen Salons Dresden, Band 2)

Herbert Wunderlich · Kursächsische Feldmeßkunst, artilleristische Richtverfahren und Ballistik im 16. und 17. Jahrhundert. Berlin 1977 (Veröffentlichungen des Staatlichen Mathematisch-Physikalischen Salons Dresden, Band 7)

Helmut Grötzsch · Dresden, Mathematisch-Physikalischer Salon. Leipzig 1978

Helmut Schramm · Astronomische Instrumente, Katalog, Mathematisch-Physikalischer Salon, Dresden ohne Jahr (1987)

Joachim Schardin · Kunst- und Automatenuhren. Katalog der Großuhrensammmlung. Staatlicher Mathematisch-Physikalischer Salon. Dresden ohne Jahr (1989)

Klaus Schillinger · Zeicheninstrumente. Katalog, Staatlicher Mathematisch-Physikalischer Salon, Dresden 1990

Klaus Schillinger · Solare Brenngeräte. Katalog, Staatlicher Mathematisch-Physikalischer Salon. Dresden 1992

Uhren - Globen, wissenschaftliche Instrumente · Ausstellungsführer, Dresden 1993

Klaus Schillinger (Hrsg.) · Kostbare Instrumente und Uhren aus dem Mathematisch-Physikalischen Salon Dresden. Leipzig 1994

Wolfram Dolz · Erd- und Himmelsgloben. Sammlungskatalog, Staatlicher Mathematisch-Physikalischer Salon. Dresden ohne Jahr (1994)

Joachim Schardin · Taschenuhren und Seechronometer deutscher, österreichischer und englischer Meister. Sammlungskatalog Mathematisch Physikalischer Salon, Dresden 1997

Klaus Schillinger · Rechengeräte aus der Sammlung des Mathematisch-Physikalischen Salons. Bestandskatalog. Dresden 2000

Klaus Schillinger · Zur Geschichte der Zeitbestimmung und Zeitabgabe am Mathematisch-Physikalischen Salon, in: Dresdner Geschichtsbuch 7, 2001, S. 210–232

Peter Plaßmeyer · »Churfürst August zu Sachßen etc. seligen selbsten gemacht.« Weltmodelle und wissenschaftliche Instrumente in der Kunstkammer der sächsischen Kurfürsten August und Christian I., in: Barbara Marx (Hrsg.), Kunst und Repräsentation am Dresdner Hof. München/Berlin 2005, S. 156–169

Michael Korey · Die Geometrie der Macht. Die Macht der Geometrie. Mathematische Instrumente und fürstliche Mechanik um 1600 aus dem Mathematisch-Physikalischen Salon. München/Berlin 2007

Peter Plaßmeyer (Hrsg.) · Die Luftpumpe am Himmel. Wissenschaft in Sachsen zur Zeit Augusts des Starken und Augusts III. Dresden 2007

Emmanuel Poulle, Helmut Sändig, Joachim Schardin und Lothar Hasselmeyer · Die Planetenlaufuhr. Ein Meisterwerk der Astronomie und Technik der Renaissance, geschaffen von Eberhard Baldewein 1563–1568, Deutsche Gesellschaft für Chronometrie Band 47, Jahresschrift 2008

Weltenglanz · Der Mathematisch-Physikalische Salon Dresden zu Gast im Maximilianmuseum Augsburg, Ausstellungskatalog, München/Berlin 2009

Wolfram Dolz, Yvonne Fritz (Hrsg.) · Genau Messen = Herrschaft verorten. Das Reißgemach von Kurfürst August, ein Zentrum der Geodäsie und Kartographie. Dresden 2010

Peter Plaßmeyer, Sibylle Gluch (Hrsg.) · Einfach – Vollkommen. Sachsens Weg in die Internationale Uhrenwelt. Ferdinand Adolph Lange zum 200. Geburtstag. Dresden 2015

Michael Korey, Samuel Gessner · mit Illustrationen von Claudia Bergmann, Der Planeten wundersamer Lauf. Eine Himmelsmaschine für Kurfürst August von Sachsen. Einführung zu Eberhard Baldeweins Planetenuhr in Dresden. Dresden 2017

Bildnachweis

Staatliche Kunstsammlungen Dresden/Mathematisch-Physikalischer Salon

Archiv: 1.1, 1.2, 1.3, 1.4, 1.5, 2.4, 2.6, 2.9c, 2.10, 2.14, 2.25, 2.30, 2.32, 3.1, 3.12, 3.28, 3.37
David Brandt: 1.7, 1.8, 1.9
Elke Estel/Hans-Peter Klut: 2.27, 2.28, 2.33, 2.38, 2.39, 2.44, 2.45, 3.6, 3.7, 3.13, 3.19, 3.21, 3.22, 3.27, 3. 29, 3.30, 3.35, 4.1, 4.10, 4.12, 4.16, 4.20a, 4.20b, 4.26, 4.27, 4.28, 4.31, 4.32a, 4.32b, 4.33, 4.34a, 4.34b, 4.35, 4.37, 4.38, 4.39, 4.40, 5.21, 5.22, 5.23b, 5.24b, 5.29
Jürgen Karpinski: 1.10, 1.11, 2.2, 2.3, 2.5, 2.8, 2.13, 2.17, 2.18, 2.19, 2.20, 2.31, 2.37, 2.46, 2.48, 3.11, 3.14, 3.17, 3.25, 3.26, 3.34, 3.36, 4,3a, 4.3b, 4.4, 4.11a, 4.11b, 4.13, 4.15, 4.21, 4.22, 4.23, 4.24, 4.29, 4.42b, 4.45a, 4.45b, 4.46, 5.1, 5.2, 5.12, 5.15, 5.18, 5.20, 5.25, 5.31
Hans Christian Kraas: 1.15, 2.0, 4.0, 4.47, 5.0
Michael Lange: 2.7, 2.9a, 2.9b, 2.12, 2.15, 2.16, 2.21, 2.22, 2.23, 2.34, 2.35, 2.36, 2.41, 2.42, 2.47, 3.3, 3.5, 3.8, 3.9, 3.10, 3.15, 3.16, 3.20, 3.31, 3.32, 4.5, 6.6a, 6.6b, 4.8, 4.17, 5.3, 5.4, 5.6, 5.7, 5.8, 5.9, 5.10, 5.11, 5.13, 5.16, 5.19, 5.30
Jürgen Lösel: 1.0, 3.0
Peter Müller: 2.1, 2.11, 2.24, 2.26, 2.29, 2.40, 2.43, 3.2, 3.4, 3.18, 3.23, 3.24, 3.33, 4.2, 4.7, 4.9a, 4.9b, 4.14, 4.18, 4.19, 4.25, 4.30a, 4.30b, 4.36, 4.42a, 4.43, 5.5, 5.14, 5.17a, 5.17b, 5.23a, 5.24a, 5.26, 5.27, 5.28, 5.32, 5.33

SLUB Dresden/Deutsche Fotothek/Unbekannter Fotograf:
1.6, 2.4

Glashütte, Lange Uhren GmbH: 4.41a, 4.41b, 4.44a, 4.44b

Bildunterschriften der Auftaktabbildungen:

S. 6, Abb. 1.0: Grottensaal
Foyer des Mathematisch-Physikalischen Salons

S. 18, Abb. 2.0: Langgalerie
Der Kosmos des Fürsten

S. 52, Abb. 3.0: Festsaal
Instrumente der Aufklärung

S. 72, Abb. 4.0: Bogengalerie
Der Lauf der Zeit

S. 114, Abb. 5.0: Neuer Saal
Universum der Globen

Impressum

Herausgegeben von den Staatlichen Kunstsammlungen Dresden, Mathematisch-Physikalischer Salon, Peter Plaßmeyer

Redaktion: Peter Plaßmeyer
Texte: Wolfram Dolz, Michael Korey, Peter Plaßmeyer
Projektkoordination Verlag: Imke Wartenberg
Lektorat: Diethelm Kaiser, Berlin
Bildredaktion: Peter Müller, Peter Plaßmeyer
Gestaltung, Satz und Bildbearbeitung: Angelika Bardou, Berlin
Druck und Bindung: Beltz Grafische Betriebe GmbH, Bad Langensalza

Verlag:
Deutscher Kunstverlag GmbH Berlin München
Lützowstraße 33
10785 Berlin
www.deutscherkunstverlag.de
Ein Unternehmen der Walter de Gruyter GmbH Berlin Boston
www.degruyter.com

Die Deutsche Nationalbibliothek verzeichnet diese Publikation in der Deutschen Nationalbibliografie; detaillierte bibliografische Daten sind im Internet über http://dnb.dnb.de abrufbar.

ISBN 978-3-422-07186-5